大学思维

批判与创造

第二版

钱旭红 著

华东师范大学出版社
·上海·

图书在版编目（CIP）数据

大学思维：批判与创造／钱旭红著. —2版. —
上海：华东师范大学出版社，2024
ISBN 978-7-5760-4645-8

Ⅰ.①大… Ⅱ.①钱… Ⅲ.①大学生－创造性思维－
研究 Ⅳ.①B804.4

中国国家版本馆 CIP 数据核字（2024）第 009674 号

大学思维——批判与创造（第二版）

著　者　钱旭红
策划编辑　王　焰
责任编辑　朱华华　王海玲
责任校对　时东明
装帧设计　卢晓红

出版发行　华东师范大学出版社
社　址　上海市中山北路 3663 号　邮编 200062
网　址　www.ecnupress.com.cn
电　话　021-60821666　行政传真 021-62572105
客服电话　021-62865537　门市（邮购）电话 021-62869887
地　址　上海市中山北路 3663 号华东师范大学校内先锋路口
网　店　http://hdsdcbs.tmall.com

印刷者　苏州工业园区美柯乐制版印务有限公司
开　本　890 毫米×1240 毫米　1/32
印　张　13.25
字　数　297 千字
版　次　2024 年 5 月第 1 版
印　次　2024 年 5 月第 1 次
书　号　ISBN 978-7-5760-4645-8
定　价　49.80 元

出版人　王　焰

（如发现本版图书有印订质量问题，请寄回本社客服中心调换或电话 021-62865537 联系）

思维的自由全面永续发展！

目录

第七章

原理和世界 / 203

第八章

永续和无为 / 243

第九章

跨界和融合 / 271

第十章

思维和训练 / 319

超限思维、超限教育

探索并推进新的学术研究模式、新的教书育人模式，以及推进这两种模式的融合，一直是我心中的梦。梦的核心是，如何超越人为的学科、专业、行业分割和限制，服务于人的自由而全面的发展、社会的自由而全面的发展。近年来，笔者以研究、育人两条互补的工作链条，采取并行、交替、融合、分工的方式探索前行。

在研究方面，针对研发与制造业在高效性、精准性、安全性、生态性方面存在的诸多瓶颈，我们于 2018 年提出了"超限制造"概念，目的在于推动学科交叉研究，推动跨越学科的融合，服务于产业行业的融合，发展前沿的工程科学和制造技术。同年"超限制造"项目获得项目经费支持并得以实施。2019 年，"超限制造"通过验证、论证后，成为上海市级重大科技专项，我们采用校企合作研究开发的方式加以推进。在此期间，2019 年、2020 年也分别发起并推动有关"老子思维""量子思维"方面的跨学科研究。

在育人方面，针对我国大学的通识教育普遍存在定位不清、名不副实和严重的"水课"问题，2018 年笔者强调在经典阅读中应包含必不可少的四本经典及其蕴藏的思维方式，改变现有通行的通识教育。在 2020 年年初的疫情封控期，笔者写作了本书第一版《大学思维：批判与创造》，并修订增补《改变思维》；在这两本书中均提出了"超限思维"（beyond limits thinking）。2020 年 7 月 7

日，笔者提出并推动设立涵盖 20 多个学科的短学时的"人类思维与学科史论"课程群，以建立具有新的思维导向的通识教育体系，切实落实"每个人的自由而全面的发展"；2021 年推动卓越育人，强调"超越学科、思维导向"。

2021 年 10 月，为庆祝华东师范大学建校 70 周年，上述研究和育人实践等信息都以中英文同时公开，如以新闻方式发布在《科学》（Science）增刊上。随后，我们注意到，2022 年 5 月第三届世界高等教育大会发布了《超限——重塑高等教育的新路径》，强调"采取量子跃迁的方式"对高等教育进行颠覆性的变革。2023 年 4 月 26 日，笔者应邀在教育强国战略咨询会上做专家报告《超限：建设引领育人创新的世界一流综合性研究型大学》，重点介绍了有关超限思维、超限教育（beyond limits education）、超限模式的探索及愿景；6 月 14 日的《文汇报》微信公众号以"华东师大校长钱旭红：未来的大学，必将是走向卓越、超限、多态叠加的大学 4.0 状态"为题，7 月 25 日的《光明日报》用"以'超限'理念回应时代之需"为题报道了笔者的这一报告。

笔者注意到，一方面，2021 年，来自中美俄印四方的一项合作研究成果认为，中国大学生的批判性思维能力在下降，学术技能在退化。尽管这可能是一面之词，但确实是我们必须要警惕、重视的问题。另一方面，在 2022 年、2023 年，美国知名学者出版专著，充满溢美之词地宣称中国大学将可能在学术上引领世界，成为新的"思想帝国"。这同样也是一面之词。老子早就告诉我们"信言不美，美言不信"，我们必须清醒地认识到："中国缺的是原创！"

从 2020 年 7 月本书第一版出版以来，笔者和同事们积累了近四年的实践探索，有了一系列经验、收获和教训，所以有必要对重在理念阐述的本书第一版做一次大规模的修订增补，形成新版，以贡献社会。

笔者有时吃惊地发现自己对教育、育人、人的自由而全面的发展等有如此大的并且越来越大的热情，笔耕不辍、持续探索，这出乎所有人，包括我自己的认知。笔者 1978 年进入大学，学的是工科，随后长期从事研究开发，按理说没有多少时间系统思考和实践探索教育方面的宏大问题或者关键细节。之所以笔者会对这些主题如此情有独钟，想来有如下可能的原因。

笔者从小生活在小学校园里，因父母是教师而且住校，所以受到潜移默化的影响。爷爷是"老区""根据地"教师，笔者小时候听外公讲得最多的是私塾的故事和理念，舅舅是外交翻译，后来也做了教师，周边亲人的潜移默化，使得笔者从小就对教育有了深厚的感情。笔者从事大学管理领导的经历贯穿 30 到 40 年，其间多次在全职领导和全职教授岗位交替，深知领导和师生的各种烦恼或者无奈。笔者曾经在国内外不同类型的大学工作和学习，第一次担任校长已是近 20 年前的事了。教育部举办过四届中外大学校长论坛，笔者参加了后三届（2004 年、2006 年、2010 年），那时国内外有关大学治理方面的经验、理念、体验方面的深入交流切磋，让笔者对教育有了更深的认识和热爱。

笔者思来想去，觉得自己几乎一辈子与校园关联，所以机缘巧合，对教育、育人、思维、信仰、使命、人的发展、幸福感悟能力和创造创新力，有了诸多体验和思考，很想与青年朋友、学生家长、校园师生、社会各界交流，故写下这些文字，希望对读者有所帮助。新版增加了排在最前面的四章（"大学之问与青年困惑""大学规矩与新民至善""未来的人类与未来的大学""以超限理念引领育人创新"），并对原有的六个章节均做了微小修改，但保留了跨越学科专业、超越学科专业介绍论述大学校园里常会涉及的主要思维模式及其特点。全文定会有不少错误，以及自说自话，敬请读者海涵。

2023 年 6 月 6 日　第一稿
2023 年 10 月 27 日　第二稿
2024 年 2 月元宵节　终稿

钱旭红

思维晋级是最好的
学习和成长

　　此书是回答"钱学森之问"的一个微小而初步的尝试。引发全球浩劫的 2020 年疫情过后，人类精神世界觉醒的新纪元、新黎明正在地平线上酝酿。

　　中华文明能否走上价值链的顶端，为全人类做出贡献，取决于思维。文明自身内含的思维多样性和先进性，最终将体现为文明的源头活水和引领性，如此才能消融封闭氛围并重塑环境，自主、自发、独立地展示古老文明的新风采。

　　思维是知识的构架，是灵魂的家。一个人能否拥有幸福的人生，富有创造力，取决于思维。人们往往并不知道自己已经拥有什么样的思维，"日用而不知"。不少毕业生正所用非所学，不知所学知识里有可用的普适性思维。我们能否走出未来可能的艰难困境，同样取决于思维。

　　人区别于动物的显著特征，是人具有复杂的思维；人区别于人格或者精神奴隶的重要标志，是其拥有自由全面的思维，即多元、多样、多维的思维；人是否有独立的灵魂，是否独立于天地，担当于天下，能否应对各种变化并具备解决各类复杂问题的能力，一个简单的测试方法或者判断依据，就是看他（她）是否拥有自由思维和独立精神。深层思维，是一个人真正的内心硬核，随时可能通过言语、行为、表情透露出来。

在僵化禁锢的环境、土壤或者氛围中，思维没有那么重要，因为所有人都一样，都被单一甚至垄断性思维所操控。由于看不到任何参照系，对井底之蛙而言，井口的景象就是天下的模样。

对有使命感、不愿浑浑噩噩度过一生的人来说，改变个人命运，改变民族命运和文明的命运，取决于他（她）究竟拥有多少批判性思维、创造性思维或者创新性思维。

在思维中，我们需要琢磨如何把抽象的变成形象的（形象思维），如何把形象的变成抽象的（逻辑思维），如何把局部和全局结合并兼顾（格局思维），如何用最简单的方法解决最复杂的问题，如何用最复杂的方法解决最简单的问题……思维就是将知识、能力、经验抽提凝炼成终身拥有的认知规律和精华，形成柔性自适应的、具有多样性的、模式化的人生言行范式或者框架。

本书纲要性地谈大学思维，试图区别于一般的介绍逻辑基本知识和传统的思维表述，重点透过量子论"波粒二象性"的概念、逻辑和思维，介绍多元、多维、多角度和多方面的思维模式，基于跨界、超限（尺度、学科、文明）等概念，介绍老子学说"道法自然""三生万物""无为无不为"的思维模式。在此基础上，尝试探索建立面向大学通识教育的思维训练，从而促进全社会将思维的教育和训练提上学习和成长的日程。

笔者认为需要重点学习训练的思维，特别是大学思维应具有：

1. 颠覆性，对先前人类存在的主流思维具有批判性和进一步的创造性，超出彼时人类主流认知的极限，具有改变认知、改变思维、改变时代的颠覆性作用。

2. 独立性，即不可替代，强调具有此特性的思维才是有价值的思维、有力量的思维。具有独立性的思维往往是所在领域第一重要的思维模式，至少是几个主要核心思维模式之一。

3. 延展性，具有广泛深入的影响，有效性已被实践检验和充分证明，具有跨世纪的长寿命，具有一定的永恒性。

一般的思维教程图书，对大学生、研究生，特别是有阅历的企事业单位人员而言，要么过于浅显，要么缺乏系统性。笔者之所以放下自己的专业和工作，留意并写作此方面的图书，除疫情期间有相对自由充裕的可支配时间外，更主要的是因为笔者发觉现有思维类图书通常存在以下缺点或者弱点：

一是偏重幼儿或中小学基础教育，而且比较零散、浅显表面，缺乏能够满足大学以上层次人员需求的、相对完整的、普适的、通用的思维描述。此外，国内外许多关于批判性思维和创造性思维的图书不知所云，让那些每日依靠批判性思维和创造性思维而生存和发展的人感到疑惑不解。究其原因，可能是某些作者自身缺乏与批判性思维和创造性思维直接相关的研究探索经验，缺乏创造与创新活动的日常积累和亲身体验。

二是哲学程式化，不少是一般化的、令许多读者感觉枯燥乏味的哲学扫盲课本，从概念到概念，甚至像有分类无内涵的空洞八股描述。

三是理念性过强而操作性太弱，没有给予人们思考的格局。通识的思维教育中，缺乏兼具通俗性、专门性、普适性的思维方式传授和训练，常局限于具体的某一学科或专业的狭窄经验，强化某一学科专业背景对人的日常言行和思考习惯的影响，容易形成学科专业"性格"或者偏执化倾向。

四是从事例到事例的堆砌描述和汇总，缺乏系统性、学理性、完整性，不关注核心原理。校外机构常以某些事例培训"聪明"的思维技巧，达不到"智慧"层级。因为聪明就是某一能力的极端强化，而智慧是大道无形的超脱通达。

本书不采用什么是思维，思维分多少步骤，创新性思维是什么，批判思维是什么那样的扫盲问答，也不采用似是而非、名词解释类的、定义式的描述，而是以尽可能简要、直截了当的方式论述内容，不足之处，由读者自行去阅读参考书或者上网查阅资料。本书凝炼聚焦兼具专门性、普适性和通俗性的高级思维，并尽量从多个层面，如本原内核、延展演绎、通俗类比、缺陷局限等方面进行论述。没有思维晋级的人只能看到土丘，并会模仿土丘，一辈子追求成为土丘。

查理·芒格认为，喜欢思考的人能够从任何一个学科中提炼总结出独特的思维模式，并且使之相互结合关联，从而达到融会贯通的境界。

思维方式就是人类知识的框架结构，没有架构化的知识，是一堆散乱的物件，是散装水泥、一团乱麻、满地玻璃、无数钢筋和砖头。架构化的知识，既可以是摩天大厦，也可以是通天之塔。

不能简单地说"知识就是力量"，应该体会"思维才是力量"。能力增长不仅靠知识，更靠运行知识的逻辑——思维——是否足够自由多样。单靠知识改变不了命运，改变命运需要用思维架构起知识，从而支撑起有足够高度和强度的人生大厦。

思维是指编辑、规范、感应、思想、情感等一系列人类大脑的活动机能。思维只局限在大脑里，没有大脑的特殊构造，就不可能产生思维现象。精神是指思维等事物发展中呈现出的某种优良性质。在事物发展中呈现出的不良性质，只能被称为劣性行为、坏习惯、怪嗜好等，而绝不是精神。

思维自由的三要素是逻辑思维、形象思维、格局思维，与这三者一一对应的首要是形式逻辑、想象力、视野。精神独立的三要素是人文精神、科学精神、信仰精神，与这三者一一对应的首要是关爱、质疑、使命。笔者在《改变思维》一书中，为消融相当普遍的思维禁锢、思维僵化，以普及性的科学人文随笔的方式，强调了改变思维、自由思维的重要性；而本书则在系统论述思维方法的同时，聚焦批判性思维和创造性思维的重要性，因为这是时代所亟须而我们许多人却严重缺乏的。要消融文明发展长期存在的最大威胁，我们必须改变思维、自由思维；要破除中华文明走向引领地位的最大障碍，我们必须具备批判性思维、创造性思维。要实现马克思所描绘的"人的自由而全面的发展"愿景，我们需要自由思维、全面思维、超限思维。

2020 年 5 月 17 日

钱旭红

第一章

大学之问
与
青年困惑

1.1　理想大学是什么模样？

人们常扪心自问或者判断，什么是自己心中向往的理想大学？理想大学到底是什么模样？因为大学包含众多不同的类型、学段、阶段，任何笼统或者单一的回答都可能会以偏概全。要想简洁清晰地回答这一问题，势必非常困难。所以，笔者尝试从最基本的本科阶段切入，谈谈自己心目中的理想大学，与读者共勉。

毫无疑问，在理想大学里，学生理应获得"自由而全面的发展"。

理想大学存在的重要意义，是能为每个人的自由而全面的发展，在青年时段实现顺利起步。每个人成年后的仪态，源自其童年所打下的基础：童年时获得的幸福感悟和被关爱的体验，能使人心中充满阳光而敢于面对成年后遇到的许多苦难；而不幸的童年，却往往需要用成年后的漫长岁月去弥补、去偿还。同样，一个人成熟岁月的气质、品格、仪态，源自大学青春岁月里的磨炼和沉淀；青年时代的自由阅读和理想探索，让他（她）保有人一生的精神财富，一直保有可以唤醒的心中光明，以度过未来岁月可能遇到的困难或者黑暗；而空虚、荒唐、颓废的青年时光，需要用一生的岁月去悔悟、去救赎。

世界本是一个整体，学科分割使得人们难以窥见真理的真实容颜。所以，在理想大学，学科本不应该分成文科、理科，应该至多按照功能分成学术和应用；如果分成文科和理科等，那么文科生必须了解理科，理科生必须欣赏文科。真理与自由密不可分，明了真理而不逾矩，言行举止自觉服从真理，就如让个人自我与真理融为一体，真正的自由才会降临。大学本科阶段的学习目的，特别是低年级通识教育阶段的目的，不是使学生成为专家，而是培养健全完整的人格、素养和能力，践行自由的思考和选择。

理想大学本科阶段给予每个学生的是：点亮灵魂，唤起好奇，开阔视野，激发思考，认识自己，了解他人，检验设想，审视价值和信仰。理想大学倡导教育文明，能够消弭和矫正每个人在中小学阶段接受的不良或者负面的教育影响、教育惯性或者教育伤害，能够消除原生家庭或者社区的消极影响。

需要关心大学新生的家庭教育，关注其原生家庭的状态。一般而言，弱者好逞强，强者懂示弱。思维认知（而非经济财富）层次不高的家庭内部矛盾多，金钱财富常成为矛盾的导火索。因为思维认知层次低，会导致理解、表达方面的障碍，为一句话能争得你死我活；心里尖酸会语言刻薄，认知浅薄故做事刁钻，不懂得为人处世上的心平气和、和颜悦色。

一个新入学的大学生，理应在其婴幼、儿童、少年时代就完成了"自由而全面的发展"的基础教育，包括学前教育。学校教育或者家庭教育，不能以升学和就业为单一的最终目标，不能用作业和考试填满所有时间。注重学生健全的人格和心理成长，让学生有独自思考的时间空间，才能使学生培养独立思考的能力并感受思考的魅力，进而因热爱而激发出兴趣，为大学时代的教育和成长留下充足的发展空间。违背基础教育规律的许许多多急功近利的做法，如视人为工具而非目的的种种扭曲，都需要我们大学去弥补，从而恢复学生自由而纯真的天性，以保证大学生的健康全面发展。

理想大学呵护兴趣、鼓励兴趣、激发兴趣，兴趣是幸福或创造的源头活水。兴趣只能在宽松的土壤中产生并生长，兴趣需要在学生的自主选择中得到确认。兴趣只能自然产生，任何勉强压迫都会导致兴趣的变形或者消失。兴趣是学习和创造的最好的老师或者伙伴。兴趣由自我内驱产生，可被外界激发，但无法外来移植。每个人必会对某一事物有兴趣，只是常不自知而已。兴趣与职业结合而如一，会造就幸福而有创造性的事业，天才可能由此而产生。兴趣可从广泛的阅读浏览和实践经历中去观察和培养。培养兴趣从每天的自问开始：今天的阅读浏览和实践经历中哪个最重要？为什么它最重要？其历史背景和未来愿景是什么？久而久之养成习惯，对自己的兴趣所在就会了如指掌。

理想大学有"大师、大爱、大道"。

理想大学的校园具备"大师、大爱、大道"三个要素。大学的背后、大学的底层逻辑就是大道，道法自然[1]。大道是理想大学的唯一权威，是能够接受质疑并且经得起质疑的权威。

"大"，核心是恢宏而有担当。大学是见识老子所说的"道大、天大、地大、人亦大"的地方。在这里，师生感知"道"的宏大、天的宏大、地的宏大、人的宏大；师生从所对应的大道、大天、大地、大师那里感知到大德、大善、大慈、大信、大爱。

"学"，核心是在疑问中前进式的不断的"学问"，而不是简单、重复性的"学习"。孔子告知人们："大学之道，在明明德，在亲民，在止于至善。"人们不能忘记"大学之道"源自"大道之学"，不能任意地把"大学之道"简约为"人性之道"或"人性之学"，不能把大学降格为完全的世俗社会，即使现实点，也要保有理想，因为"人法地、地法天、天法道、道法自然"。

理想大学在哲思和学科结构层面，强调蕴含在宇宙和天下林林总总背后的"大道之学"。

教师借助"大道"善行"育人之学"，学生践行"大道注我"之学。过去，人们认为"宇宙之学"就相当于大学；实际上，"大道之学"高于"宇宙之学"，高于"大学之道""人我之道"。因为大道融入一切，包容一切，又超越一切。大道是终极永恒的真理、道路和方法，是人生的终极关怀。大道更是关于"无"和"有"、"明物质"和"暗物质""暗能量"之间的转换、重叠、不确定和纠缠的一切。

理想大学意味着真正地拥有真善美，拥有自由而达至健全。理想大学是人类的灵魂殿堂、精神家园、良心的庇护所、新文明的摇篮。理想大学以优雅的言行和道德风范，影响着社会和每个人的发展。理想大学是由一代代独立思想者、独立的思想型实践者形成的师生群体。师生具有慈爱悲悯的批判精神、独立自由的创造精神，拥有自我加冕的使命精神或者自我职业的担当精神，有着为家庭、周边、国家、民族、社会和人类的福祉尽己所能，并在此过程中完善升华自己的大爱情怀。

在理想大学的入门处，新生第一次离家独立，用"我的梦想"激励自己，尝试开始一场人生的梦想旅行，憧憬在这里自由而全面地成长，实现知识和技能的提升，以及超越知识和技能的思维与精神的提升，将追求真理作为自己的灵魂；教授感动于"大道至上"，源自于、超越于、回馈于自然和社会及产业行业的需求或者问题，通过探究高深的学与问以及实验实践，托起科学和教育的理想。

理想大学的师生，坚信以德配天，上善若水，趋近大道，追求成为最好的自己。理想大学能让人通过掌握学科专业知识、能力和技术而趋近真理，提升人性光辉，遇见更好的自己，让大学成为至善自我的美丽花园。在这样的校园里，师生崇尚真理、大道，立志成为健全的人才和英才，乐于批判和创造，媚俗之气和空话、大话、套话、假话、官话没有立足之地或者存在的市场。

理想大学的师生坚信，凡事凡物均有隐藏在背后的规律——大道。育人传授和研究探索的重点是"大道"。因为各行各业的方法、道路、规律的背后，总隐藏着具有最根本掌控能力的哲理大道（时至今日，许多国家或者大学仍把学术博士称为哲学博士，Ph.D.），从而能够将育人和育才、教学和科研融为一体，以此提升学生的境界和能力，而不是拘泥于、陷于细枝末节，甚至最终迷失。

理想大学拥有与其定位相匹配的高水平师资队伍，即卓越育人的"大师"。

他们以卓越的方法育人，培育卓越的人。普通教职员工和学生是流动的，既从校外流入校内，又从校内流向校外，只有优秀、杰出、卓越的教师可以终身在校园任职。概括地讲，教师要具有"学为人师、行为世范"的特征。一是师道尊严。唐朝韩愈说"师以传道"，教师要能传授人类的，包括中国的优秀文化文明和理想信念，在继承和批判的基础上，激发引导学生创新创造，如此教师才能列于"天地君亲师"的地位。二是亲近真理。教师应该能够授予学生若干学科专业的真知、理论、思维方法与实践能力。三是育人为纲。教师的一切活动，包括教书、科研、创作、服务、管理等活动，都奉献于育人这个核心，用心呵护学生的兴趣和自尊。师与生之间亦师亦友、亦亲亦朋、互尊互爱。总之，大学教师应该是人类思想的载体，不仅仅是思想传播者，更是思想生产者和贡献者；大学教师是敢于直面未来不确定性并奔赴理想的火炬手。

理想大学是空气中弥漫着"大爱"的理想和梦想的花园。

在一生中，每个人都有迷茫、困惑、艰难、痛苦的时期，在那个时候，我们都应该自然而然地想起一个地方：心目中的理想大学。理想大学，能让我们相信未来无限，梦想可能实现；理想大学是让自己的伤口得到慰藉、自己的成功和经验有人共享的人间天堂，是让所有人享有独立、自由、平等、尊严、光明的梦中花园。

如用"原子模型"比喻理想大学，作为学校主人的杰出教师和学生就是其核心，是组成校园之核的双核心（如同原子核中的质子和中子）；校园里的其他一切，犹如围绕原子核的数目不等的电子，围绕拥有理想和梦想的上述双核心而配置，并体现在体制结构、运行机制、待遇、服务、福利等方方面面。

理想大学是师生相见恨晚、互相启发、激发欣赏的互助家园，是师生思想生命得以延续的花园，是新的技术和社会模式得以运转的乐园。师生近距离自由平等探讨、实验实践而实现共进。师生间的距离感和权力等级差异得以消除，人与人友好链接，协作多于竞争，劳逸结合有序，内省与反思、探索与试错成为日常习惯。

理想大学提供"读世界一流经典，与天才大师为伍"的学习环境，为师生提供完整的软硬基础设施，让一切"不言之教"的"大爱"语言渗透到校园的每一个时空，服务于学生的个性化选择，充分体现出对学生的"大爱"。这些时空包括理念与设施先进的教室、实验室、图书馆、室内外体育场馆等。比如，教室尽可能地缩短教师与学生的物理间距（大型公共课除外），消除师生间、教师间、学生间的距离感和权力等级暗示。此外，理想大学应该开展丰富多彩的课外活动，如文艺演出、体育比赛、社会实践等。

理想大学注重健全的人格素质能力的培养，注重面向前沿的职业化的专业培养，注重面向一专多能的跨学科专业和跨界超能的超学科培养。理想大学的教务管理部门，如教务处，绝对不是布满排片表的影院剧场、球赛场馆的售票处，而是教育教学调控中心，是点亮灵魂的魔法屋；理想大学的教务管理者不是售票员，而是教育家。当学校拥有最多的教育家时，就一定是同类大学中的理想大学。在这样的大学里，用思维导向的开放考试或者实践考核，逐步替代布满填空、选择题的单纯知识点考试。这样的思维考核只分等级，不赋分数，以现场开卷的方式考核学生，学生可随时查阅电子文献。

本书在每章节的结尾处均列有思考题，希冀读者能通过答题来加深对相应内容的理解。为训练相对应的思维能力，请读者采用人工智能、门户网站、微信搜索、图书查询、引文索引（SCI、SSCI、AHCI）等信息工具，充实、修正、完善答题。后续章节与此类似，不再特别说明。

思考题

1. 以下列不同时代的学校为例，探讨校园和文化之间的关系：毛泽东学生时代人才辈出的湖南第一师范、蔡元培时代的北京大学、抗日战争时期的西南联大。

2. 请查询文献，分析如下案例，并思考未来大学的发展方向：芬兰的基础教育改革、欧林工学院的探索、巴黎高等师范学校的传统、密涅瓦大学的创新。

1.2　这像一所大学吗？

学生和家长，包括教师常常需要判断，自己上的或者所在的这所大学，像不像大学？我们常常会产生疑问，我正在立足于此的校园像大学吗？

判断一所大学是否像大学，简单的依据就是，它是不是一个依据"大道之学"建立"大学之道"，进而确立"成人之学"的地方。

像不像大学，这涉及大学的底线。大学对过去和未来负有独一无二的责任——而不是被误解成仅仅对当下负有责任。大学具有政治性组织所没有的自由性，具有社会机构所没有的批判性，具有世俗功利的社区所没有的创造性，具有基础教育中小学阶段所没有的超越知识性，具有超越社会专业分工的包容性。大学不以服务就业为最终目的，不以培养官员为主要追求，不以培养富豪为荣耀骄傲，不以专业知识作为唯一标准。在任何时候，都绝不能把大学办成政府机关、军队、企业或医院，大学不是培训站、宗教学校、企业人力资源培训中心。大学是一个面向未来的实验社会。大学是让人成为人、成为未来人、成为超人的地方。违背这一点，就不是当代大学。

大学类型包括大学、独立学院、高等专科学校；按学科专业性质划分，有综合性、多科性、单科性、专业性、职业性；按培养模式层面划分，有研究型、研究教学型、教学型。

大学是思想、文化、知识的殿堂，是智慧、技能的殿堂，但绝对不能简单成为知识的存储场。违背这一点，就不是一所现代大学。罗素说："人生而无知，但并不愚蠢，是教育使人愚蠢。"联合国教科文组织也曾经在其文件中强调，教育能创造人，教育也能毁灭人。这里的"使人愚蠢""毁灭人"的教育，指"教育伤害"所致的"残疾"现象以及有违"教育文明"的"驯化"企图，指那些不正常的潜移默化而形成的禁锢或者"茧房"效应。造成"茧房"效应的，包括来自单一途径的影响、单一来源的信息、单一思维的图书资源；当然，造成"茧房"效应的，同样包括来自原生家庭、原生社区、原生阶层的僵化甚至违背人性和教育规律的负面影响。

呈现环境、思维、信息等"茧房"特征的所谓校园，就不是合格的大学，而更像是看守所、驯化场或者满足世俗趣味的游乐园。大学必须拥有精神独立、思维自由的氛围和土壤，如此才能成为人们寄存并滋养灵魂的地方。爱因斯坦说，"独立思考是大学本科教育的根本"，"大学本科教育的价值，不在于了解多少事实，而是训练大脑去思考"。走出大学本科阶段的首先不应该是一位专家（因为时间太短，仅仅在某些学科专业领域刚入门），而应该是健全和谐的人。

学生在本科阶段，最重要的是接受完善的通识教育，实现健全素养下的个性发展。通识教育主要包含人类文明使命、思维和实践能力培养、人类核心价值获取、好奇心或想象力培育等。通识教育是呵护未来文明新民成长的土壤环境。通识是培养健全人格、全域意识、幸福感悟能力和创造力的必要条件，其培养和训练的重点是批判性思维[2]和创造性思维。我们不少大学的弊病和失职，就是迷信选拔而背弃培养，沉湎于"割青苗""掐尖"。大学本科教育的目的是培养人才，而不是选拔人才。要通过学生能力的多元化培养，全方位地"发现"学生、成就学生。

研究型的本科教育课堂，应当以讨论式、探究式为主。推而广之，在这种氛围中培养出的师资，才能使得基础教育的中小学课堂教学也以讨论、探究为中心。当今基础教育出现的视学生为工具、视学生为知识填塞箱或竞赛器等问题，最终根源在大学，特别是师范大学，如某些老师越教越死板，越教越失去热情，教案、演示文稿多年不变，没有做到不断迭代，做不到每学期都是新版本。

研究型教育教学要求每位教师必须从事（学术研究或科学研究以外的）教育研究、教学研究，特别是高水平的、具有国际水平的教育研究、学科教育研究等。对以教学为主的人员，大学可以降低学术或科学研究总量方面的要求，但绝不能降低质量的要求。教师不能把知识点的传授当作大学最重要的，甚至唯一的责任。大学最重要的教育能力，应当是思维方式、实践能力、价值精神的传授，否则学生走上社会后会不知所措，在面临重大问题时，无法体现出引领力和操作中的执行力。大学需要传递给学生多样性的思维方式，通过知识传递培养不同的思维方式，使得每个学生都能拥有装有不同思维模式的、个性化的思维工具箱，以便在今后的人生旅途中能够解决或者应对遭遇的绝大多数问题或者挑战。

一所好大学，一定是一所能够改变学生命运的大学，能改变人的品位和精神，曾经出现过精神领袖般的好校长，拥有过气质能力独特并领跑学界如神仙的好教师。这样的大学校园里，有大家庭般温暖的课外教养熏陶，有高尚精致、气质优雅的仪式感，有不言之教的土壤环境风气，有独立自由、包容个性的学术氛围，有能支撑卓越大学制度的隐性优秀文化基因。[3]

如想拥有对大学是否合格的判断能力，就需简要了解有代表性的典型大学历史。

对中国典型大学的情况应该有所了解。最早的、延续保留至今的大学，是河南大学，其前身为大唐国子监，建立于公元 627 年的唐朝皇家政治学院。它是中国历史上第一所全国性的传统大学，包含政治、法律、哲学、文学、历史、数学等学科。蔡元培时期的北京大学影响深远，思想自由，兼容并包，引领风气之先；梅贻琦时期的清华大学，理念和实践超前，强调大学非大楼，大师之谓也；抗日战争时期的西南联大闻名遐迩，其虽处于动荡年代，物质贫乏，但精神饱满，人才辈出。

对国外的大学典型模式应该有所了解。现代大学源自欧洲近代的教会大学。洪堡时期的柏林大学，融合研究与教学，而成为现代大学之母。滋养硅谷的斯坦福大学，融合创业和校园，强调研究对社会的引领服务，呈现当代引领性大学的典型特征。其他当代的具有优势特色的大学还有不少。例如伦敦政治经济学院，立足于社会科学前沿和边界的跨学科科研与探索，以全球化的国际视野办学，培养全球社会科学领域的意见领袖，培养出众多的政商精英和亿万富翁。例如巴黎高等师范学校，拥有"典型的非典型性"学术研究和教书育人模式，文理交叉互补、双向渗透，外语要求高且种类多样，自由而无固定的教学计划与大纲，围绕学生特点及新学科的需要，不断更新教学内容。

近二百年前，洪堡就确定了大学三原则，并被广泛接受和传承[4]。可以这么说，违反洪堡大学三原则的大学，就不能算是现代大学。

洪堡的大学三原则

德国教育家威廉·洪堡在 1810 年创建了被誉为"现代大学之母"的柏林大学。他说："大学是一种最高手段，通过它，普鲁士才能为自己赢得在德意志世界以及全世界的尊重，从而取得真正的启蒙和精神教育上的世界领先地位。"他于 19 世纪初提出大学三原则。洪堡认为大学兼有双重任务：一是对学术的探求，即对各种学科或科学的穷尽探索；同时注重个性全面发展与道德修养。大学培养的是社会人，其应该具有的素质，与其专门的能力和技艺无关。蔡元培先生曾留学德国，深受洪堡思想的影响。他在北大进行的改革中提倡"学术自由、兼容并包"，开风气之先，引领了中国大学的现代发展。大学三原则具体如下：

一是大学自治原则，即独立性、自由及合作相统一的原则。洪堡认为，在大学接受教育是一种"最严格意义上的独立行为"。大学的任务是通过发展学术去发展人的个性，通过学术卓越实现育人卓越。没有个人的独立性和独创精神，就不可能推动学术的发展，大学师生要独立思考和独立钻研，发展每个人的创造力。而学术是"人类只有通过自己并且只有在自己身上才能发现的东西，是对纯粹知识的深入研究"，其对人的精神活动能力提出了独立和首创的要求，而"自由"毫无疑问是首要的绝对先决条件，在此基础上，才能协调自己和世界的关系。

在洪堡看来，自由是教育第一个不可或缺的条件。大学应成为自由追求真理的独立机构，不受教会和国家机构的种种干涉和妨碍。大学的基本组织原则是独立和自由，一切来自国家的外力干预都是不必要的和不恰当的，应该"不受干扰"。因为，此类干预将会造成千篇一律，不利于师生"创造性潜能"的发展，有损于学术进步。强调大学在管理和学术上的独立、自由、民主，大学要自治，并实现教师自治、学生自治，需要警觉来自社会、宗教、政府等对大学自身运行的干扰。大学要与政治、经济社会利益保持一定距离，不为其所左右。在洪堡之前，欧美大学大多沿袭修道院教育传统，以培养教师、公职人员或贵族为主，缺乏研究。洪堡理念的传递改变了欧美日的大学。

大学应强调学生"学"的自由：充分发挥学生的个性、自驱性与创造性，保护学生独立思考、质疑、批判、探索精神；营造崇尚真知、追求真理、学术自由的大学校园生态和环境氛围。

大学应强调"教"的自由。一流教育，来源于一流教师。教师的创新水平是引导和影响学生创新的关键。教师要留给学生足够的自学、独思、领悟的时空，教学重在帮助学生自主开启智慧之门。教师必须从事研究，因为教师的引导对学生的创新有重要影响，所以，应该让教师和学生、教学与科研结合在一起，形成宽松自由、探索冒险的学术环境，并加快教学内容的更新，培养学生的创新能力。

学术自由同样重要。教师个人在教学与研究上不受干扰，特别不受本校行政的干扰，也不因观点、见解不同而受到歧视或者迫害。警惕盲从权威、揣摩领导意图、强制灌输等陋习。

洪堡还特别重视大学内部人员间的交流与团队合作。因为离开了他人和群体，个人活力的发挥就会受到极大影响，不利于自身的全面成长与发展。

二是研究与教学结合原则，即教学与研究结合并以研究为引领的原则。洪堡反对将传授知识作为大学主要职能的传统做法，主张大学的主要任务是追求真理，学术或科学研究是第一位的。没有研究，就无法发展学术或科学，也培养不出真正的人才。洪堡指出，大学教学必须与学术或科学研究结合起来。只有教师在创造性活动中取得的研究成果，才能作为知识加以传授，只有这种教学才真正称得上大学教学或者大学学习。在大学课程教学中，教师讲、学生听不是主要工作，甚至仅仅是次要的事情。教师的学术或科学研究方向和兴趣应该是他向学生讲授的中心，如组织学生举行"研讨班"，使其在指导下参与研究过程，开拓新的知识领域。

大学里最重要的是能够与兴趣相投、年龄相仿并高度自觉积极的人在一起互相激励、紧密合作，如此大学就会有一批全面发展的人，他们愿为科学进步和传播而献身。洪堡认为，学术或科学研究方面成就卓著者，必然是最合适的教师。而学生不能被动地"吸收"知识，而应该博览群书、独立思考。

具体的研究项目可以中断、终止或者失败，在此过程中的育人不能半途而废或者任其失败，而是应该将其中育人的要素发挥到极致。

三是跨学科统一的原则，即跨越学科或科学的界限，在哲理层面认知学科整体统一的原则。根据洪堡的理念，大学教育应当能"理解和塑造学科或科学的统一"，即把各种学科或科学，如人文学科、社会科学、自然科学或工程科学统一上升到一定的哲学基础之上，从而达到思维和精神层面的统一和谐、整合融通。哲学是其他科学的基础，哲学学院是其他所有学院的中心。洪堡主张学科或科学的统一，即哲学和其他科学间的统一，学科或科学理论与学术或科学研究实践的统一。也就是说，大学教育应跨越、超越各种不同学科的一切界限或者区别，从而培养一种掌握和注重知识统一的格局能力，敢于从哲理思考角度整体把握人类知识，对人类的知识探求活动提出富有哲理性的见解，同时将个人多方面的学识、才能融为一体，以应对工作和生活中的某种普遍性的要求与挑战。

总之，洪堡理念的大学目标，不只是知识传授和学术或科学探索，而且通过两者的结合，促进创造性思维和修养的完善。洪堡的大学理念，从个人层面讲，就是不问源自什么样的原生家庭和文化，而将全体学生培养成"完人"，类似于我们强调的"止于至善"，即个性和谐发展、独立自由方面趋于成熟、热爱真理具有智慧并且品德高尚。从国家层面讲，就是不问每个人的出身，在自由全面发展的个性和才能的基础之上，培养国家的未来精英或者官吏，并强烈反对国家对大学的干涉。

洪堡的影响是深远的，近二百年里，他的理念塑造了全世界的大学，包括现代美国大学，诸如约翰斯·霍普金斯大学、哈佛大学、耶鲁大学等。哈佛大学文理学院前院长柯比表示："大约一个世纪之前，几乎所有世界上的顶尖大学都在德国，这是德国 19 世纪伟大高等教育改革的产物。"而从 1930 年开始，美国的大学开始发展自己的模式，在秉持洪堡理念的基础上，创立了引领性的社会服务特色。而在当代，世界上大多数顶尖大学都在美国，这也是美国 20 世纪早期伟大转型的产物[5]。

斯坦福大学模式

在继承发展洪堡的大学模式方面，美国的大学很成功，这体现在 19 世纪后期到 20 世纪初期美国大学的水平和地位在全世界的快速崛起。美国大学的成功，在于其三个特点：（1）建立起对全球青年开放的知识系统；（2）建立了高度开放而多元的教师治理系统；（3）建立了高度多元、多样、多态共存的学术评价机制。最为突出的是，美国大学在教学与科研结合的知识创造功能的基础之上，创造性地发展出了引领性的社会服务功能。典型的代表之一是斯坦福大学。该校成功建立创新创业教育，并将这一教育生态模式转化为生产实践，从而引领了硅谷的产业腾飞，斯坦福从内部教育的完善和治理，到外部产业和风投的配套，形成了从课堂到实践的创业网络。在社会和政府的支持下，联通各方关系，为创业成果转化提供了全方位的保障。

从一定程度来讲，排斥上述斯坦福模式的大学，就算不上是当代大学。此外，源自斯坦福大学的两个具体教育理念——"成长型思维模式"和"开环大学"，值得关注。

成长型思维模式区别于固定型思维，由斯坦福大学心理学教授卡罗尔·德韦克创立，其观点是，打破天赋是与生俱来的固定型思维牢笼，坚信思维是成长型的，并可以通过练习而不断提升。艰难的工作或者挑战，能提升人们的智力和能力，而处于舒适区的轻松工作则不然。成长型思维拥有者，喜好探险探索，乐于面对挑战，敢于挑战各种不可能，喜好选择有利于学习和培养新技能的目标，即使最初会遭遇失败。这种人在面对挑战时，能坚韧持久并保持乐观。自我实现的关键，就是培养出成长型思维模式以及与其相关的良好心理特质。

2025 开环大学计划，是斯坦福设计学院 2013 年的一个演示项目，并非真实的已实践项目。其不同于传统闭环大学的 18～22 岁学生入学，并 4 年内完结的特点，而是创新性地消除入学年龄限制，即从小于 17 岁的天才少年到退休后老人均可入学，同时延长了允许学习的时间，由以往连续的 4 年延长到在其一生中任意加起来的 6 年时光，节奏可以自由安排。如此形成了独特的混合学生校园，打破年龄结构，学生间容易建立起合作、强劲与持久的社会网络。

在此环境当中，大学对于每个人的一生均有重要意义并随时变革，更加注重对学生职业生涯的引导。其特征体现在：（1）自定节奏的教育。（2）教育主轴反转，将"先知识后能力"反转为"先能力后知识"，能力成为学生本科学习的基础。改变传统按照知识来划分不同院系归属的方式，按照学生不同能力方向进行划分并重构院系。（3）有使命的学习，明确使命感是职业生涯中的指向航标。学生不仅要了解自己专业，更要将专业使命牢记心中。尝试在世界各地建立一系列"影响实验室"，通过浸润式项目学习和讨论，应对全球性问题和挑战。（4）培养具有大格局和大视野的国际领导型人才。重点是人才实力的国际性提升，培养能够回馈社会、心系社会、有时代担当、有使命感的人才。

此外，图书借阅榜在相当程度上反映了一所大学及其师生的品位和层次。好大学、好老师、好学生，更重视人类经典的阅读，诸如哲学和政治学经典、综合类的社会科学典籍、具有社会性普遍意义的自然与工程科学著作、立足人类命运关怀的具有国际视野的超越时代想象力的书籍。

🔵 **思考题**

1. 查阅文献并论述中国古代太学、书院与现代大学的异同，收集类似古代书院中发生的梁山伯与祝英台的故事。

2. 查阅文献并论述英美、德法、俄罗斯、日本大学的主要结构和特征。

1.3 我像一个大学生吗？

如何判断自己的言行思考是不是在上大学？如何判断自己是不是一个真正合格的大学生？首先需审视询问自己：今天我提出过哪些问题，审视过哪些疑问？今天我是否读过经典？今天我做过哪些探索（查阅文献，开展实践、实验）？最近接触过哪些学术或专业上的高人？

第一，要避免愚蠢，防止成为社会文明发展的累赘。

成为一个合格的大学生，最重要、最根本的是远离愚蠢，不要成为愚蠢者，不要有愚蠢的言行。如果对人品或者言行进行分类的话，从低到高可以分为：愚蠢、恶毒、聪明、智慧、道德。而某项单一技能擅长者或者过人者，可以说是聪明，这是大学生的底线。

卡洛·奇波拉认为，人类生存的最大威胁是愚蠢，人类灭亡的最大可能是被愚蠢者所害[6]。愚蠢人群的突出特点是：总量庞大、缺乏理智，常干些给别人添乱又不能给自己带来好处的事，拉低整个社会的发展水平。社会要想不被愚蠢者拖垮，就得靠其他人加倍努力去抵消愚蠢者负累造成的损失。卡洛·奇波拉有关愚蠢的基本定律是：

其一，处于活跃状态的愚蠢者总数永远比想象的要多，社会将被愚蠢者负累拖垮，甚至走向灭亡。如果愚蠢者掌控了组织的主导权，组织就会遭受无法估量的损害，走向衰败。其二，一个人是否愚蠢，与其身上的其他任何特点没有必然联系，不存在蓝领和白领、百姓和精英的高低贵贱之分。其三，"愚蠢"就是既给他人惹麻烦，自己又没有明显收益，自认为是为己为人或者损己为人，实质是损人不利己；愚蠢者的活动和态度是不稳定和非理性的，并且不知道自己的愚蠢；愚蠢者在任何时候都蠢，具有蠢的连贯性和确定性，故而非常危险又具有破坏性。如果说损人利己的恶毒是理性的坏，是可以预测的，那么蠢人比强盗更危险，蠢是没有任何计划或预谋的，让讲规律、讲道理者无法预料、无法理解。人们的安危完全取决于愚蠢者的敬畏之心或者恻隐之心（日常最常见的愚蠢，就像父母辅导孩子功课乃至情绪崩溃而斥责孩子，如此父母自己生气，孩子受到伤害，没有人得到好处）。其四，愚蠢者的破坏力永远被低估。其五，愚蠢者是最危险的一类人。

第二，要避免丑陋，防止成为绝对精致的利己主义者。

绝对精致的利己主义者，是钱理群教授创造的并被社会广泛接受的关于大学育人和人才成长模式的重要概念。他希望大学生要做精神的强者和灯塔，不做唯利是图的物质奴隶。他认为，当今国民性最大的问题，就是不再谈理想和追求，不再有精神性的境界，而是动物性地活着，把趋利避害当作准则。

实用、实利、虚无主义的教育，正在培养出一批绝对精致的利己主义者。所谓绝对，指一己私利成为他们言行的唯一绝对的直接驱动力，"私利就是上帝"，把为任何他人做事都视作一种投资，索取回报；所谓精致，指拥有很高的智商、很好的教养，所做的一切都合理合法，让人无可挑剔，惊人地世故、老到、老成，故意做出忠诚姿态，懂得配合和表演，懂得利用体制的力量以达成自己的目的。这种学生很能迎合体制需要，而且高效率、高智商。这样绝对精致的利己主义者，突出的问题在于没有信仰，没有超越一己私利的大关怀、大悲悯，没有责任感和承担意识，只有套在名缰利锁之中的自我庸俗化。这样的人，一旦掌握权力，对国家、民族的损害将超过昏官。大学如果培养出这样的人，不仅是失职，而且是在犯罪。

绝对精致的利己主义者，不同于普通纯粹的自私、事不关己高高挂起、自我保护者等。他（她）是水平高超的自私自利者，努力并勤奋且竞争意识强烈，现实而敏锐，非常自私并精确算计个人得失，巧妙而不动声色地利用体制，实现个人利益最大化，优秀得让人敬而远之，并给别人带来压迫感，善于表演，达到真假难辨的程度。绝对精致的利己主义者，是在封闭环境和自我追求的共同作用下炼成的。四个因素，即残酷的内卷倾轧氛围、自我成为赢家的渴望、担心被淘汰的焦虑、出人头地的妄想，使得这种人活得很累，即使居于塔尖也不敢放松，完全忽略了作为一个品行、人格健全的大学生应该具有的素养和担当。这些为数众多的、目光短浅的绝对精致的利己主义者，迟滞拖累了人群的整体进步。

要改变这种所有人似乎都觉得无能为力的现状，防止堕落为绝对精致的利己主义者，而立志成为"有使命感的平凡人"，每个人就得从自己做起，从自己内心做起，从身边的点点滴滴做起，从微小的改变开始。由简单起步，不断迭代完善，日积月累、长期坚持、由己及人，影响就会越来越大，最终良性的改变就会出现。

第三，要避免思维残缺，经由通识教育实现"自由而全面的发展"的起步。大学生，包括专科生、本科生和研究生，要成为独立自由而健康全面发展的人，就必须打好人生大厦的地基，建设好一个人健全发展的基础，即做好素质、品行、能力的基本建设。所有人必须接受完善的通识教育（通识教育不是专业课程、专业教育的"简单化""水课化"）而打好一生发展的基础。

笔者强调思维导向的通识教育，即每一个大学生都需要基于自己的专业和学科，并跨越、超越自己的专业和学科，主动关注并知晓理工、人文、艺术等至少三大类不同的思维模式。因为知识的专业学科是人为划定的，不代表真实世界和真实的问题与挑战。我们要尽力弥补原生家庭、原生文化、原生教育留下的这些缺陷或者遗憾。陷于单一或者某些专业学科知识或者技能学习的人，容易形成"学科专业性格"，甚至形成某种后天习得的偏执（在大学阶段习得的偏执）。如此，一个健全的人有可能会因不当教育而"致伤""致残"。这样的人将无从感悟幸福和创造的真谛，无法尊重别人或者安放自己的灵魂。一个人身体方面的缺陷不可怕，借助主动锻炼调适，借助药物或者合成生物学，借助机器和人工智能，可以获得相当程度的弥补；而思维和精神素质方面的残缺者、不健全者、亚健康者，却难以显而易见，难以医治，还常不自知，会习惯性"真诚地"干着错误的事情。人们通过专业化的学习，通过个性化的知识结构化，通过思维训练等，才能养成自己的气质与能力。大学里的学习，要基于知识点，并超越知识点，要基于专业和学科，并超越专业和学科，不断强化思维教育、思维训练。

最后一点是，要避免盲从，学生阶段要不断自省而实现自我超越。

国际上有人将人的思维分为三个阶段：无知的确定（中学）、有知的混乱（大学一、二年级）、批判性思维（大学高年级）。有报道称，近年来中国大学生的批判性思维弱化退步[2]，尽管这仅仅是一篇论文的观点，难以确定其是否为普遍现象，但这需要引起我们的警惕。批判性思维指辨别、判断、反思改进的能力，是有依据的、有质量的怀疑（质疑）能力，而不是批斗性思维。训练批判性思维的第一步，就是如何提问，如何答问；成功的和不成功的研究型教育之间最大的差异，不是做研究的能力，而是提出正确问题的能力。苏格拉底说："未经反省的人生不值得过。"大学是反省人生的开始，是思考人生的起步。反省人生是发现自己、认识世界重要的必经过程。

放错地方的资源叫作"污染"，放错岗位的人才叫作"废物"。老子强调"无弃人，无弃物"，关键是大学中的每个学生个人，如何针对自己的个性特征和潜力所在，去自由而全面地发展自己。需常问自己，自己异于常人的个性特征或者潜力是什么？需要时时处处地琢磨或者尝试验证。可以这么说，对个人自己而言，同等时间精力投入却产出颇丰的某一方面，就是自己的潜质，如果在此方面同时能强于绝大多数人，这就可称为潜力。

没有了自由而全面的成长，人们就会"内卷"，生命失去了支点就会"躺平"。在大学里，学生需完成走向成熟、走向智慧的四个阶段。

至少必须先后翻越两座自信的高山：第一座山是"盲目自信"的陡峭高峰；第二座山是"清醒自信"逐步抬升的高原，其远不见峰，没有止境。两座山之间以前期崖低谷深、后期渐渐升高的山路相连。低落之处，就是人们常抱怨社会"内卷"、念叨"我要躺平"的时空节点，有人陷于此无法动弹，终身无法走出。行进在翻越自信高山的人生路上的人，犹如演奏一首交响乐，常是先傲后卑，经历痛定思痛，再逐步提升，终有所成。

这首交响乐的第一乐章，初始离家尝试独立的大学生像巨婴般自信爆棚，不知己有所不知，停留在一叶障目的愚昧山峰傲视天下；第二乐章，一旦越过此阶段，面对残酷的现实，自信崩溃，羞愧失落，知己有所不知，跌落于绝望之谷，此地"内卷""躺平"随处可见；第三乐章，随后人们慢慢苏醒清醒，知己有所知和不知，因积累知识和经验而开悟；第四乐章，渐渐爬上开悟的山坡，最终抵达真正自信的高原而走近智慧，而到此阶段，人们就具有大师般的淡定，具有"不知己知、自知无知"的谦和。认知这些，对青年大学生的成长尤有帮助，可以少走弯路、少碰壁。

人工智能时代的大学生，可以为自己投射设置一个终身伴随的虚拟人、"数智人"，如同宠物，给"它"多次生命的机会，看其能遇到什么样的事情，能够走多远，能对自身发展有什么样的启发和帮助。作为大学生，最好在校园期间就品尝过失败，并且能自己从失败中站立起来。人的一生，不经历几次失败，就不会获得自我挑战极限的机会。可以接受失败，但不可以接受放弃。

◯ 思考题

1. 分析钱理群教授有关绝对精致的利己主义者、鲁迅文学、读书的意义、青年"躺平"等方面的表述。

2. 综述诺贝尔奖（物理学、化学、文学、经济学、生理学或医学）获得者和曾经从大学退学的科技产业领袖在大学时代的经历和特点。

1.4 什么是我的大学?

大学是有形的，也是无形的；大学是可见的，又是不可见的；大学是最懵懂的自己与未来最好的自己的初次相遇、初恋。大学是一个人进入社会的最后一道屏障，是远航前的最后一个码头。大学既是社会，也是殿堂，是理论与实践、校园生涯与天地人间相遇的"玄关"。宽泛地讲，大学最好的定义，应该是"没有定义"；大学真正个性化的定义，应该是："我的大学，我定义、我设计。"

大学是站在当下回望过去与眺望未来的地方；大学是个人与群体和时代相互契合的地方；大学是人类安放希望、个人安放灵魂的精神殿堂；大学是思想、精神、知识的载体，而不仅仅限于知识。对每个师生个体而言，大学能成就你、测量你、分别你、模糊你、升华你。

如何打造出一所每个人心中的"我的大学"? 每个人能否独创属于自己的、能伴随自己终生的精神家园——我的大学?

所谓我的大学，就是真正的自己专属的大学、我的天堂。犹如一个建在自己心上的花园般的校园，是自己选择、自己设计、自己构造的一所个性化的专属大学。

大学生不是中学生：前者主动接受教育，而后者被动接受教育；前者是成人，能够独立、自由地安排自己的工作和学习，而后者是在老师和家长的看护下从事被规定好的事情。在真实世界的大学里，大学生阶段的年轻人，不必像中学时代那样事事依赖老师的安排，发展的关键在于大学生自己，因为时间、空间均属于大学生自己，每个人在相当程度上可以根据现实条件自己学习、把握自己、独立自主、自我设计。让教育回归"爱"，回归对绝对真理之爱、对人类之爱，让学生在读书和教育的过程中感悟到幸福。

人类历史上的大学走过了如下几个"发育成长"阶段：传经教书阶段、科研与教学结合阶段（洪堡模式）、科研教学创业阶段（斯坦福模式）、未来更为融合的阶段（超限模式——笔者观点）。在设计每个人心中的、个性化的、自己专属的大学时，应该遵循不同的大学模式、发育进程与成长路线。在各个阶段思考、领悟、设计自己应该完成的任务，发掘那些精力投入不多却能更出彩的方面，一种真正属于自己的潜力，进而确定自己的兴趣和长项，不断锻炼、培养、升华，以达到至善的境界。

第一阶段是读书自悟阶段，对应传统大学的传经教书阶段。在此阶段，面向成为自由而全面发展的人，夯实基础，跨越文理，了解掌握通识；广泛寻找在世的、已经故去的大师，寻找阅读他（她）的著作、经典，进而思考人类和自己的明天。让读书、教育成为幸福，让人们眼中泛起智慧的光芒。研究表明，多读书是有益的，不仅对个人自己有益，还与其父母寿命延长相关。2023 年 6 月，我国学者发表在《自然人类行为》（*Nature Human Behaviour*）上的论文指出，个人的受教育程度与其父母寿命延长有因果关系，个人每增加 4.20 年的受教育年限，其父母寿命可延长 3.23 年，这与收入和职业无关，并且与自身寿命增加 30％～59％的概率有因果关系。

牢记老子的"三生万物"箴言，通过阅读三家以上的经典而博采众长，同一科目、课程、论题，绝不固化于一个观点或者同一类书籍，要读懂至少三个不同人、三种不同观点的描述和分析。通过形象思维、逻辑思维、格局思维训练实现思维自由，搭建起感性、理性、灵性的认知框架以支撑起人生大厦，培养幸福感悟能力，保持好奇心，进而拥有创造性潜能。

第二阶段是研究型学习阶段，在学习中研究，在研究中学习，对应于科研教学结合阶段（洪堡模式）。在此阶段，体验前沿导向的专业学科教育；针对真实的问题和挑战，如气候变化、人口政策、绿色能源等，多听学术报告，无论线上线下，不奢求完全懂得，而要尝试跨学科、超学科教育，如跨领域、跨学科、跨专业去听报告，并尝试提问和思考，听懂多少是多少。与此同时，带着问题去研究，开始查阅资料并分析文献的所长所短，鼓励实践试错和实验研究探索。

第三阶段是创新型学习阶段，对应于科研教学创业阶段（斯坦福模式）。在此阶段，将高度聚焦的、需要解决的真实问题和现实挑战变成项目和任务，以此为引导，跨学科、跨专业学习实践，观察周边商业、研究机构的运转以获得启发，参加创新创业赛事，包括路演，至少拥有主修专业学科以外某个领域的初步知识和技能，实现"一专多能"。同时尝试性地将知识转化为价值、财富，将规律转化为动能，观摩、训练这方面的创新能力。

第四阶段是悟道成圣阶段，进入超限模式。在此阶段，把身边的一切都化作教育元素和大道的语言，将对一切元素的认知都上升到大学、大道的高度。善建不拔、大制无割、善行无迹，借助当代人工智能的快速发展，追求"跨界超能"（具体见第三章第四节和第五节）。真正高水平的"成功"和实现"宏愿"的最佳方法，就是聚焦而不偏执、专注而不刻意地追求某个特定的目标或者方向（越是刻意追求越是事与愿违），从而真正做到无为无不为、无为无不治、无为善为、依道而为、超能善成。

真正的我的大学，就像我们每一个人有所期待的人生，因为"人生就像一场旅行，不必在乎目的地，在乎的是沿途的风景以及看风景的心情"。当然，还包括我们每个人对"风景"的服务与贡献，以及我们是否能成为他人的、赏心悦目的好风景，能否开创自我和他人的惊喜之旅。真正的我的大学，应使得其中的每个人走向自信、互信、守信；因有自信而自驱，因能互信而信任，因会守信而善成。

思考题

1. 评述苏联文学家、《我的大学》的作者高尔基，莫斯科大学的创立者、化学家罗蒙诺索夫和中国数学家华罗庚等人的自学成才之路。

2. 查阅文献并综述英国物理学家、化学家法拉第，美国物理学家、机械和电气工程师特斯拉，美国发明家爱迪生，美国物理学家、发明家富兰克林的自学成才之路。

3. 综述并评价曾经有过大学退学经历的科技产业领袖，如大疆无人机的汪滔、SpaceX 的马斯克、Facebook 的扎克伯格、Open AI 的奥尔特曼。

第二章

大学规矩
与
新民至善

2.1　大学的特征和通常布局

大学是培养未来人才、培养止于至善的未来人的地方。大学的类型不同，所培养的人才也不同，有的培养大学入学 3～5 年后的社会急需的人才（现实人才），有的培养 10 年后社会需要的英才（未来人才），有的重点培养 20 年后人类需要的英杰（未来领袖）。

古代欧洲大学的设立是为了传经，中国古代太学的设立是为了培养官员。那个时期，培养可供神权宗教和世俗专政使用的喉舌和工具，成为大学的最高目标。欧洲的近代大学有了师范、医学，后来出现了农科、工科、商科，以培养社会所需的职业精英为主要追求；当代大学主要通过"通识教育＋专业教育""教书育人＋科学研究"，培养未来社会的新人。未来的大学，应该是跨越各种分割壁垒，超越学科专业培养"超人类"的殿堂。

大学是培养人才的学问殿堂。所谓学问，就是学中问、问中学。所谓人才，先是健全的新人，后是青年才俊；首先是"人"，健全的成人，然后才是"才"，面向未来的才能、能力。现实中人们常聚焦"才"，而忘记"人"；严重的问题是，常常只视"才"为"工具"，忘记"人"是天生尊贵的"目的"；如若落入"工具性"

人才培养的陷阱或者怪圈，就既没有培养"健全的人"，也难以培养出肩负人类希望的"英才"，遑论真正能引领人类发展的"领袖"或者"天才"。

宇宙（世界）在英文中是 universe，英文为母语的大学叫 university，这就告诉人们，大学是一个探索宇宙（世界）的地方，是一个能容纳来自世界各地的人前来求取学问、获得能力的地方。大学校园喜好总结并反思过去，重点准备服务或者引领未来，与现实保持适当的距离以便更清晰地观察并理解当代。大学既是出世的地方，也是入世的地方；大学是从宇宙看生态，从生态看社会，从社会看人群，从人群看个人的地方；大学也是从内心观察自我，由自我观察人群，进而观察社会、生态、宇宙的地方。

在大学校园里，对当代学生而言，必须经历的完整教育包括基本通识教育、学科专业教育、跨学科跨专业教育。其中，学科专业教育包括本科、专科和研究生阶段的教育。

大学的学制一般分为专科、本科、研究生。笔者认可并推荐的大学专科和本科的年限布局是：入学后 1～1.5 年为公共课和通识教育的主要阶段，但通识教育应该覆盖整个本科教育阶段；随后的 1.5 年是专业基础和专业前沿教育阶段；最后 1 年是研究设计或实习实践阶段，同时也是跨学科跨专业教育阶段。大学生毕业后攻读学术或者专业硕士，需约 2 年，其间从事基础研究或者创新性的实用研究开发；之后攻读学术或者专业博士需 5 年，其间从事有一定难度的基础研究或者创新性强的实用研究开发。学术学位，强调的是研究的纯粹学术价值和哲学意义；专业学位，强调的是专门化、职业化的实际应用价值。

授课方式一般分为理论、实验、实习。授课空间一般分为课堂内、课堂外、校园外、线上、线下。研究实践范围分为实验室、实践基地、产业行业。大学硬件空间布局为教室、实验室、研讨室、图书馆、博物馆、体育馆、剧院、网络。群体布局有社团、学生会、教授会。

学科专业通常划分为：

一是支撑所有人健康全面发展的、面向健全新人和基础研究人才培养的文理部分（即科学和艺术），包括基础自然科学的数理化（数学、物理、化学）和天地生（天文、地理、生物），基础人文学科的文史哲（文学、历史、哲学）和艺术学科的音乐、美术。

二是专业性或职业性的应用文科（法、商、教育，含体育、公共管理、新闻），人文社会科学（政治、经济、社会、心理）。

三是专业性或职业性的工程科学（机械、电子、土木、化工、材料、生物工程、信息、通信）；

四是专业性或职业性的医学和农学（基础、临床、公共卫生、康复、牙齿，动物、作物、园艺、食品、土壤、兽医）。

宇宙无垠，大道无限。因为每个人生命时长是有限的，而人类整体追求长远，就要让每个人以有限应对无限，就需要在有限的时间里精通世界的有限部分，从而实现人类了解把握整个世界的渴望，所以大学不得不按照知识技能学习而划分成学系、学科、学部，课堂内、课堂外，虽然这些分割划分方式在不同大学、不同国家各不相同，但大同小异。这种人为划分是不得已而为之的，这些划分本身就违反了大道的"大制无割"，所以所有的划分只能被视作对真实世界的一种趋近，一种有明显缺陷的趋近。

真实的世界是不可分割的，真实的问题及其解决往往需要多专业、多学科的融合与"会诊"，因为整体永远大于部分之和。大学理应为每个人展现不可分割、无限可能的未来世界。在学科专业、授课空间、实践领域，为学生提供不可分割、无限拓展的可能性，这就是未来需要强调"超限"的重要原因。

全人培养与系科分裂存在天生的矛盾，"健全成人"的养成和"学问专才"的培养也存在天生的矛盾，这两者均需要兼顾和融合，进而具备大道特质的"浑然天成"。所以，校内有形无形的划分在刚性结构上要尽可能少，各个部分的交叉、融合、超越要尽可能多。在刚性结构上无法融合的分割，必须通过柔性机制加以弥补。判断一个大学的布局是否合理，依据就是其是否具备分合有序、融合的机制，让学生在短短几年里能同时体验多种学科专业的多种人生。

◯ 思考题

1. 面对一个社会或者人类的重大挑战，如新生儿数量减少与应对措施、碳排放与全球气候变化，探讨其可能涉及的学科专业以及人才培养。

2. 针对当代社会的严重问题，如房地产严重过剩，探讨"大楼垂直菜园""大楼养猪场""大楼垂直工厂园区"这些设想可能涉及的学科专业以及人才培养。

2.2　大学的普遍规则

大学人才培养模式，是随着历史和引领者的思想及实践而不断演化、进化的。大学的基本组织原则是独立、自由，并体现在对文明的使命担当中。

从哲学高度看，实现大学目的主要有两种途径[7]：偏重认识论的观点认为大学目的是以"闲逸的好奇"精神追求知识发现与创造，偏重政治论的观点则相信研究深奥知识是因为它对国家发展具有深远影响。如此产生了强调两种大学人才培养模式的重要分野：一种重视学科（即高度专精的学术分科，重视学术自由）教育导向的研究与知识创造；另一种强调专业（即现实需求的专行职业）教育导向的应用拓展和服务经济社会发展。

近代大学发端于 15、16 世纪的意大利，接着是 16、17 世纪英国开启了具有文理书院特点的大学自由教育传统，随后 17、18 世纪法国形成了以工程师教育为核心的精英化的大学专业教育传统。到了 19、20 世纪，德国建立起教学和科研融合统一的研究型大学制度。在 20 世纪前期，苏联探索并实施了专业职业导向型的大学。最近一个世纪（20、21 世纪），美国强调大学的社会服务（将知识变成金钱财富）导向，并创生了教学—研究—社会服务创新型大学制度。这些国家所开创的教育道路和经验，不仅奠定了这些国家在当时成为教育大国、教育强国的思想和制度基础，同时也深刻地改变了知识生产和流通方式，提高了民众的物质和精神生活水平。当然不同的模式、规则既有突出优势，也有其缺点。

大学人才培养划分为本科生和研究生两个大的阶段。应用性的专业教育，大多体现为面向社会大众需求的本专科教育；强调研究和知识创造的学科教育，更多指研究生教育。西方传统大学的本科教育阶段强调通识教育和以发展"全人"为目标，其研究生教育兼有强调学科性和专业创新性的两种培养模式；第一个将人造卫星和人送上天的苏联，为服务于"全面计划"控制的工业社会，在本科教育阶段就特别强调专业性、职业性。总体而言，依照"学科性和专业性"与"本科生和研究生"两个维度四种组合模型，可以进一步衍生出专深、广博、纯粹、应用等众多不同方式的大学教育培养模式。

归纳古今中外不同的教育模式，有几条原则是长远有效的：

其一，育人过程强调通识健全、专业前沿、跨科融通，把培养或健全一专多能、跨界超能的人才作为大学追求的目标。这样的人才，应该在人文、科技、艺术三方面都具有一定的健全通识，掌握最新前沿的专业知识、能力、技术，拥有跨领域的、在交叉学科或者交叉专业从事工作的能力和技术。

其二，注重教书育人、研究创造、创新应用的融合。在大学教育中，课堂教学与探索性研究相结合以实现卓越育人，学会有依据的质疑、有礼貌的提问、有仪态的言行，学会严谨规范地创造知识、创新知识的实用价值。

> **思考题**

1. 探讨大学和师生如何处理平衡好育人中的"自由而全面的发展""工具和目的""学科性与职业性"。

2. 查阅资料并调研你所在省市的大学类型、校训和主要育人特点。

2.3　格局、使命与大道

首先，谈谈个人的格局、使命与大道。

贪图安逸是人的天性，但如要成功就需要逆反这一人性；毁掉一个人、一个组织，最简单的办法就是给其足够的安逸，因为舒适区意味着熵增，而只有熵减才意味着勃勃生机。人性常纠结于利己还是利他。稻盛和夫说过，利己则生，利他则久，利他是最高境界的利己，双赢是最长久的谋利。与人相处，极致的利他，往往是最好的利己。

所谓格局，就是每个人首先以哪一种位格去看待天下或者事物。以物格或兽格、人格、"神"格中的哪一个"格"的眼光去观察世界？再者，以哪一种时空尺度描绘天下或者事物：空间的局部、全局还是全域？以哪一种时间跨度看待天下或者事物：秒、时、日、年、百年？以哪一种深度程度去评估天下或者事物：高度、深度、广度？以哪一种视野去观察天下或者事物：县、省、国、民族、人类、宇宙生态？一个人的格局观常常决定了其使命观，一个肩负使命的人，能够经历千辛万苦察得规律的端倪，敬畏、服从、辅助大道，进而受到大道的眷顾。肩负使命者，会勇毅前行！

人生不是赌博，而是循道而行，遵道而进，得道多助，合道幸福。

有的人，想的是自己的家族福禄永恒，这是家族格局；有的人，想的是自己的国家是否能够发展或者繁荣，这是国家格局；有的人，想的是人类是否会在下一次星球碰撞地球时生存下来，而不是像恐龙一样灭亡，如何尽早在财力、技术上为移民火星等星球做好准备，这是人类格局。

全球犹太人口有 1700 万，只占世界人口数量的 0.3%，但诺贝尔奖获得者中有近 25% 是犹太人，截至 2003 年，犹太人名字在诺贝尔奖得主名单上出现了 160 次，至少有 130 人获奖。犹太裔的伟大者如耶稣、马克思、爱因斯坦、弗洛伊德、达尔文、斯宾诺莎、维特根斯坦、波普尔、马斯洛、海涅、茨威格、莫扎特、肖邦、门德尔松、马勒、比才、毕加索等人。

人口很少但创新突出的犹太民族常常引领人类文明发展，靠的是与生俱来、自我赋予加冕的格局和使命，以及在此指导下形成的教育体系。一是不可动摇的使命感。犹太人自称被"上帝"选中的民族，担负着最崇高的使命。人为什么而活着？历史的价值在哪？人是否有区别于动物的崇高使命？只有极少数民族，如中国人、印度人、犹太人、古希腊人和埃及人等，对这些问题做过系统深入的思考并建立了其深刻和系统的思想体系。而其中，犹太人最简单明确和直截了当，毫不犹豫地相信自己肩负"上帝"创造人时所赋予的使命，进而创造并垄断了有关"上帝"的话语体系和解释权。二是彻底的探究精神。犹太人认为，人们永远在探索无穷无尽真理的道路上，永无止境。除了上帝，人类不可能掌握最高真理，也不可能发现所有真理，不迷信人世间的权威和神仙皇帝，不崇拜偶像，喜欢刨根问底，有不愿妥协的探究精神。三是自我激励和肯定。为完美地表现为不愧是上帝的选民，他们胸怀理想、面对现实、始终乐观。

中华民族具有勇于抗争、自强不息的使命感。如中国古代神话中有盘古开天地、女娲补天、夸父逐日、钻木取火、精卫填海、愚公移山、后羿射日、大禹治水等，这些神奇故事代代相传，明显不同于依赖神赐而趋利避害的西方神话故事，诸如普罗米修斯盗火、大洪水中的诺亚方舟。中华民族同样具有创新的基因，几千年前创立的大道学说，至今充满生命力，近几十年在科学技术领域的突飞猛进，也得益于"万物生于有，有生于无"，大道"象帝之先"（好像上帝的祖先）之"神"（器）的恢宏格局，遵守"道法自然"（独立自主、自然而然），谦逊敬畏地开始从物性经过人性向"神性"

的攀登，肩负建设天下"神州大地"的伟大使命，从而有了"不言之教"、学"不学"、学"绝学"、"因材施教"、"止于至善"的教育理念。

这一理念的主要特征在于：一是"天人合一"的使命感。"道大、天大、地大、人亦大""人法地、地法天、天法道、道法自然"所阐述的思想和言行规则以及技巧，就是"孔德之容，惟道是从"（最伟大的德行就是遵从大道的指引）。二是化解束缚的超越性。坚信"前识者，道之华而愚之始"（迷信过往的知识，就是固守大道的外表虚华而没有抓住本质，也就有了愚昧的肇始），善于把握"有无相生""阴阳和冲""三生万物"规律。三是迎接机遇并超能善成。明白"福兮祸兮"，而坚忍不拔，"千里之行始于足下"，知晓"反者道之动，弱者道之用"，而善于抓机遇并采取行动，故而"大制无割""善行无迹""善建不拔"，达到"无为无不为""无为无不治"的至高境界。

"上善若水"，水是什么形状的？保持本质，随形而形。人生的意义，就应该如同水的形状，你赋予它什么意义，就是什么意义；人生的意义，或贵或贱，都是自我赋值、天道赋值。以老子为代表的中华先哲认为，人生的意义就在于谦逊敬畏地随道而行，遵道而进，开始从自然物性经过世俗人性向大道"神性"的攀登。卓越之人的进步来自内驱力，而不是外界的压力和奖励，外界的压力如无法转换成动力，就会成为阻力、摩擦力和抑郁。奖励很容易强化每个人意识上的短期功利。一切进步的关键是明晰内驱力来自哪里。

如何才能使人有内驱力？答案是，内驱力源自使命，自我赋予、自我加冕的天赋使命（人们经常将此形象地比喻为梦想）。此使命的形成，少量来自本身固有基因的影响，更多的来自后天的氛围和各成长因素的影响，当然，来自后天的影响显然更为重要。人们不断地进行自我兴趣挖掘和自我定向强化，就会将使命视同大道对自己的启示和赋能！

其次是大学应有的格局、使命与大道。

大学应该肩负"育人""文明""发展"三大使命，这是笔者多年前便倡导并推行的。

大学的"育人"使命，就是要通过教育模式的深刻转型，实现每个人的自由和全面发展。对中国当代的大学而言，就是要通过超越知识点、超越单一思维单元、超越单一思维体系的教育，培养学生的形象思维与逻辑思维、批判性思维与创造性思维的能力，让学生拥有健全的思维基础单元、思维体系、超限思维的能力，让学生拥有学习内容方式等的选择自由、个性自由、兴趣自由、思维自由，让学生拥有走向健全所必需的且程度各异的多样性知识、思维、精神和能力，从而成长为未来社会的新民和英才。

大学的"文明"使命，就是要创造并发展能引领时代前进的新的学科知识体系，促进人类文明的进步和繁荣。对中国当代的大学而言，就是要参与建立融合中西、古今、文理，能走向世界的、源自中国的知识学科体系，继承和发展中国传统优秀哲学和文化思想中的精华，为中华文明的复兴和人类文明的进步做出自己的贡献。

历史一再证明，影响至今的不是无数的战争和朝代，而是人类文明进步的升级。

大学的"发展"使命，就是要提供能改变世界的新力量源泉和新工具，推动实现全球人类在生态、社会等多重意义上的永续发展。对中国当代的大学而言，就是要通过改变大学自身的运行模式，超越各种时空和认知限制，创造新的机制和模式，为中国式现代化提供新的力量源泉和新工具（如人工智能、数据能、生态能、绿色新能等）；通过改变中国，进而改变世界，从而为人类文明做出较大的贡献。

思考题

1. 查阅资料，了解你所知道的几所大学的使命、愿景和毕业生特点。

2. 了解你所在大学的宏观发展战略，审视你个人的发展战略和设计。

2.4 自由与全面/工具与目的

社会发展的核心和第一要素，是人的发展，每个人的自由是所有人自由的前提（被暂时或者永远剥夺政治权利和人身自由的刑事犯罪者或反人类罪者除外）。言行自由需遵律守法，思维自由要能超越局限。大学要为每个人的自由而全面成长提供氛围和土壤[8]。

社会发展需要人，社会发展为了人；人不仅仅是社会的工具，更是社会发展的目的。最踏实坚固的地基才能支撑起各式各样的塔顶；只有全人，才能支撑得起真正的英才。人不仅仅应有被使用价值，人本身就天然地具有崇高价值；我们每个人都应当肩负使命、责任和义务，甚至敢于面对牺牲；同样，我们每个人都有自己的尊严和幸福，每个人都不可替代。所以，每个人的成长都应该是各具特色的，在德智体美劳的育人氛围引导下的，在科技、人文、艺术方面健全发展。

马克思倡导人的自由而全面的发展，就是倡导选择自由、兴趣自由、个性自由、思维自由，就是倡导在知识、思维、精神、能力等方面的健康、健全、全面，而这并不是指所有方面的十全十美、齐头并进。如此自由而全面的人才发展观，应该成为我们的育人观，要鼓励每个人对世俗制约性环境或者内心思维性桎梏实现"超限"。

要保证每个人的自由而全面的发展，可通过"好似观察又不是观察"的、敬畏尊重的"微扰"方式，通过人工智能或大数据模型，对学生和教师进行自由而全面发展的评估判断，并采取有针对性的措施进行校园氛围、师资和学生个人素质能力等方面的补充完善。其主要目的是防止全面彻底的、单一思维的统一格式化，为未来发展预留空白、空间。

自由是自然的一部分，自然包括自由（个性自由）、自主（自己做主）、自然（生态）。许多中长周期的历史实践均表明，从自由出发，自由与平等容易实现；从平等出发，平等和自由有可能都失去；愿意放弃自由而获取保障的人，最终既得不到自由，也得不到保障。所以，自由与平等不可拆解，自由是一切的前提和基础。自由与平等是"大道""真理"不可分割的一体两面，如同"道"的"无有相生"，如同"光"的"波粒二象性"。

所谓自由，从根本而言，指一个人在群体中的自由。每个人既是生物的人，也是社会的人。独立自由的人，尊重他人，自尊自爱；宽容他人，宽容自己。群体体恤个人，个人尊重群体。没有个人尊严和自由的群体会失去活力；拒绝了群体的个人，谈不上自由和独立，只剩下孤独。

所谓自由，在大学里，对学生而言，是指选择性自由与能力，个性化的潜能挖掘锻炼，思维性的自由而全面。自由不是超越法律规范的言行自由，而是让学生拥有大脑深处的思维自由、个性保持或者改变与发展的自由、各种取舍中的选择性自由、兴趣挖掘和发展的自由。所谓自由，也包括学生具有价值观方面的选择性自由和行动自由，如在短期功利（尽管不应该予以鼓励，但不能因此而禁止）、长期愿景、终生使命之间做选择的自由。

没有自由，就不会有真正的教育，自由是教育必需的前提和内涵。大学教育以保障学生成长为心智、性格和理智全面发展的"全人"为目标，而不是仅仅让学生获得狭隘的专业知识。100 多年前，全世界许多教授群体就公认大学的三个原则：学术自由、学术自治、学术中立。比如说，制造机器就是依照图纸或标准的模具进行复制，在流水线上开展标准化作业，制造出毫厘不差、规格相同的产品。育人则根本不同，个人的资质千差万别，其内在价值取向也不尽相同，必须因材施教，提供自由的环境，尊重每个人选择的自由。

自由对师生而言，涉及幸福感悟能力和创造力的培养或者呵护，正规程式化、格式化的教育都必然有缺陷，无论如何努力，也只能提高群体的平均水平，减少出人意料的落差概率。而真正的创造型人才是非标准化的、个性化的，幸福感悟能力是因人而异、完全个性化的，由此可见自由对教育、对培养的重要性。这些就好像，所有程式化的标准化产品容易实现工业化和规模化，易于被替代，往往价格不断降低；而所有非标准化产品，都需个性化定制，难以规模化，难以被替代，往往价格一再走高。

自由的前提是独立。思维自由的前提是精神独立。所谓独立，就是拥有独立的意识、精神和能力。对学生而言，起码拥有独立的精神，如：不依赖家长，不依附他人，自觉成人，顶天立地，独立判断；言行得体，自律自爱；独立规划未来，托起梦想，敢于面对选择和风险，独立对自己的未来负责。独立才有自由，而依附者会成为他人和社会的累赘和负担。独立判断、独立思考、独立担当，才能成长为自由者，因此每个人都需要学会并善于与孤独打交道，并深刻地知晓领悟自己并不孤立，因为有无形规律和根本大道无时无刻、无处不在地永恒地滋养着自己。

　　所谓全面就是健全，师生要人格健全，以至于能担当不同人生角色并实现发展。可以允许每个人在各要素上存在程度上的高低，但不可以留有素养修养要素上的缺陷；就像各种维生素在每个人体内含量因人而异，但不能缺乏。所以学生要获得健全的必不可少的素养教育、思维教育，并且其各种素养、能力达到相互补充与和谐。全面的前提是至少拥有三种不同知识要素、思维要素、精神要素、能力要素并互补融合发展。

　　大学里的每个师生个体均应拥有独立精神，其三要素是以质疑为第一要素的科学精神，以关爱为第一要素的人文精神，以使命为第一要素的信仰精神，否则，谈不上真正的独立；每个大学生师生个体要实现自由思维，至少需拥有三要素，即形象思维、逻辑思维、格局思维，否则，谈不上真正的自由；拥有了形象思维和逻辑思维两者，就意味着拥有了幸福感悟能力；拥有了批判性思维和创造性思维两者，就意味着拥有了文明建设能力。

　　正如生命基因，即脱氧核糖核酸，其组成按尺度自下而上可以划分为三个层次，即碱基、分子、超分子，四种碱基（A/T、C/G）可以组成分子并互补组装成无数种超分子的生命基因。与此类似，健全的思维至少应该拥有超分子水平的、两两成对互补的四种思维单元，即形象思维/逻辑思维，批判性思维/创造性思维，正如DNA两两成对互补的四个核苷酸 A/T、C/G。健全思维是走向卓越的基础，是走向超限的起步。

　　因此可以这么说，卓越基因，其组成自下而上可以划为三个层次：单元思维、思维体系、超限思维。四种思维单元能组成无数种思维体系。拥有健全思维，才能实现健全的教育；拥有超限思维，才能走向超限教育。一所大学要改变师生落后僵化思维、缺乏幸福感悟力和创造力的状况，就需要从改变师生思维起始，不断迭代、永续发展。

总而言之，自由而全面是一个整体，在不同场合会展现不同的方面，但绝对不可被割裂，其犹如量子论的"波粒二象性"，互补相容并相对；犹如老子所说的"大制无割""疏而不漏"。在我们的校园里，每个人的自由发展就是实现个性自由、选择自由、兴趣自由、思维自由；每个人的全面发展，就是达到知识、思维、精神、能力方面的健全发展。

人不仅仅是工具，更是目的。我们每个人都无法回避人的工具性，如同"养家糊口""光宗耀祖""保家卫国"，就是在表明你对自然、家庭、社会和人类的可实用性、可利用性、价值高低等。每个人都应当承担来自父母、家庭、家族、社区、单位的某一个方面的梦想、要求或者责任，需要做出必不可少的贡献或奉献，甚至是难以回避的牺牲，而这一切典型地反映了人不可回避的工具性。但是过度的、过多的工具性压力，会导致人的幸福感缺失，甚至自暴自弃、消极怠工并破坏工具。

人类是由每一个人组成的，每一个人的尊严组成了人类的集体尊严，每一个人的幸福组成了人类幸福，每一个人的自由组成了人类自由，没有一个人是可以被放弃的（反人类者除外，是反面教材），天下须"无弃物、无弃人"。呵护每一个人，给予每一个人以温暖，就是体现每一个人都是人类的目的。不能奢谈人类幸福却无视个人幸福，每一个人的价值都应得到体现、得到尊重，人类的价值才能得以真正地体现和尊重。"每一个人的自由是所有人自由的前提"，我们需要呵护每一个人，每一个人都是人类的目的。我们在现代社会治理中，强调人人平等，而2500多年前，老子就强调"人法地、地法天、天法道、道法自然""天大、地大、道大、人亦大"，由此可知，老子思想已经超越了人人平等，且强调人与天、地、道同等，人也是道的某一种化身。

教育有育人、育才两个维度，毫无疑问，应该是"人"第一，"才"第二。强调先为人，后为学；首先关注的是健全的人，然后是某一方面的专才；先有健全的通识教育和允许每个人自由并个性化的自由宽容和谐的环境氛围，后有天才、奇才、偏才、怪才、鬼才等杰出创造性人才涌现的生动局面。

防止重"才"轻"人"，重"教"轻"育"。我国学生现状是知识和技能水平上均值高、个体差异小，简而言之，就其工具性而言，即就"才"的培养水平，我国总体处于发展中国家的高位，培养规格整齐划一，低劣的和优异的比例都很低；就培育自由、幸福、尊严的"人"而言，我国学生在文明程度、素养水平、现代化水平方面，作为素养能力健全之"人"的方面，还有巨大的提升空间。如，总体平均水平较低，人与人之间差别很大；在素养和价值方面，均值低，个体差异大，目前尚难以大规模培养杰出人才。钱颖一教授曾建议,解决才的问题,要保持均值,提高效率,增大方差,鼓励差异;解决人的问题,提高均值,重在素养,重视通识,减少方差,坚持真理,恪守底线[9]。

🔘 思考题

1. 针对自己的求学和工作生涯,谈谈在自我成长发展中如何平衡"自由与全面""工具与目的"。

2. 比较以下两类大学所培养人才的特色和差异、人才发展的可持续性:注重高水平通识教育的大学与注重职业专业教育的大学。

2.5 通识与专业及跨界

新生来到大学校园里,经常相互确认的是自己属于某个专业或者某个学科,执着于掌握本专业本学科的内容成为天经地义,难以认识到自己是人类整体文明的传人,很容易忘记英才、专才的基本前提是全人,即在宽松自然环境下健全发展的人。

专业学科是人为划定的并不停地在演变重整,如果陷于某个专业学科,就会形成古怪的专业学科性格,甚至某种习得性的偏执,难以实现知识思维方面的健全,难以有更高的创造力和发展。当今社会在技术的推动下发展越来越快,专业学科的边界越来越模糊,跨界融合并突破已成为常态。学科交叉、相互融合、跨界启发、超学科发展将是年轻一代面对的未来。

通识教育重在看似"无用"但实际上长远有用的一切，包括可能一生有用的知识、技能、思维、价值和精神，更多强调的是人的幸福和尊严以及"学以成人"的目的；而专业教育更多强调的是人的功能性、工具性、可使用性、可度量性，主要方式是通过批判与创造而走向创新，重在"有用"，特别是近期有用的知识、技能、事物，而这些大多是阶段性的，从长远来看可能是无用的。刚毕业的头几年，人们可能觉得计算机最有用；而毕业20年后，人们会觉得哲学社会科学类课程最为有用；而在退休之际，开始人生的银发岁月而适应新的工作生活方式时，人们会发现人文艺术类课程，特别是有关终极之问的天文学、哲学类课程最有用。

大学理应注重师生生涯期望的长期愿景，如终身追求、终极价值、终极关怀，可是，仍然避免不了短期功利主义。人们会功利性地把知识分成"无用知识"和"有用知识"，而不知道的是，其毕业后，有用的知识会变为无用的知识，而无用的知识可能成为有用的知识。大学阶段的学习研究训练不仅仅是为毕业后找工作而设置的，也是为人的一生在做准备，更是为人类文明的接续长存做铺垫。不同于人类思维的有效寿命长达数千年，知识本身的有用时效不会太长，比如一个时期的电脑软件语言等，几年以后就更新了。越专业的知识越容易过时。专业设置过窄，不利于创新，也不利于人的健康全面成长[9]。

在育人过程中，定向"自由而全面的发展"，需平衡好"工具性与目的性"，须经过五个步骤，可以由"大学"起始而亲近"大道"。具体步骤是：通识——专业——跨界——融合——近道。

重视通识教育，就如同建造大楼需要打好地基，宽广厚深的地基可以支撑各式各样大楼的建造，即使后期修改大楼设计并更专门化。专业教育，就如同建造专门化的大楼，如写字楼，如果地基的普适性不强，那后期想修改建筑设计为承重的或有特殊要求的"大楼工厂"或者"大楼农场"，则困难重重。人的未来发展具有一定的可预测性和更多的不可预测性，过于强调精确的预先设计将阻碍甚至扼杀人的发展，所以应该兼顾通识教育和专业教育。通识教育与专业教育相互独立，相互补充。大学本科阶段应该以通识教育为主，专业教育为辅；而研究生阶段，则应该反过来，以学科教育或专业教育为主，通识教育为辅。此外，需要特别强调的是，在本科和研究生阶段，都需要跨学科、跨专业的学习、研究和训练，如此才能培养格局意识、格局思维能力和超学科或超专业的把控力。没有通识基础的专家，不会成为新民（"大学之道，在明明德，在亲民，在止于至善"），反而更可能扰民（如学工程的学生不学工程伦理，不重视环境生态伦理）。而跨界更多地强调融合和超越。

在重视前沿的学科专业教育的同时，需要更多地强调通识教育和跨学科专业的教育，因为人类思维与学科已经发展到了一个关键转型时期。在人类学科发展史上，19世纪是一个具有标志性的时代，在那以后的一百年里，人类知识生长、呈现出各门学科扇形扩散的局面，最终分化出了在认识论上差异明显的自然科学、社会科学和人文学科三大门类。1959年，英国物理化学家、小说家斯洛在剑桥大学发表了"两种文化与科学革命"的讲演，提出"科学文化"和"文学文化"的分立造成英国经济社会发展过程中出现了一系列困境和问题难以解决[10]。这就是所谓"斯诺命题"。毫无疑问，学科分化是现代科学产生的前提和基础，有力地促进了人们对自然界、人类社会和人自身的精深探究。但不可否认的是，学科过度分化在很大程度上造成了人们对世界现实整体性和复杂性的割裂认知，阻碍了学者、研究者、专家们的思维方式的转换：从"分析—综合"的还原论到"联系性—系统性"的整体论。这阻碍了学科专业本身的不断颠覆创新发展，因为许多变革来自外领域对本领域的影响和冲击以及相互移植。未来社会，在新一轮科技革命和产业变革裹挟下，多学科交叉会聚与多技术跨界融合将成为常态，并不断催生新学科前沿、新科技领域和新创新形态。

除此之外，许多人包括斯诺，仅仅关心社会和学科专业受两种文化的影响，还没有充分注意到两种文化本身的差异或者某一缺失，乃至两种文化各自内部的某个、某些学科专业文化的差异或者缺失，包括长期的潜移默化和偏执强化，会导致个人在认知心态、情绪、表达方式、后天养成、学科或者专业性格上的巨大差异。这种差异在某些情况下是特点，在不少情况下甚至是一种后天习得的缺陷。例如，在日常人际交往中，会出现偏执于几何思维般精确的数学家，僵化地面对生态和社会问题。又如，在行政管理中，会出现充满浪漫且随心所欲的美术家，随意地面对严谨的程序和问题治理。要弥补人为的学科专业分离所导致的学科专业性格、人格偏差或者缺陷，以及教育导致的"残疾"，不仅不能忽视还要大力提倡通识教育和跨学科专业的教育。

➲ 思考题

1. 了解"纳米科学""气候变化""人工智能""集成电路"的跨学科性、跨专业性、跨行业性，及其产生的原因。

2. 了解"思维教育""智能教育""计算教育学""金融物理""社会物理学"的跨学科性、跨专业性、跨行业性，及其针对的问题或者需求。

第三章

未来的人类
与
未来的大学

3.1　未来的人类和社会及产业

　　只有心怀未来的理想或者憧憬，才能敢于直面眼前的挑战和困境，才能知晓、把握并解决今天的难题，而不会简单地、惯性地陷于历史的老套路，不会在滋生问题的同一思维维度去寻找解决方案，而是从高维度观察破解低维度的疑难，由此避免一筹莫展或者自命不凡。

　　走出丛林的束缚，远离动物性、禽兽性，发展出文化、走向文明，是人类的第一步（人类1.0）；走出感官的束缚，远离条件反射般的反应模式，发现并尊重规律，发明并创造创新，是人类的第二步（人类2.0）；走出地球的束缚，远离人性的妄欲、贪婪，追求真理、服膺大道，是人类的第三步（人类3.0）。人类的未来，即第四步，是成为宇宙物种，最大限度地脱离动物界，与道同行，走在成为"神"、更像"神"的道路上（人类4.0）。

　　人具有物性和"神"性，即动物性和"神圣"性，人性介于物性和"神"性两者之间。人是复杂的，就像中华五千年前良渚文化的"神人兽面图"所包含的形象元素一样，不同层面的特征内涵融合在一起。亿万年以来，生命只存在于地球表面。到目前为止，我们知道，在宇宙各大行星中，只有地球上存在动物、植物、微生物和人类等生命。在遥远的过去，我们把人类想象中存在的、比自己更智慧的、在天上的超人称为"神"。长久以来人们在潜意识中认为，与存有生命的地球表面相比，地表之下是"地狱"，因为那儿是水下冰冷世界或者地底炙热的熔浆世界；而"天堂"在星辰大海的天上，能在天上行走生活的人们，就是天堂里的"神""神仙""神圣"。

判断人类是否走向真正的未来，而不是事实上的倒退，简单的判据是：（1）人在精神层面是否更接近"神"，而远离禽兽等动物；（2）事物是否更倾向综合融合，而不是分解分离；（3）时间观是否更为细致深入到"飞秒""阿秒"以下，空间观是否深入到纳米以下，从而理解并趋近那个"无"。

近十几年，埃隆·马斯克等人描绘并实践着创造新世界、实现火星移民的梦想。随着他们的创举在今后逐步推进，遥远的未来人类可能会定居在火星、X星上，开始星辰大海里的围海造田、沧桑巨变。人类的视野、认知、能力会有极大变化。

如果人类作为一个群体能在地球以外的宇宙中永生，就必须保证地球的和平繁荣、持久稳定，并以此作为移民太空的起始基地。人类大规模走出地球需克服所遇到的困难，这就需要更高的生产力、更低的损耗、更和谐的关系，就必须对永续和可持续的重要性有更深刻的认识和实践。几千年前老子所倡导的"大制无割""道法自然"将有可能普遍性地被全体人类接受而成为共识；人们将会主动通过"不争而善胜""无为无不为""无为无不治""反战并先胜而后战"减少人与人之间的钩心斗角，减少对人类整体毫无效益的内耗摩擦、界限分割，在关注局部优化的同时，更加强调全局优化、全域优化的实现，各部分、各要素之间的互动将不再是简单的加和关系所导致的结果，更不是减除关系，而是乘积、指数关系。

能够面对未来并化解未来的挑战者，首先必须能解决今日的挑战，并使之与未来的憧憬衔接。随着时间推进、方法迭代和效果累积，今日与未来之间的桥梁将有效建立。

我们将要面对的是以前不可想象的未来宇宙、未来世界，因而我们需要成为化解未来挑战的未来人类。人工智能、合成生物学、宇航科技、纳米科技、大脑认知等的快速进步带来了人类社会的巨大变化，新的产业行业形态即将或者已经开始涌现，从而在方方面面进入 4.0 时代，如工业 4.0、农业 4.0、社会 4.0，跨学科超学科、跨专业超专业成为主流，因此人们有理由去呼唤未来社会及产业行业所需要的未来人才（人才 4.0）。

为什么集成电路成为当今国与国之间产业竞争的焦点？许多人不清楚，也不理解，困惑的缘由在于缺失对"世界本是不可分的整体"的认识理解，也在于缺乏对未来世界将更为综合融合的认识。

集成电路是当代工业皇冠上的明珠。如果仔细研究以集成电路为代表的微电子工业，会发现这一工业不是人们以前熟知的单一类型的离散工业（离散工业也被称为装备工业，以计件为特点，代表性的产品如电冰箱、机床等），也不是人们以前熟知的单一类型的流程工业（以计重量为特点，如克、公斤等，代表性的行业是化工、材料、制药、石油、化妆品等），集成电路实际上是离散工业和流程工业的高度集成、无缝衔接、融为一体，消除了原有主要工业类型的界限分割，所以，集成电路工业的研究开发与生产，最多体现的是化学家、化学工程师和物理学家、电子工程师，以及数学家、数据专家、量子光学专家、材料专家等的通力合作，充分体现了人才需求的跨学科、跨专业性。现在人才培养中鲜明的、格式化的分科分专业教育，严重阻碍了集成电路的科研和发展。因此，产业治理与发展中的严重人为分割、学科专业的严重人为分割，阻碍了学科或专业、产业或社会的进步。这一切充分说明了几千年前老子的格言"大制无割"（伟大的制度没有割裂，伟大的制造无需分割）的正确性。

就工业而言，从低到高的工业的形态可以划分为 1.0 的蒸汽时代、2.0 的电气时代、3.0 的电子时代（信息时代）、4.0 的智能时代（信息物质融合的）；可以将从低到高的农业形态划分为 1.0 的体力劳动小农时代、2.0 的机械化规模种植时代、3.0 农业现代工业化时代、4.0 智慧农业时代（不再限于土壤的互联智能）；可以将从低到高的经济形态划分为（0.0 的狩采经济）1.0 的农业经济、2.0 的工业经济、3.0 的信息经济、4.0 的生物经济；可以将从低到高的社会形态划分为（0.0 的采猎社会）1.0 的农牧社会、2.0 的工业社会、3.0 的信息社会、4.0 的智慧社会。

对不同行业的进步台阶、文明形态进化层次进行粗略的归纳、总结，有利于我们认识及把握我们所处的时代，以及如何服务于人才培养。

"千里之行，始于足下"，急于求成的人们，总希望一步登上天堂，而不知道罗马不是一天造就的。有什么样的思维，就会造就什么样的人才、什么样的产业，思维、理念和概念的率先突破和颠覆，对社会和产业的飞跃发展一直尤为关键[11]。有人常常梦想用低维度的思维或者概念规则去解决高维度的社会或产业急需、人才或者产品等，结果必然是刻舟求剑。用 1.0 或者 2.0 时代的理念、人才、工业、农业、社会等，难以造就 4.0 时代的物质与精神产品和智能社会；这就像用 1.0 或者 2.0 的工业管道、搅拌器，不可能商业化生产出价格低廉、良品率高的集成电路所需的工业 4.0 的高纯电子化学品。因此，我们需要脚踏实地在开放而独立的大学校园里探索能引领未来变革的升级循环迭代，开始从 1.0 或者 2.0 向 4.0 的思维和概念快速升级，犹如"量子跃迁"。

在正确认知并妥善解决人类的妄欲、贪婪、不知足之前，在人类更深入地发现大道、真正服膺大道之前，文明间、国家间、大公司间在利益、权力方面的全球竞争也将更为激烈。由于太空、天空、海洋、陆地的空间大小差距巨大，占有的难度也差距悬殊，因此宏观的权力占有形态也可以粗略划分成不断上升的四个台阶，即对应于权力从 1.0 到 4.0 的陆权、海权、空权、天权，拥有天权就能比较容易地控制空权（天宇的尺度大于地球的空域），拥有空权就容易控制海权（地球的空域大于海洋），拥有海权就容易控制陆权（在地球上，海洋面积大于陆地）。

人类社会发展进化（包括大学、医疗机构的发展进化）可以粗略划分成不断上升的四种进化方式：1.0 自然进化、2.0 学习进化、3.0 研究进化、4.0 智慧进化。自然进化阶段即弱肉强食、适者生存的天经地义阶段。学习进化阶段，是学习（包括阅读）成为社会风气，通过学习他人长处、反思自身短处而不断进步阶段。研究进化阶段，是研究成为社会风气，针对难题开展深入研究，注重发现发明并运用个性化、创造性的解决方案阶段。此阶段，研究型的大学、医院、军队、公司层出不穷。以研究型医院为例，研究所和临床医院同构一体，最新的研究成果被直接用于临床，临床的最新难题直接进入研究项目。以研究型公司为例，以技术为先导，最新的研究成果被用于生产实践。以华为技术有限公司为例，18 万员工中有 9 万研发人员。而未来社会，是一个智慧智能的社会，属于智慧进化阶段。人的价值将得到最大的体现，物质极大丰富，而精神产品将成为主要的生产任务。

我们今天的现实，就是如何建构好并引领 3.0 各行各业的形态，解决现实问题，并做好准备迎接 4.0 的未来。

思考题

1. 依据物理学、化学、生物学等发展的几个台阶，理解社会或产业发展的几个台阶，并展望未来趋势。

2. 综述并评价未来工业 4.0、农业 4.0 所对应的社会形态和人才培养模式。

3.2　智能和合成时代的超级人类

马克思、恩格斯倡导"每个人的自由而全面的发展""每个人的自由发展是一切人的自由发展的条件"等，就是指出了未来社会的人的根本特征。

社会发展的根本是人的发展。在社会形态从 1.0 到 4.0 的进化发展中，最根本的是人自身的自由而全面的发展。这些未来的人才，首先是健康的全人，然后才是才俊。首先，他（她）们是个性自由、自由选择、善于独立判断的人；他（她）们是人格、素养、能力、思维、精神、健全的、没有扭曲的人；在此基础上，他（她）们是学有专长、术有专攻、善于独创、一专多能、跨界超能的才俊和英杰。

未来社会里，"超级人类"革命将会发生[12]，人与机器将能融为一体并超越传统的人和机器。平常的庸人阶层将消失，这个阶层被机器智能即人工智能（AI）、智能机器人和合成生物学创造的人工生命机器所代替，社会主要分为"超级人类"和"无用人类"。所谓无用人类即被保护的老幼体弱有疾患的人们，"有之以为利，无之以为用"，这些"无用人类"是"另一种有用的人类"，即能够创造情感和精神价值的人们。

未来将是一个产业行业融合时代，学科专业融合时代，高级 AI 时代。新近人们刚刚实验证明，人工智能领域的神经网络具有类似人类语言的泛化能力，即能够举一反三，这再一次印证了 AI 发展的无限潜力。在此之际，知识圈如果不敢超越 AI，沉湎于世俗，缺乏真正的创新创造而持续下行，很快就会面临弱智的时代。

未来总的共同趋势是，组成工业、农业、社会的各结构要素，由强调静态的功能走向强调动态的智能（包括 AI 和类脑研究、人脑研究）。AI 时代的快速到来，将会彻底改变当代的工业、农业、学校（教育）、社会，各种人为的分割界限将会被填平、融合，智能型、智慧型的解决方案和对策层出不穷，非独创的工作将会逐渐被机器主导、控制及代替，人们不得不从事更独立、更原创、更高级的思维与精神层面的工作，否则就会失业，甚至被淘汰。

合成生物学的高速发展，会迅速将人类社会的经济形态由信息经济提升为生物经济。与之同时，"合成思维"代替"分解思维"，成为解决一切复杂问题的主要手段；人工合成的生物成为能被人使役的生命机器，工业、农业合成生物学技术使得物质和食品的高效、安全的生产成为可能，物质极大丰富的时代终于来临；医学合成生物技术将使得人类健康、延年益寿得到根本性保证，人类的人口规模和质量趋于稳定。在这个时代，千百年来人类所面临的饥饿、残疾等困境得以完全解决，人性中的缺点恶习，如妄欲、贪婪、不知足成为全社会、全人类针对矫正的主要对象。超越物质欲望的思维、思想、精神、价值追求将成为人类自身素养和能力提升的焦点。走出地球，成为宇宙智慧物种的人类期盼成为可能，并为之开始进行扎实的准备。

在这个时期，机器获得"人工智能"，非生命物质获得生命功能。人类很容易自鸣得意于自己的"聪明"，因而故步自封、画地为牢、分割局限，最终成为"人工智障"。因为人类在物质层面、劳作层面被彻底解放后，曾经千百年来陷于物欲不能自拔、分科学习而工具色彩浓厚的人们，突然间无所事事、游手好闲，进而可能无事生非。这时，需要通过智能教育对每个人进行个性化的教育训练和呵护，通过脑科学计划去发掘每个人的独特禀赋，进而发展其潜能，塑造其特长，将"无用人类"转化为另一种具有独特价值的"有用人类"。

生成型强化 AI（如 ChatGPT）的问世，告诉人们，不远的将来，凡没有"独创性"的工作都将逐步被计算机替代，如一般性文字、美术、音乐、编程、软件等工作岗位。目前的人文社会学科中存在大量的介绍性、转述性、综述性描述，包括一些自说自话、画蛇添足、缺少问题针对性、缺少实际价值的所谓"研究"。这些学术论文并不比 ChatGPT 写得更好，因为在知识文献占有量和快速归纳分析上，人是无法与计算机抗争的。

目前计算机的强项是存贮、归类、索引，以及海量大数据中的精细、深度关联分析与概率判断（当然会带来无意义甚至荒唐的假关联），其弱项是解决不了人的主观体验擅长的"直觉经验性问题"。计算机在人性与审美方面仍然非常"傻""笨"，如在处理人性丑恶或者善良相关的、无法逻辑推理的某些审美规则方面。但遥远的将来，AI 有可能突破"人性与审美"这两个堡垒。

在全球教育界，关于如何对待生成式 AI（ChatGPT），呈现出冰火两重天。有的限制 ChatGPT 在校园网中的使用，担心其泛滥而导致批判性思维的丧失；有的公开鼓励师生使用，主动适应并超越，为未来社会做好准备。

人工智能时代，思维比知识重要，提问比答题重要。一方面，思维教育是当今和未来教育的发展趋势，我们必须加强；另一方面，提问能力缺乏几乎是东亚教育，特别是我们中国教育的通病。要驾驭 AI，首先要学会提问，甚至逼问。AI 就像一个人类现有知识大数据的"池塘"，这个池塘里有没有"鱼"（答案）、有哪种鱼、多少鱼，要通过如"撒网"或"垂钓"般的提问来发现，可见提问能力是多么重要。东亚学生，特别是我们中国学生不敢提问、羞于提问，生怕问题幼稚、生怕问错，是非常普遍的现象。事实上，AI 提供了训练提问能力的私密而个性化的平台和工具。所以，AI 对提问能力的苛刻需求不应成为中国学生无法回避的短板，而应成为跨越发展的重要跳板。

AI 对人文社会学科的革命，应该受到欢迎和热盼。我国人文社科的学术严谨性和规范性有很大的提升空间，目前软实力缺乏，在国际竞争中难以拥有叙事权、话语权。在世界各国都面对 ChatGPT 的挑战而招架不住之际，被动不如主动，我们如能抓住机遇迎头而上、从头开始、重新出发、流程再造、简单起步、不断迭代，一定会有更辉煌的明天。

以中国和东亚各国为代表的，被誉为知识量大、知识面广、勤奋努力、基础知识扎实的教育模式，即擅长突出知识点的模式及其优势正在丧失，由教师向学生的单向知识传授和灌溉式硬记忆成为全民痛苦。ChatGPT 拥有互联网各类文本数据的海量知识，几乎覆盖了所有领域知识的知识面，能 24 小时勤奋努力，不间断学习，在基础知识考试中能超过 90％人类。人脑最多有大约 1000 亿个神经元，而 ChatGPT 单单参数一项就已超过 1750 亿，所以后者在撰文、翻译、绘画方面可以瞬时完成，使得视人为工具的传统"工具性教育"彻底失去价值。

以传授知识为中心的教育模式与 ChatGPT 时代教育的差异体现在：前者是刷题苦力，后者是刷题专家；前者缺少互动，后者可以持续神聊；前者只重考试成绩，后者看重实践技能；前者一味灌输，后者善待提问；前者轻视创造力，后者激励创造力；前者无视个性，后者呵护个性；前者未来可能没落，后者充满生机，并更加重视思维方式、方法路径、实践能力。与 ChatGPT 的交互、提问、指令、竞合演练，将大大促进与人际的合作交流。

我们需要谨记，教育不仅塑造人才，更应点亮灵魂！我们需要鼓励人们驾驭驯服操纵 ChatGPT，善于使用它，要站在巨人的肩膀上，而不是躲避它。ChatGPT 所谓的多模态，实际上是对人类大脑的多态叠加、纠缠、不确定的量子思维状态的一种模拟，人类具有远胜于 ChatGPT 的知识、思维、方法、能力等的超限迁移能力。AI 其实是每个使用者的灵魂投影或者镜面形象，ChatGPT 到底能有多厉害，取决于使用者自己有多厉害、多超能。一切 AI 工具，包括 ChatGPT，都是人类创造力的产物。

在教育中，我们要更加重视想象力和创造力！因为这些是人类特有的能力，能构想出全新场景，构建新的思维模式，发现新的定律，创新和发明新的事物。人工智能加持的教育，建立在人类集体知识之上，但其角色应该像 AI 的中文发音，体现在"爱"上，需要有温度、有感情，体现于师生共同进步、亦师亦友，并且大规模个性化，实现精准推送、精准滴灌、精准帮扶。

AI 教育范式不断切入教育环节，会引起师生关系由传统心理距离疏远的"师→生"单向权威服从模式，转变为心理距离适宜的"师⇌生"双向独立平等模式。如果教师职能更多地由 AI 来承担，就会进而形成互利共生型师生教学关系。其将可能"超限"，即模糊或者弱化师生之间的所有时空边界，集合所有的碎片化时空，推动师生关系的进一步发展。

生成式强化 AI，如 ChatGPT，具备自我学习和自我迭代功能，将会改变教师的垄断权威地位或者学生的孤独从属地位，以"或教师或学生"充满变幻的第三类角色，彻底变革并呈现新型的"师—生—AI"三角关系，这种"三生万物"的三体关系，使得师生关系变得更为平等多样、错综复杂、机遇频现。

在师生关系中，教师的教学质量优或劣，与学生的学习效果的优或劣相互深度关联，如量子纠缠，呈现出多种可能的教育效果叠加状态，观察后即变现为确定的某一教育结果。而在"师—生—AI"三角三体关系中，教师的教学质量优或劣，与学生的学习效果的优或劣，与 AI "或教或学"效果的优或劣，将分别以"师—生""师—AI""AI—生"相互深度关联，如量子纠缠，呈现无数种可能的教育效果叠加状态，观察后即变现为确定的某一教育结果。

AI 只会"机械式匹配"知识，不会通过思维推理而产生新的知识。ChatGPT 的关联学习能力很强，但缺乏对公理的坚持，会投其所好，从而产生"虚假关联"，也会诱导别人犯错。如果 AI 虚假观点被当作正确答案而传播就会导致大规模的认知错误。

与越来越出彩的 AI 相比，人类不必伤心或者自暴自弃。人脑有天生的智慧，这智慧累积了生命进化以来的几十亿年时光和可能性，而机器只有人造的智慧，2022 年有人在《神经科学》(*Neuron*) 上发文，实现了"缸中之脑"，他们发现，挖一坨人脑教其打游戏：5 分钟上手碾压 AI。人脑比鼠脑、AI 优越得多。ChatGPT 的大数据、大模型和大算力，耗费巨大，而人类大脑每次思考"大象无形、大道至简"，只是激活了很小区域，耗费甚微。ChatGPT 使得人们越来越容易获得不知方位的已储知识，也使得人类超越 ChatGPT 的思维、能力显得更加尊贵，更使得人们认识到批判性思维、创造性思维、好奇心、想象力的重要性以及其在育人中的突出地位。

思考题

1. 了解合成生物学、基因编辑，半机械半生物所带来的工业、农业、医疗健康变化以及社会变化。

2. 了解生成型强化人工智能、大数据＋人工智能、脑机接口所带来的工业、农业、医疗健康变化以及社会变化。

3.3　未来的大学与未来的人才

笔者对大学的划分如下：早期的以文理学院为代表的经典教学型大学，经院模式，可视为大学 1.0；后来出现的科研和教学融合的大学，即洪堡模式，可称为 2.0；在美国出现的科研领先、教学突出、服务社会的大学，可称为大学 3.0；毫无疑问，随着多学科、跨学科融合，超学科的出现，人工智能与大数据、合成生物学、纳米科技、人脑与认知科学的快速发展，就会出现未来以超限教育为特色优势的大学，可称为大学 4.0.

就当代而言，许多人有一个错误的教育理念，认为到学校就是学习知识，教育者的职责就是传授知识。老子早在 2500 多年前指出"前识者，道之华，而愚之始"[13]，即过去的知识并不代表永恒的真理本身，只是大道真理的某种表象，知识需要不断更新，如果对旧知识运用不当，就会带来灾祸。人们对大道规律的掌握程度，可以分成智慧的不同等级：1.0 知道级、2.0 知识级、3.0 聪明级（学问级）、4.0 智慧级（学术级）。聪明与智慧的区别体现在：聪明是某单一技能、本领的极化登顶，是一种专技炫耀，这种"聪明"受制于条块分割、领域分界；而智慧强调的是对大道规律的每个方面的掌握，体现在包容圆通、融会贯通、触类旁通、跨界超能。

参照工业 4.0 的划分，可以形象地把不同的人才比喻分级：目不识丁的文盲是自然界 1.0 的人，拥有并停留在知识与技能层面的是 2.0 的人，进化到思维精神层面的是 3.0 的人，灵魂或者思想能影响他人或者人类的智慧者是 4.0 的人。在人类历史上，除了极个别的几个人可从 1.0 如量子跃迁般越过 2.0 而直接达到 3.0 或者 4.0，几乎所有人都需要从 1.0 逐级依次提升。由此观之，我们现在的教育主要培养的是陷于知识点或者某种生存技能的 2.0 的人，而对 AI 而言，首先被替代的将是 1.0 和 2.0 的人。现在大学校园在大规模培养 2.0 的人，与未来需求，即产业或社会需要转型升维到 4.0 的急迫需求存在很大的差距，几乎是严重错配。

我们面临的严峻挑战和经常遭遇的失误，源自人们"慵懒地躺在舒适区"的自负和"简单类推"的想当然，而不是敢于追求大脑深处的"思维革命""超越自我"。许多人常常企图在 1.0、2.0 的理念、技术、装备、平台基础上生产出 4.0 级别的产品，培养出 4.0 的人才，而不知道这几乎是一种妄想！即使如此，偶尔能获得个别的 4.0 级别的产品、4.0 的人才，也是良品率不高，投入产出比低得惊人。只有基于 4.0 的理念、技术、装备、平台，才能生产出 4.0 级别的产品，才能培养出 4.0 的人才；而用 4.0 的平台很容易生产出超越 2.0 至 3.0 的产品或者人才。人类的创造创新并非一定源自实践，而在相当程度上更为普遍的是，颠覆性变革的率先起源和成功，来自理念创新、思维改变[11,14] 和好奇梦想。所以，我们需要首先尝试建立 4.0 的理念，随后再尝试 4.0 的技术，进而建立简单粗糙的 4.0 初始平台，简单起步、粗略开始、小步快走、不断迭代，在不违背 4.0 理念的基础上，不断进化提升。

思考题

1. 分别论述梦想、理念引领突破和问题、困境导致突破的例子。

2. 参照工业 4.0 对各等级的划分和定义，尝试评析农业、社会、军事、管理、教育、医疗、交通的 1.0 到 4.0，并阐述其内涵和意义。

3.4 跨越知识点的教育和超限思维

许多学生，包括众多教师的知识结构普遍存在内卷狭窄或者分工固化问题。[15]

恩格斯曾赞扬文艺复兴时期是"一个产生巨人的时代"。"他们没有成为分工的奴隶……这使他们的性格得到完整、全面的发展。"这些巨人均学识渊博、多才多艺，横跨人文、理工、艺术，像达·芬奇这些人，不仅会四五种外语、擅长绘画、雕刻、发明、建筑、数学、生物学、物理学、天文学、地质学、解剖、机械等，在多个专业同时做出耀眼的贡献。许多人不知道，在几乎与达·芬奇同时期，中国明朝的朱载堉做出了同样级别类似的多学科贡献，被尊崇为"东方文艺复兴式的圣人"。朱载堉自称道人，其贡献主要体现在乐理、诗歌、舞蹈、数学、天文。再往前推，战国时期的墨子同样在多个学科专业做出了重大的贡献。

如果陷于某个学科专业而不知其他，短视、功利化地追求单个学科专业知识和技能，就会陷入自己个人价值的"工具化"，最终人就成为奴隶、工具猿，逐步落入知识狭窄、兴趣单调、生活枯燥的境地，个人的成长天地就会不断被压缩矮化，进而导致平庸和冷漠。生活在现实世界的大学师生，毫无疑问，将会受到社会分工和知识分工的制约，所以要对这种分工和限制有清醒的认知并努力突破，尽可能地拓展自己学科知识结构，跨越学科专业的边界，以求得知识构成、思维能力与性格特征相对健康全面的发展。进入大学后，学生既要融入专业，又要超越专业，既要重视知识，又要超越知识，成为一个自由并健全发展的人。

与此同时，基于知识点的教育，基于知识点的考试考核方式，在人工智能的巨大挑战下，其优势逐步消失，体系已开始分崩离析。陷于知识点的教育，成了中国千家万户的烦恼和国家发展的瓶颈。陷于知识点的教育对知识的学习和传授，存在至少三大通病：一是传授的知识老化、僵化，缺乏前沿性，不能及时迅速更新。二是因为忽视知识点与知识点连接的框架和背后逻辑，碎片阅读理解导致知识碎片化，互联网手机时代的碎片信息阅读加剧了这一倾向。碎片的知识堆积，如同玻璃、钢铁、混凝土、木材的无序堆积而成为垃圾，不会成为有连接结构和功能的建筑。三是陷于知识点，并习惯性地只掌握某一种僵化思维，从而丧失创造创新能力。要解决以上三个问题，需要我们超越知识点的局限，超越单一思维模式、单一思维体系垄断所造成的局限，超越每个学科专业领域的固化壁垒，保持多样性，进而经常反思和改进。通过自我反思实现自我精进。

当代互联网、手机上大多数内容，短视频上绝大多数内容常利用人性的弱点、欲望，而非激发人们的好奇心，大都属于空虚无聊以打发时间的知识堆积，基本上没有原创，也不是独自深刻的感悟，东拼西凑，相互抄袭，甚至造假，通过画面音乐、夸张性表演表达而吸引人们的眼球，博取流量以获得商业利益，并不能提供有价值或者值得可持续关注的新信息。新近兴起的、看似无所不能、能代替掉多种低创新性脑力工作的 ChatGPT，基本上也是知识点的高效搜罗归纳集成，缺乏有逻辑的思路创新，体现不出独创见解。这些网络知识获取的共同负面特征是，几乎没有文化文明营养，初读初看似乎挺吸引人，此后全部忘记。获取再多的这种碎片知识，对人们也没有什么帮助。

每个人都容易走向僵化，这就是熵增。抵抗熵增，就是防止僵化，就是鼓励不断地吸收外界能量并常常自我革新以获得新生。生命的策略就是"极少的守恒、最大的改变"。而对大学师生而言，最值得关注的，就是探索并实行跨越知识点的教育、思维教育和超限思维。

回顾中国的文明发展和教育发展，特别是近现代，有两个问题是永远都无法回避的：一个是李约瑟之问："中国古代科学技术曾长期领先于西方，但为什么科学和工业革命没有在近代中国发生？"另一个是钱学森之问："为什么我们的学校总是培养不出杰出人才？"对第一个问题，大致回答是：丢掉了形式逻辑，特别是演绎能力。对第二个问题，大概回答是：文理分家，失去了想象力，不重视批判性思维、创造性思维。

中国大学的知识学科专业体系和育人模式大多来自西方，被世界广泛接受的源自我们自己的独特贡献不多。我们的教育模式比西方更拘泥于知识点，学科专业划分更细腻、更僵硬。1956 年毛泽东曾期望中华民族应当对人类做出较大的贡献。由此，我们受到的启发是：应该思考并实践，如何才能提供源自中国并能走向世界的、受世界欢迎的新知识学科专业体系，对人类文明做出较大的贡献，并同时真正拥有国际话语权，进而真正实现卓越？

笔者认为，应该着力构建新的学科范式和人才培养模式。大学教育跟不上科技创新的发展，这几乎已成为顶尖科技引领者们的共识[16]。因为在科技前沿，跨学科、超学科的互融创造活动每天都在发生，而大学的理工农医类型的教育仍在相当程度上受限于细化过窄的学科和专业。与此同时，在社会科学和人文学科领域，在全世界范围，"政治正确"早已成为正常自由的学术讨论和汇聚形成社会共识的障碍。现状必须改变！比如，在新文科发展中，不仅应该关注知识和技能，更应该关注思维和精神；不仅要关注智慧，更应该走向智能；不仅要注重并保持文科特色的思维发散，同时也要创造文科特色的思维收敛。新文科建设需要强化"使命"意识，面向未来，面向世界，中西融合，传承创新，开拓新领域、新方法、新模式，通过学术卓越追求育人卓越，进而推动文科教育创新发展，培养担当民族复兴大任的新时代文科人才。毫无疑问，跨学科研究，培育新增长点，产出卓越成果，鼓励超越知识点，是应有的举措。

人工智能时代的教育

我们需要在实际操作中，以最大的原则性和最大的灵活性的结合，给学生更多的学习选择空间和选择权利；用弹性化和多样化措施和观念，推行超越知识点的教育。借助于智能教育，实现教育的大规模个性化，如此更容易超越知识点。

人工智能时代的到来，意味着以应试选拔和淘汰为目的的死记硬背式的传统教育彻底走入了死胡同，把人培养为工具和机器的教育体系必将毫无优势，会毁掉青少年的未来、民族的未来。以灌输、填压知识为特色的传统教育必须被颠覆，其传授的内容和方法许多毫无意义：教师不知道为什么而教，学生不知道为什么而学，教师失去了教学的热情，学生失去了学习的自驱力、动力。真正好的学习，应该是沉浸式学习、探险式学习、游戏化学习，让师生在学习中发现对象、发现现象、发现规律，发现自己并获得乐趣。

AI 的出现，在一定程度上揭示出人类学习即将进入超级学习阶段，传统的教育逻辑失去效能，新的教育逻辑横空出世。（1）从掌握知识转向掌握思维。（2）从视学习为工具，找到好职业，如出人头地，转换到视学习为价值，是个人愉悦、认同和幸福所在，是必不可少的第一需要。（3）从创造一个个具体的存在，到创造每个人独特的感受、享受，超越传统感知的局限。

智能教育，可以体现在学教评治的方方面面：一是智能学习，借助 AI，让学习从格式化、标准化走向大规模的多样性、个性化。发展自适应技术，多样而全面地评估和诊断学习者的脑智和学习模型，测量最近发展区以指导精准教学实践。通过诊断，推出自适应型的学习任务系统，推出适配最近发展区的挑战性任务。建立学问答的大模型，拓展智能个性化答疑，推荐个性化的导学策略。二是智能教学，使学生从被动接受走向主动探究。打破实体课堂模式，突破时空界限，创建虚拟与现实融通无边界的多元课堂教学和智能课堂教学。建立课堂观察、分析与评价的智能视角和智能课堂评价。基于课堂多模态数据，形成可持续改进的方案。三是智能评价，服务于学生个性化成长，围绕核心素养，推行多模态数据的、心理学测量模型与数据科学深度融合的智能化教育测评。四是智能治理，围绕呵护人自由而全面发展的全过程，建立智能教育伦理及评估和社会实验，探索可能的作用和风险；制定发展公平和安全的智能教育政策、标准。针对孤独、自闭或者伤残人群，发展具有人性光辉的智能特殊教育。

主动拥抱 AI 时代的教育，通过改变思维，可以获得超越时空的前瞻性。目前，生成型 AI，如 ChatGPT 能高分通过许多国家的考试，能写会画，能读科技论文，能力超出 90％的人。如此，教育似乎只剩下一条路：创造性教育。AI 正对世界和人类社会做出重要改变，正对教育界做出改变。而对这些改变接受程度最高的是年轻人。刷题模式的教育只让学生死记知识和套路，学生提升不了思维，掌握不了思考和解决问题的方法。由"刷题"方式喂大的、终年无休、日夜兼程的 AI 的兴盛，预示着人类刷题时代即将终结而成为历史。教师要想不被淘汰，就必须和学生们一起改变思维，改变教育模式，培养学生动脑、解决问题的能力。

AI 不像是机器，而像是聪明的学生，数学表现好，知识掌握多，使得着重于传授知识的传统教育优势荡然无存。AI 也像一位好教师，不单能给出答案和解题过程，也能给出解题思路。相比 AI，人的优势在于，人能锻炼出独特的能力和思维，并且能让多种能力、多种思维互通并存。人有兴趣爱好，能迸发创造力、创新意识。人类在面对全新挑战时，能抛开以前成熟的方法和模型，走出特立独行、出人意料的新路径。

教育的核心在于保护学生的兴趣和重视思维能力。只关心知识点、太看重考试会压抑学生的学习兴趣和潜能，使之无法认识学习之美，失去学习的快乐，从而失去好奇心和想象力，不愿意或者羞于提问，从而彻底堵死探究探险之路。而人工智能语言大模型的到来，让问答特别是提问变得有效且便捷。

对 ChatGPT 采取回避、抵制、禁止的态度，无助于教育的进步，变化是躲避不掉的。此时，如采取积极、借力的方式，"善用他人之力"，反而有可能使得传统的教育脱胎换骨，建立新的健全架构，进而能驾驭 ChatGPT，使得 AI 成为师生的辅助工具或者重要伙伴。若干年后，AI 应该能够进化成全息影像的形态，犹如每一个学生专属的"宠物""陪伴"或者"虚拟大师"，每一个教师专属的"助教"或者"助研"，从而给所有的师生提供一对一的个性化专属服务。进而可以建立"数智人"的学伴，以及"数智人大学"，让培养"虚拟的人"和"生物的人"融为一体，相互促进，共同探索，一起提升。

ChatGPT 等有可能带来人类伦理问题和潜在灾难，马斯克对其由最初出资支持，到后期退出并竭力批判，并准备自研新的 TruthGPT，试图通过强调真理的作用，理解世界和宇宙的本质，消除 ChatGPT 等所带有的"人欲"，避免将人装进"信息茧房"的可能危险。按照他的理解，ChatGPT 是人欲驱动生成的 AI，TruthGPT 则尝试大道引导生成的 AI。

尽早并全面地培养训练人的思维能力，将成为今后教育的核心。思维能力强的人不可能被 AI 所替代。让 AI 接受、运用、演绎某种思维方式，比让它掌握归纳知识要难得多。让 AI 并行掌握多种思维方式并且在其间自由切换，那更是不可想象。学术研究的任务在于引领时代，而不是仅仅解释过去、揣摩当代。AI 的进步将会彻底改变考试考核方式，开放性、个性化、思维方面的等级考试考核时代将会到来。

面向创造的思维教育

在创新人才培养中，卓越教师是人才培养最根本的要素。卓越教师是具有教育家情怀、企业家格局的专家学者型、研究型教师。卓越教师善于组织社会资源，善于在实践中探索新方法。教师如果不从实际问题出发，不在实践中研究，不具备操作能力，就只能做个背书的"留声机"。教育可能存在的最大偏差，就是把教育等同于知识。虽然知识的传授和知识教育不一定是落后的，但如果忘记去把握知识的内涵，特别是忘却了知识所演绎的思维和精神，那培养的学生就无法面对未来的挑战。糟糕的教学模式有不少，举例而言：一是太注重标准答案，符合标准答案得到的应该是及格分，而不应是最高分。二是太注重知识灌输，从学科看学科，从专业谈专业，自我设限。现在脑科学、人工智能发展迅猛，教育需要进行实证研究，基于实证的教育科学研究是克服教师职业倦怠的重要手段，应该让老师时常从单调的教学中解脱出来，以进行哲学上超越性的思考和研究上的冒险探索，反过来再影响改变教学实践。

思维的价值高于知识的价值[14,17]，尽管知识的种类和总量均远远多于思维的种类和总量，但思维的影响力跨越学科专业；思维的寿命长于知识的寿命，因为知识的更新速度远远快于思维的更新速度。幸福人生、健全新民的基本要素，创造性人才、创造性成果源起的根本基础是形象思维与逻辑思维。形象思维的代表是好奇心、想象力：好奇心代表着新颖导向的敏感性，自驱力、原动力；想象力代表着超越性、跨界性、思维多样性。逻辑思维的代表是演绎、归纳、类比，还包括最前沿的量子逻辑等。

创造性人才、成果源起的核心关键要素是批判性思维与创造性思维。批判性思维的特点是挑战已有的知识，探索新的答案；批判性思维需要包容、超越的心态和有质量的怀疑（质疑）等科学精神，是拥有健全性人格者经过训练才能拥有的高阶思维。批判性思维不是为破坏而破坏的思维，不是打倒性思维，更不是"文化大革命"中的大批判性思维，而是既不全盘接受，也不全盘否定，是有证据地、有依据地接受和否定。那些违反质疑等科学精神的批判，就是非建设性的破坏或者毁灭。批判性思维是连接形象思维、逻辑思维、创造性思维等各种思维的重要桥梁。批判性思维的缺乏，成为制约教育质量提升的、普遍存在的瓶颈问题。

创造性思维则是在好奇心、想象力、逻辑思维、批判性思维的基础上，在跨界知识与能力的基础上，追求更高的价值，创造新的知识、物质或者精神。创造创新的动机可能源自短期功利性目的、长期功利性期望、长远理念或者终身理想等非功利的内在价值或者使命。一方面，如果没有批判性思维作为前提开辟道路，不可能有真正的创造，只会出现跟踪、仿造、抄袭、剽窃，甚至造假。创造性人才的核心是创造性思维，创造性思维缺乏，是普遍存在的、制约跨越性发展的瓶颈。另一方面，如果只强调批判性思维，而不强调创造性思维，许多人会有持续破坏性的冲动，人类的文明就无法一天一天地健康成长、发展壮大。要习得、运用好批判性思维和创

造性思维，需要独立的精神，这包括以质疑为第一要素的科学精
神、以关爱为第一要素的人文精神、以使命为第一要素的信仰
精神。

超限思维，就是超越僵化单一的某个思维的有形无形约束限
制，掌握并灵活运用人类已经拥有的、有限而多种多样的思维方
式，从而能统领知识，超越知识，超越局限，提升精神，生成智
慧。笔者认为，在各级教育中，一个较好的超限思维锻炼方式和切
入口，就是互通而类近的，能体现文理之和、中西之和、古今之和
的量子思维和老子思维。老子思维是如此超前，犹如古代的量子思
维；量子思维是如此似曾相识，犹如当代的老子思维。这两个思维
的融合和发展体现了未来新文明的曙光。量子论的创立者之一玻尔
认为，从老子学说切入很容易理解量子论在讲什么；而笔者恰恰相
反，是从量子论切入，才真正理解了老子的思想。可见量子思维与
老子思维能相辅相成，相得益彰。

之所以强调量子思维（体系）和老子思维（体系）及其在超限
理念、超限思维中的重要性，是因为这两种思维（体系）包含了形
象、逻辑、批判、创造四个主要思维单元，并且两者的超限体现
在：量子思维强调叠加、纠缠、不确定的状态，非常清晰地告知人
们在认识和把握世界时不可违背的原则，即整体大于部分之和；老
子思维[1,13]强调的是"大制无割""无为无不为""道生一、一生
二、二生三、三生万物""善建者不拔，善抱者不脱"，同样强调整
体大于部分之和。老子的"道，可道，非常道；名，可名，非常

名""道之为物，惟恍惟惚。惚兮恍兮，其中有象；恍兮惚兮，其中有物；窈兮冥兮，其中有精。其精甚真，其中有信""视之不见，名曰夷；听之不闻，名曰希；搏之不得，名曰微。此三者……混而为一。其上不皦，其下不昧。绳绳不可名，复归于无物。是谓无状之状，无物之象。是谓惚恍，迎之不见其首，随之不见其后"等语句，同样体现了叠加、纠缠、不确定性。

早在 20 世纪 80 年代，钱学森就高度重视思维，他认为在自然与工程科学技术、人文与社会科学技术之外，存在第三个大的学科知识体系，即思维科学技术，而且其是前两者之间的桥梁。在当时他就强调人工智能与智能计算机等，并认为人工智能属于工程技术层面，与之相对应的学术理论层面就是思维科学。现如今，微观层面的脑科学的发展、宏观层面的人工智能的发展均方兴未艾，使得跨学科、超学科的"思维科学技术"呼之欲出。量子思维、老子思维、人工智能三者在理念和技术、价值和工具等层面的结合，必将大大改观今后的教育和科技发展。

➤ 思考题

1. 基于人工智能的最新发展，论述今后的教育与以前教育的重大区别以及可能存在的问题与风险。

2. 归纳汇总你所熟知的学科或者专业的知识点总数及其相互关系，归纳汇总思维模式总数及其与知识点的关系，并对知识点总数与思维模式总数进行比较分析。

3.5 超限教育和未来大学 4.0

未来教育的雏形，正在出现。典型代表有不少，如：

（1）芬兰的基础教育。芬兰在中小学，基于高质量教育公平和高素质教师，废除了分科的传统学科教育，建立了以学生为中心的合作性学习课堂、项目制合作学习、跨学科综合教学、过程性评价和最低程度的标准化测试。

（2）欧林工程学院。以技能、创造力和观念为指向，进行解决真实问题的项目化学习；将工程师定义为能够"想前人不敢想，排除万难去实现"，故每个人必须具备五种思维：团队合作思维、创业者思维、跨学科思维、全球思维和伦理道德思维。

（3）密涅瓦大学。几乎无专属校园，无固定课室；天下即校园，天下即课堂；教授不授课，开展研讨型主动式小班学习，打破传统知识分科和考试，聚焦关键思维课程、活动学习、跨学科学习和培养地球公民，以理想和人文关怀解决现实问题。

（4）巴黎高师。宗旨是"优秀的思维方式"与"优秀的教育机制"的结合，无固定教学计划与大纲，课程个别化定制，注重基于学术前沿和社会变革的研究性学习与创新实践。

从以上几例，大致可以看出其与传统规模化的学科知识教育的重大区别以及未来教育的可能趋势：重思维、超学科、个性化、开放校园、前沿创新实践。而当今在语言、视频、工业领域正不断取得成功的 ChatGPT 揭示出人工智能为思维训练和超学科发展提供了最恰当的个性化工具，与各学科专业紧密融合并使之颠覆的人工智能不再属于传统的信息科技，而应属于超学科！简言之，笔者认为，未来的教育、未来大学 4.0 就是：重思维＋超学科＋人工智能。

在《大学思维》第一版出版后，笔者注意到一些并不出人意料的有趣案例。一是，2021 年，中美俄印四国联合的研究认为，近年来（大约 2016 年以来），中国大学生批判性思维能力下降，学术技能在退化。[2]尽管可能是一面之词，但这是我们必须加以警惕的。二是在 2022—2023 年，已经有美国著名学者出版专著，公开表示担心中国超越美国成为"思想帝国"，成为学术引领者，成为世界高等教育的引领者。[5]这点又一如既往地体现了美国人与生俱来的忧患意识和美国社会观点意见的多样多元性。

我们需要清醒地认识到，尽管从规模和数量的角度，中国已经超越美国，但是从质量和效益的角度，中国离美国的水平还很远。当外界贬低，特别是情绪化地过分贬低我们的大学和高等教育时，不必垂头丧气、自暴自弃，因为我们已经取得惊人的进步，而且我们有五千年的传统和文化底蕴，有无数走出困境的经验可供利用和支撑；当外界赞誉，特别是嫉妒性地过分赞扬我们大学和高等教育时，也不要趾高气扬、洋洋自得，我们得谦卑地知晓，我们还差得很远，得明白祸福相倚，我们的目标是为人类做出较大的贡献，而不在于以超过别人而自鸣得意。老子的教诲给了我们淡定面对宠辱的智慧[1,13]。我们只有真正成功地创造出未来大学的新模式并产生广泛影响，为人类做出较大的贡献，才能真正赢得别人发自内心的尊敬。

笔者提倡和推行的所谓超限思维、超限教育，就是超越学科专业、超越课堂内外、超越校园内外、超越时空界限，就是要在大学教育治理，包括育人和学术中，采取"最大的原则性＋最大的灵活性"，以超越局限、界限和极限！超越离散知识点，超越单一思维模式，超越单一思维体系。超越时空、行业、学科、专业、课堂、校园、年龄、职称等种种限制。让每一个师生都能并行于四个思维单元两两互补成对组成的多个不同的思维体系（差异、相反或者互补的），让每个师生都拥有多个思维工具箱。具体而言，健全而不可缺少的四个思维单元是形象、逻辑、批判、创造，重要的思维体系是经典、量子、老子……

真正建立起教育中心和学生自信心。超限教育就应该超越单纯的教师或者学生谁为教育中心或大学中心的悖论，因为这两者共同组成了大学的中心，是不可分离的双核中心。未来大学应该强调"以学生的素质和能力达成为中心"，学习者能在此寻找到并建立起自己的"自信心"，教师能确定自己追求目标的"真实性"，从而使得学生通过能力的达成，欣喜地发现全新而至善的自我，从而建立起学习者的自信和敢于面对今后黑暗并加以克服的信心。大学 4.0不能简单地以学生为中心，或者简单地以教师为中心，因为：前者会无限放大被教育者从幼稚走向成熟过程中不应该拥有的权利，因为学生并非教育者，学生不懂教育方法并缺乏人生经历，简单地以学生来评价教师会产生很多问题；而后者会过于强化授教者的权威和权力，压抑青年人的锐气和活力。所以最好的模式是既不偏执地强调以教师为主，也不偏执地强调以学生为主，而以"学生的素质和能力达成""学以成人"为中心，将学习者多样而独特的自信培养作为根本，强调师生自由而健全地发展，师生互助融合共进，并且过程和结果可供考核。今后的人工智能将提供实现这一切的可能性。

未来大学至少应该遵循这些理念：一是马克思所倡导的"每个人的自由而全面的发展"，这一理念强调对自我禁锢和环境禁锢的"超限"；二是老子所倡导的"学不学""学绝学""不言之教"，这一理念强调对学习和教育模式的"超限"；三是孔子所倡导的"因材施教""止于至善"，这一理念强调对育人和品性方面的"超限"。因此，依据以上三个原则，我们可将所有一切都化作积极的教育因素，竭力服务于每一个人的独特性和不可替代性，如一人一个教育模式，一人一个教育评估方案。比如，依据老子的"不言之教"，强调学"不学""绝学"，强调用心领悟去观察研究。因此，校园中的一草一木、一筑一品、气息氛围都应呈现润物无声、雕琢无痕、自然朴实的教育内涵。

"人的自由而全面的发展"是未来大学和未来社会的第一原理，就是要超越一切条条框框与人为制约和局限。大学在践行大学教育的洪堡模式、斯坦福模式的同时，更应该独立自主探索

"引领育人创新"，强调"唯卓越方能立足、不超限无以卓越"，探索建立卓越育人、卓越学术、卓越治理体系，建立起"超学科""超限思维""超限教育"。通过夯实形象思维与逻辑思维，提升批判性思维与创造性思维，建立起每个师生的健全思维；在此基础上，通过量子思维、老子思维、人工智能的训练，获得超限思维。在超限思维、超限教育、超越学科专业限制基础之上的未来大学可以称为未来大学4.0。如果说古典教学型大学是大学1.0的话，那么洪堡模式大学、斯坦福模式大学则分别是2.0、3.0，最终都应该走向超限教育的大学4.0，即通过跨越阻隔分界，融通发展，实现超限。

有关"超限制造、超限思维、超限教育"概念的缘起，请见书尾附录1。

超限教育和未来大学4.0，需要强调服膺大道、敬天爱人、以德配天，践行"不言之教""大制无割"，探索实现超限开放的选拔、超限开放的培养过程、超限开放的考核。以下就谈谈需要探索拓展的几个方面：

其一，超限而开放的考试考核。

超限思维和超限教育，就是要打通日常教育和考核考试之间的分割和界限，尽量杜绝考核考试所带来的强干扰，慎重对待其可能导致的微扰，尊重受教育者。按照量子思维的观点，考试就是一种干扰，至少有积极和消极两种极端效应，有时甚至是一种影响学生正常成长的不良干扰。要尽量让学生、被测试者处于自然、自由、自在放松的真实状态，任何考核都不能超过微扰的强度。如果说传统考核是强扰，如"暴风骤雨"，那么新式考核就是微扰，如"微风拂面"。因为人是处于各种叠加态的，能力时高、时低，时正常、时失常，具体测试结果将落入哪一个确定状态（叠加态坍塌而转变为某一确定的现实），与测试方法、工具和施加测试者有很大的关系，有的测试本身就是对人的潜力能力的打击或者破坏，有的测试是对人能力的激发和鼓励，使之超常发挥。考核考试结果会因人、因时、因地而异，取决于测试者和被测试者及环境之间的互动。如果能做到测试本身就是无声的教育，教育本身就是无声无形的测试，测试的冲击力微弱无形到好似不存在，又好似无处不在，一切自然而然，测试好似没有影响，或者只有正面影响，就在一定程度上达到了考试的最高理想境界。

所以，对大学生、研究生、教师的学习、教学和研究考试考核评价要尽量采取超限的、开放性模式，具体包括：

一是以书面开卷的方式考核学生思维能力。这样考核的重心不是考核一般知识，而是考核少量而个别关键知识的掌握程度，主要考核的是思维，即关键知识点间的结构关联性，其思维的独立、自由、多样、独特性；整个考核过程文献参考资料均可以电子方式开放获得，考试针对的是真实的、尖锐的或者现实中无解的问题；根据思维的健全和独特性而考核评定为不同成绩等级，这样的成绩等级如果与同时的知识性考题的分数成绩互补互鉴结合，就会使得考核考试结果更具有可信度、可靠性、全面性。

二是在真实性场景中直接考核，这包括科学实验、社会调查与实践，根据态度、表现、过程、结果和影响等，以此考核学生面对挑战或者情景变换时解决真实问题的能力。

三是在对育人过程中的学术或科学研究开发成果进行考核时，重点考核这些成果的策源发展能力（即自身成为许多新学术的源头），而不仅仅是简单考核成果的影响力。策源发展能力是非常重要的，这就好像考核一棵树能否开花结果、繁殖出更多能发芽的种子，如果一棵树不可能繁殖再生后代，尽管自身影响很大，也是昙花一现。因此，策源发展能力就是指这样的研究成果是否能由此激发出、开辟出、衍生出新一代的研究兴趣、领域、方向，能否生机勃勃并影响深远。优秀的研究者能将项目或课题推向前沿，使其走向新生、变化无穷、充满希望、未来无限，以至"桃李天下""子孙满堂"；糟糕的研究者将项目或课题推向沉闷，走向绝路、僵化狭窄、最终消亡，以至"断子绝孙""灰飞烟灭"。

其二，超学科多态叠加迭代式创新发展。

通过超越学科的研究，实现学术卓越支撑育人卓越。超限教育就是为了实现卓越育人，其基础是学术卓越。大学在走向学术卓越的过程中，需要在学术研究中坚持：（1）对接未来人类、世界的重大需求或者挑战，重点强调前瞻性、未来性、根本性，以"未来已来"的态度从事学术研究，而不是仅仅陷于一时一地的、急功近利的现实需求。（2）学术研究须基于第一性原理，强调思路独特、返璞归真、回归源头、独辟蹊径、重新出发、流程再造。（3）鼓励、推动高水平学科的交叉融合，因为现实问题、真实挑战很少是单学科性的。对于低水平学科，正确的治理策略是，要么淘汰，要么提升，别无他途。因为低水平学科参与的交叉，将拉低整个水平。高水平学科的相互交叉与低水平学科的相互交叉导致的结果"天差地别"，就如同 $1.1 \times 1.1 \times 1.1 = 1.331$，而 $0.9 \times 0.9 \times 0.9 = 0.729$。（4）我们受惠于源自希腊和西方的知识学科体系，而目前我们应该对这一体系做出更大的贡献，并推动世界建立更健全的体系。中华文明灿烂的历史和文化、独特的思维方式、庞大的高智商人口，使得我们能够"站在巨人的肩膀上"，因此我们有责任和义务发展出能走向世界、受全球欢迎的、源自中国的新知识学科体系，发展出面向未来的知识学科体系，反哺西方和人类文明。

其三，研究生教育必须以人的卓越发展为核心。

大学以育人为核心，公司以利润为核心，研究院以项目成果为核心，由此可见大学是以人的发展作为核心使命的。研究院在项目成果方面不能失败，其余可以失败；公司在利润方面不能失败，其余可以失败；大学在育人方面不能失败，其余方面可以失败。这就是大学与公司、研究院的本质区别。所以，针对大学里的有学术潜力的本科生、科研生力军的研究生及其培养，不仅要强调师资的高水平，导师组的互补性和研究选题的前沿、学科交叉、前瞻性，还需要强调育人方面的不可失败性。要真正培养出卓越的研究生，学位论文的选题需强调研究上敢冒险，还要顾及在有限期内完成的可能性，需要平衡好抗风险性、可行性和可操作性。学位论文选题立题时，应该有多个应对失败可能性的后备预案，包括经论证实施的第一选题方案，第一方案实施失败时的第二方案，第二方案失败时的第三方案……这些后备的预案，可以是研究选题上的适当调整修正，或者化腐朽为神奇，或者重起炉灶推翻重来，无论如何，必须有适当思考过的可行备选方案。切不可把研究生看成必须在限定时间里完成科研攻坚的"敢死队"，而要把他们培养成未来科研的"生力军"；研究生教育必须以人的卓越发展为核心，而不能以项目成果的获得为核心，项目成果的取舍必须围绕人的卓越成长这个焦点。

思考题

1. 从超分子的角度理解 DNA 的功能及其复制。论述分子化学与超分子化学的区别和类同，进而理解超学科、超限思维、超限教育与一般性的传统学科、思维、教育的区别。

2. 从超学科集成和人才培养的角度思考"数字医药"可能涉及的学科专业和行业，如心理、药学、儿童医学、神经内科、人工智能、脑科学、计算机科学、计算机视觉、精神卫生、脑成像（核磁）、教育、类脑计算、生物医学工程、软件工程、虚拟现实（VR）、通信、统计、脑机接口、游戏、音乐、美术、艺术、产品设计。请对其未来发展加以推测和论述。

3. 从超学科集成和人才培养的角度思考"NBIC"可能涉及

的学科专业和行业，NBIC 指纳米技术（nanotechnology）、生物科技（biotechnology）、信息技术（information technology）、认知科学（cognitive science）等融合和汇聚。请就其对产业、社会、教育产生的冲击加以论述。

第四章

以超限理念引领
育人创新

4.1 以超限理念回应时代之需

我们在华东师范大学提出并实施、探索且实践了以"超限"理念为引领的一系列实践探索，努力回答好"培养什么人、怎样培养人、为谁培养人"这一教育的根本问题。

"超限"理念是指超越局限、界限和极限，超越离散知识点、单一思维模式、单一思维体系，用"最大的原则性＋最大的灵活性"培养拔尖人才，推动科研创新。在教育实践中，重点强调"重思维、超学科、智能化"。以"超限"理念回应时代之需，就是以卓越育人引领教育模式跃迁、以卓越学术推动科研范式转型，以人工智能推动超学科发展和治理创新，探索形成现代化教育强国的高校建设新范例。具体来看，着重从三个方面进行探索。

一是强化"超越知识点的思维教育"，完善卓越育人体系。英国学者李约瑟曾提出著名的"李约瑟之问"："中国古代科学技术曾长期领先于西方，但为什么科学和工业革命没有在近代中国发生？"我国航天事业奠基人钱学森曾提出意味深长的"钱学森之问"："为什么我们的学校总是培养不出杰出人才？"这些都是我们今天全面提高拔尖创新人才自主培养质量必须回应的问题。培养一代又一代德智体美劳全面发展的社会主义建设者和接班人，培养一代又一代在社会主义现代化建设中可堪大用、能担重任的栋梁之材，必须以"每个人的自由而全面的发展"为目标，以思维能力提升为牵引，把拥有健全的思维作为培养卓越人才的突破口。健全思维是走向卓越的基础，其中，形象思维与逻辑思维、批判性思维与创造性思维至关重要，这四种思维单元能组成无数思维体系，就像四种碱基单元组成了无数生命基因。

近年来，着力建设以"思维导向的通识教育、前沿导向的专业教育、英才导向的智能教育、研究导向的教师教育"为引领的课程体系，凸显思维训练、前沿知识融入、研究能力培养和智能技术深度运用，探索超越知识点传授、超越学科专业的卓越育人模式。

目前，建成少而精、博而通，超越知识点，以思维训练为特色的"金字塔形"超学科通识课程体系，以科技、社科人文、艺术三大模块课程为底座，以"经典阅读"课程群（以《共产党宣言》《道德经》《几何原本》《量子史话》四门经典导读课为代表）为塔腰，以揭示思维模式重大转折和变化的"人类思维与学科史论"课程群为塔尖。借助"双创"教育，持续强化学生的创造性思维和批判性思维，将思维训练、能力培养、精神锤炼有机融入育人生态。同时，加强教育效果评价环节的引导作用，探索建立"超越知识点、以思维水平评价为核心"的开放性考查考核机制。搭建思维教育虚拟教研平台，建设思维教育的理论策源地、改革试验田，推动形成"超限思维"的培养方案。

二是打破学科专业壁垒，探索"超限育人"未来形态。当前的人才培养须注重融会贯通、对接经济社会发展需求，亟须突破知识和学科的界限。我们尝试打破学科专业之间的壁垒，深化学科交叉融合，创新学科组织模式，探索建立适应新技术、新产业、新业态、新模式的学科专业，创新科教融汇、产教融合的人才培养模式。打造高水平交叉学科研究生培养平台，不断推动交叉学科优势转换为育人优势。加大与企业、研发机构联合建设培养机构、联合培养高端人才的推进力度，联合科技领军企业拟定项目清单，试点设立项目制招生和培养单元，打破按一级学科设置招生培养的限制，在校企科研攻关中更新课程体系，创新育人模式，建立敏捷响应的人才培养机制。实施"超学科"项目化育人，聚焦未来 5～10年，甚至更长远的前沿科技、产业方向和经济社会发展需求，打破学制限制、专业限制、学分认定限制、学位授予限制，开展未来大学"超限育人"形态的前瞻性探索。

三是以"超限制造"为范式，推动科研模式深刻转型。从"超限"理念出发，我们于 2018 年 9 月正式提出"超限制造"概念。2019 年 12 月，"超限制造"被批准为上海市级重大科技专项。2020年 9 月，"超限制造"被列为上海市科创中心建设须强化突破的 15项战略前沿技术之一。2021 年 10 月，为纪念华东师大组建 70 周年，《科学》专刊发布"超限"理念与制造方面的研究进展。2023年 4 月，以"超限制造"专项所属课题参加科技部主办的"全国颠覆性技术创新大赛"，斩获最高奖。我们还据此建立"幸福之花"

超学科发展框架，推动高质量学科跨界、交叉、融合和超越。按照"超限制造"面向未来、原创集成、多维辐射、引领变革的范式，我们强化有使命、有组织的科研，将主要科研方向聚焦于世界科技前沿和未来重大需求，以"学科交叉研究、团队梯队研究、战略导向研究和冷门绝学研究"为导向推动学术研究卓越发展。积极参与国家战略科技力量建设，布局一批重要领域科研创新平台，主动对接国家实验室重大科研任务攻关，开展重大专项筹划与实施，支持发起或参与国际大科学计划、大科学工程。探索建立基础研究特区和交叉研究特区，倡导通过发现既有规则的底层逻辑和局限，回到源头重塑规则；同时转变科研成果评价模式，以是否解决科学难题，尤其是"卡脖子"难题，是否具有持续的创新策源能力，是否向创新人才培养资源有效转化等标准来评价学术成果的质量和贡献。

树立"唯卓越方可立足、不超限无以卓越"的信念，积极探索从"超限制造"走向"超限教育"，努力构建引领育人创新的、中国特色世界一流的大学建设模式。

4.2　知识传授必须坚持思维导向

同样的知识完全可以以不同的方式呈现在大众面前、学生面前。知识点之间的关系绝大多数不是线性的，不少为立体树状的，更多的是多维网状的。知识点之间不一定有绝对的先后关系；前面内容看不懂，可以跳过，并不一定会影响后面所学；学会了后面的，有时更容易看懂先前的。知识传授仅仅是工具，核心是通过知识传授而达到思维训练的效果。目前的知识与教育的关系，笔者认为至少有三种。具体为：

第一种是最普遍并最糟糕的"唯知识"教育。基于大部头教材或者著作去唬人，教学上无法做到深入浅出。这些书常看似深奥实则浅薄，体现在并非真正有深度的文献资料拓展，也没有浅显的让人能明了的主线；属于以其昏昏，使人昭昭。常常是从知识到知识、从概念到概念的知识点堆积的大杂烩和让人昏昏欲睡的填鸭式灌输；教师不讲知识点之间的底层逻辑、相互联系及有趣故事。

第二种是"知识树"教育。这是一种较好的教育模式，只有基于知识梳理的内容清晰的几页讲义，教学中传授思维性的、由关键知识点形成的知识框架树，哪儿是树根，哪儿是树干，哪儿是树枝，并且前后分成多少个枝，整棵树点缀多少片（知识）树叶，整棵树是什么形状、有什么特点，在哪儿会开花与结果，一目了然。在知识框架树上，哪些基本点、关键转折点代表了关键知识点，呈现得非常有逻辑和条理。树枝和树叶全部放在补充阅读资料里，学生在学习中不会觉得过于琐碎凌乱；而对于这些由学术论文和著作组成的补充阅读资料，感兴趣或有能力的同学可继续深入探究，没兴趣的或能力不足的同学也能明白掌握树干和支干，而不致糊涂迷失。

第三种是"思维模式"教育。这是最值得推广和落实的、面向未来的思维导向的教育。即基于"思维导图"和讲述知识多维网状结构的几页多媒体讲义和有限时间，讲述人类在该学科、专业或领域的发展史上有限的若干个重大事件、重要人物、重要思维方法和重大转折的特点与颠覆性情景故事，将这些关键知识点、若干思维模式、框架、体系变化的时间线连接起来，启发学生熟悉和掌握人类思维变化和构建知识网络过程中的形象思维与逻辑思维、批判性思维与创造性思维，培养学生的兴趣、好奇心和想象力，并鼓励学生依据补充阅读资料去做探究性的研究。

思维对人的发展具有极端重要性[11]。此书第一版《大学思维：批判与创造》即强调实现从"知识就是力量"[18]向"思维才是力量"[14]的转变；从一开始，就是为布局、推动"思维导向的通识教育"而写的，是为推行新通识教育的两大组成部分，即"人类思维与学科史论"和"经典阅读"做铺垫。最初思考并动笔的时间是2020年3月。

2020年7月7日以来，笔者和同事们推动了以"更新观念""改变思维"为先导的卓越育人行动，通过发布"卓越学术""卓越育人""通识课程"三大纲要，确立以"每个人的自由而全面的发展"为育人目标，开展了以"思维能力提升"为牵引的大规模育人实践探索，并延续至今。

4.3 "人类思维与学科史论"课程群

在通识教育方面，强调思维导向，构建少而精、博而通，超越知识点，以思维训练为特色的"金字塔形"超学科的通识课程体系。通识课程体系分三层，塔尖是"人类思维与学科史论"课程群，塔腰是"经典阅读"课程群，底座是科技、社科人文、艺术三大模块课程。

"人类思维与学科史论"课程群是重点打造的"思维训练"体系和内容之一，是探索本科阶段思维教育模式的一次全新尝试，旨在让学生跨越学科专业界限，推动学科专业交叉融合与超越，重点让学生从不同学科专业的历史发展中汲取"思维自由"的养分。

该课程群主要面向非专业的大学生，以不同学科发展史中的重大颠覆性事件以及具有代表性的人物等典型案例为素材，重点揭示思维模式的重大转折和变化，阐明其在思维方法和模式方面超越原有学科的普适意义，反思这些重大创造成果的时代局限性，以此促进学习者对科学、文化发展过程中形成的各种思维模式的理解、掌握以及质疑，提升四大思维能力，即形象思维与逻辑思维、批判性思维与创造性思维。

截至 2023 年年底，"人类思维与学科史论"课程群已覆盖历史、数学、地理、物理、心理、化学、生物、音乐、美术等 23 个学科。每门课包含 18 课时，约 1 个学分（本学科本专业的学习者不计入学分）。我们希望通过"少而精"的案例，为学习者带来思维上的震撼、启迪和改变，补齐其思维短板，也为了解其他学科打开一扇门，从而培养在思维方面自由多样、健康全面发展的人。

不同于一般的学科史课程，该课程群虽依托"学科史"，但落脚于"思维"。因此，在内容上，不追求学科历史论说的完整性和系统性，而是关注学科发展的重大转折、颠覆性的思维突破和独特的方法创新，以学科历史重大转折点上的典型案例和代表性人物，来呈现各学科专业领域的四大思维形态和各自独特的思维脉络。

在教学模式上，主要采取小班化教学，讲授和讨论相结合：教师讲授以深入剖析案例为主，具体展示思维转型的特色、方式、成就与影响；师生讨论环节重点结合案例、围绕思维问题展开，引导学习者进行追问、反思和批判，鼓励不同见解的碰撞。课程考核方式以书面论述写作和口头演讲答辩为主，鼓励结合自身学科进行跨学科思考和探究。

为保障课程建设的持续推进，我们集合各学科的优秀教师组建教学团队，依托虚拟教研室定期进行教研，打磨教学方案，开展教参、读本等教学资源建设。自 2021 年春季首次开课以来，到 2022 年年底该课程群已运行四轮，开课 51 门次，修读 1217 人次，受到学生的广泛欢迎和好评。随着教学团队的不断壮大，未来将逐步拓宽覆盖面。我们希望这些探索能为思维教育的更深入更广泛开展，提供参考和借鉴。

为便于读者理解所设计的该课程群的独特之处，下面讲讲其应该呈现的概貌。

我们众多的传统的学科类课程教育存在重知识、轻思维、弱实践的问题，而这需要在思维导向的通识教育中加以改变。目前存在的问题很多，诸如教学强调灌输填塞知识，只停留在概念、知识点和枯燥艰涩的公式，并用僵化的考试方式强迫学习者死记硬背，驱使学习者成为追求分数的机器，只求标准答案，相互比做题、比分数，使学生挣扎在考山题海，失去学习的乐趣，压抑自驱力和自主能动性，以致对教育感觉索然无味。

教育应该强调能力培养，开设开放式课堂，鼓励学习者主动探索，教师适时指导，如同穿针引线，激发学习者的自驱力、自主能动性、求知欲和探险精神，让学习者了解产生这些知识的思维方式，理解公式的原理并动手操作。比如，物理学课程涉及马达部分，可以让学习者通过动手拆装马达，明白其工作原理。生生、师生互比思维，互比独特，激发对课程的浓厚兴趣。"人类思维与学科史论"正是在这样的背景下应运而生。

例1，人类思维与学科史论：物理学。其主要应该涉及的重大思维转变有：（1）从笛卡尔、伽利略到牛顿的经典物理学的创立，突出其强调世界的可分割、可精确、可预测的经典思维模式特点；（2）从法拉第的感应电流、磁力线、电磁场等到麦克斯韦的电磁波的预测，明晰其进一步完善了经典思维模式，但遭遇到光速是恒定不变常数这一事实的严重冲击；（3）爱因斯坦的相对论，拓展牛顿的经典力学到达高速领域，打破牛顿的绝对时空观，建立起相对时空观，提出空间扭曲、引力波等概念，并在后来得到实验验证；（4）"波粒二象性"量子力学对经典力学的颠覆，叠加、不确定、纠缠等量子概念与实验的确立，量子思维对经典思维的颠覆；（5）物理学思维在不断颠覆性地走向深处和前沿，弦与超弦理论对多维高维时空的探索，引发暗物质、暗能量、明物质概念的提出和实验探索等。

例2，人类思维与学科史论：化学。其主要应该涉及的重大思维转变有：（1）元素周期表的发现，介绍门捷列夫的周期性思维、分解还原思维；基于量子物理和量子化学理论阐述元素起源，介绍整合思维；突出量子化学超出人们直观想象的形象思维与逻辑思维、批判性思维与创造性思维。（2）手性分子的发现、对传统非手性分子认知的颠覆，阐述所蕴含的创造性思维与形象思维。（3）全合成化学应展示自然存在的，即"上帝"的合成化学，比较其与人类合成化学的异同及重要应用价值，阐述后者蕴藏的生态理念与创造性思维。（4）高分子概念是跨越小分子范畴的创举，分子结构"由点到链"，体现了批判性思维与创造性思维，关注分子量各种方式的剧增与性质飞跃及深远影响。（5）超分子化学。以 DNA 双螺旋结构为例，阐述非共价键，即弱键组成的超分子新物质、新功能，以及"量子点"等超越分子水平的魅力，认识其对"分子就是化学"传统认知的批判与创造过程。（6）分析化学、分析仪器。以"分析"论述晶体结构数据读取、高分辨成像的"分子可视化"思路、应用和影响。（7）绿色化学。以"原子经济性原理"阐述生态环境保护和可持续发展的理念，感知人们对忽视生态环境伦理的化学传统概念的批判和创造过程。

例 3，人类思维与学科史论：生物学。其主要应该涉及的重大思维转变有：（1）细胞及其学说。从生命的最小完整单元的发现创建过程开始，阐述生物学认知从宏观走向微观的艰辛，以及批判性思维与创造性思维。（2）遗传学说。以介绍重要代表性的人物（达尔文、孟德尔、摩尔根等）、事件和成果，重点围绕从量子物理学家薛定谔的"生命是什么？"到 DNA 发现的过程，阐述批判性思维与创造性思维在其中发挥的作用。（3）从无生命到有生命。介绍病毒的发现历史，突出其处于非生命与生命、生物学与化学交界处的特点，同时论述生命是处于经典世界和量子世界交界处的"神秘量子生命"，介绍经典思维与量子思维、批判性思维与创造性思维。（4）通过介绍重要代表性事件或者科学家人文故事，阐述人类基因组计划、基因工程、动物克隆、疫苗接种等的源起和发展，及其对工业、农业、医学、社会发展和生产生活方式颠覆性的巨大促进作用。（5）就基因编辑、合成生物学在当今和未来可能的发展，讨论其对人类思维的可能改变作用，讨论其对未来社会生产生活的可能改变，探讨未来社会的组织运作形式和引发"超人类革命"的可能性和应对策略。

例 4，人类思维与学科史论：美术学。除了公认的一些美术历史内容和思维变化，还应该包含涉及中西比较和古今比较的重大思维和内容，如：中国文字的字画一家、书画同源，甲骨文与现代抽象绘画的类近性；中国画的写实绘画与写意绘画、泼墨和留白的哲学内涵和表现；西方油画的写实派、印象派和抽象派的发展脉络和思维变化，西方绘画与照相术、西方绘画与中国绘画发展的平行比较及相互影响；中国和西方绘画、图案、雕塑中的几何数学原理和要素运用及表达，在绘画布局上，中国的"卧游"散点透视和西方的焦点透视各自的优点和差异，以及类近中国画风的轴测图在现代建筑和当代信息行业的广泛应用；等等。

例5，人类思维与学科史论：超学科形变。此课程不是从传统的学科专业角度论述思维变化和发展，而是以某一个焦点概念的跨学科专业的穿越，展现出"形变道不变，器变理不变"，突出其在不同时代、不同空间的巨大拓扑变形，训练透过现象看本质、由表及里的思维方式。

笔者熟知并选取的对象是染料化学，并以此论述其如变形虫、变色龙般的超学科形变，介绍其拓扑变形对各个学科专业产业所发挥的不可替代的作用。（1）合成染料化学的产生。1856年，珀金在化学合成中偶然发现苯胺紫。苯胺紫能满足纺织染色的需要，由此开辟了染料化学和染料工业。（2）照相感光化学与微电子光刻胶。照相感光化学与染料密不可分。1860年，麦斯威尔依据染料成色原理发明了彩色照相技术，因此染料被称为成色剂。1873年，福格尔发现，在照相感光乳剂中加入某种有机染料后，可将其感色范围从蓝光区扩展至整个可见和近红外区域，从而有了光谱增感染料。1925年，柯达公司发明光刻及其光刻胶用于照相化学制版印刷，现已发展成为电子产业微细图形加工的核心关键。（3）生物学重要概念染色体的产生。1879年，弗莱明将碱性染料应用于细胞，观察到细胞核中的丝状和粒状的物质，发现其在细胞分裂前后规律性变化。此物质在 1888 年被正式命名为染色体。1902 年，基于细胞减数分裂时染色体与基因具有明显的平行关系，推测基因位于染色体上。1928 年，摩尔根通过果蝇杂交实验证实了染色体是基因的载体，获诺贝尔生理学或医学奖。（4）化学合成农药的产生。1877 年，德国的赫尔曼合成了孔雀绿染料，最初用于天然纤维、皮革和细胞的染色。1936 年后，发现其具有杀虫活性；同期问世的农药滴滴涕，是其类似物；1948 年，瑞士化学家保罗·米勒因发明滴滴涕而获得诺贝尔生理学或医学奖。（5）化学合成磺胺医药的产生。1932 年，多马克冒险将用于纺织染色的橘红色偶氮染料"百浪多息"治疗小鼠的败血症，随后用于治疗他女儿的败血症，取得成功；后来合成衍生出抗菌药物磺胺家族。1935 年，多马克发表研究结果，并于 1939 年获得诺贝尔生理学或医学奖。这成为合成药物化学起始阶段的重大事件。（6）DNA 荧光测序技术。1977 年，桑格和他的同事们开发了终止末端的 DNA 测序方法，并使用荧光染料标记的四色碱基以鉴别次序，桑格于 1980 年获得诺贝尔化学奖（第二次获奖）。（7）荧光传感和逻辑门。钱永健、席尔瓦等在 1980 年和 1989 年建立了能够对环境敏感、具有识别客体（如离子、分子、组织）和传感荧光的染料和分子逻辑门，可应用于医学诊疗、临床手术、环境检测分析和材料。钱永健等因荧光蛋白获得 2008 年诺贝尔化学奖。（8）染料敏化太阳能电池，是 1991 年由格雷策尔和奥勒冈发明的一种廉价的薄膜太阳能电池。（9）超分辨光学成像。1995 年，白兹格、赫尔、莫尔纳借助荧光染料，使分辨率打破光学显微镜分辨率极限，能看清细胞中的"宇宙"世界。白兹格等因该技术获得 2014 年诺贝尔物理学奖。

4.4　"经典阅读"课程群

"经典阅读"课程群让学生通过与经历千百年、数十年大浪淘沙后仍然熠熠生辉的各类人类经典所代表的"人类伟大智慧"对话，促进思维模式多样性全面图谱的构建，引领学习者吸收人类文明的营养，促进每个人在科学精神、人文素养、道德修养、思辨能力、审美水平等方面的自由而全面的发展。

该课程群选取《共产党宣言》《道德经》《几何原本》《量子史话》四门经典课程进行重点建设。在一个通识教育体系中是否有这些课程，可以说是辨别中国大学通识教育是否达到质量标准的重要判据。这些代表性通识教育经典阅读课程的设置依据是：

《共产党宣言》：人类伟大思想经典之一和我国主流价值观。

基于该经典理解社会主义从空想到科学的发展，以及共产主义理想创立的依据和过程，了解共产主义思想一百七十多年来在东西方的传播实践。理解《共产党宣言》所彰显的理想、使命和担当，分析归纳文本中所蕴含的形象思维与逻辑思维、批判性思维与创造性思维。理解在共产主义社会里，生产资料或经济活动物质条件实现了公有制，阶级消失，生产效率极大提高，物质极大丰富，按需分配，劳动成为人们生活的第一需求。深刻体会并演绎"每个人的自由全面发展是一切人自由发展的条件"的理想社会状态，以及每个人均获得"自由全面发展"的理想目标。

《道德经》：中华民族最早、最伟大的哲学经典，并具广泛世界影响。

介绍老子思想的源头、老子的独创性贡献、其对中华文明的影响、其对西方文明和人类文明的促进作用。论述老子思维所包含的四种思维单元。其形象思维的例子有大象无形、众妙之门、上善若水，逻辑思维的例子有人法地、地法天、天法道、道法自然，批判性思维的例子有对礼仪仁义、对贪欲妄为的批判和超越，创造性思维的例子有"无有相生""无为无不为""不言之教"等概念。重点介绍老子学说对文化、医学、农学、化学、军事、政治等方面的巨大影响，重点介绍老子思想对文化艺术界、社会科学界、科学技术界、诺贝尔奖获得者的影响。

《几何原本》：人类学科模板和形式逻辑训练经典。

该经典启发了伽利略、笛卡尔、牛顿等人，为近现代科学和学科发展奠定了基石，其中蕴含的结构模式、分布方式、严谨规范和形式逻辑，一直指导着自然科学、工程技术、社会科学，甚至人文学科的产生和发展。介绍《几何原本》在中国的命运多舛与普及，超越数学内涵去掌握《几何原本》的思维特点和哲学原理。了解形式逻辑在中国的传播，涉及墨子、利玛窦、徐光启等的相关贡献等。同时需要讨论该经典的适用范围，防止无节制地滥用理想化、无误差、非白即黑、笛卡尔的"一分为二"等思考方式。

《量子史话》：当代科学人文和人类前沿思维。

介绍量子及其概念石破天惊的产生过程，特别介绍爱因斯坦与波尔等的争论、海森堡测不准原理、量子纠缠，论述量子思维所包含的四种思维单元。其形象思维的例子有波粒二象性、电子云、量子跃迁，逻辑思维的例子有量子逻辑、薛定谔方程、算符体系，批判性思维的例子有对牛顿力学、经典概率的批判和超越，创造性思维的例子有叠加、不确定、量子纠缠等概念。介绍量子学说对物理、化学、生物学的彻底改造以及对当代科技和产业的巨大前沿引领作用，展望量子思维对社会科学及人文学科，如社会、政治、教育、管理、金融、经济、文学等学科和实践的可能重大影响或者未来颠覆性作用。

这些涵盖古今、中西、文理的思维会聚，可以给学生全面、系统、前沿的思维感受，夯实学生的科学技术和人文艺术素养，提升其思维能力、问题意识和解决问题的能力。

4.5　三大模块课程

三大模块课程是最后一部分，由大量的符合通识教育标准规范的自然科学与工程、社会科学及人文学科、艺术等领域的课程组成，对学习者进行融会贯通解决问题的思维训练，保证所有学生具备基本的科学技术与人文艺术素养，包括众多素养、思维和能力。

➡ 思考题

1. 寻找在不同学科专业行业中一个万变不离其宗的核心学术概念或者技术概念，如纳米等，以理解学科交叉发展和超学科的形变，丰富对"人类思维与学科史论"的认知。

2. 从人类文明和思维发展的角度，推荐每个人必读的经典书，分别以 10 本、50 本、100 本为限，并说明推荐理由。

3. 从幸福感悟力和创新创造力发展的角度，论述每个人应该拥有的思维单元、思维模式、思维体系和关键重要知识点有哪些，并说明理由。

第五章

格局和假设

天地宇宙、脑内世界到底是什么样子的，没人完全知晓，永远不可能全部知晓。这时需要不断假设和不断修正并不断趋近，没有假设就没有进步。一个人的心境往往取决于格局之境，相互间几乎天差地别。格局小者，情绪糟乱，格局大者，心胸宽广；心小者如杯水，遇到的任何事都是大事；心大者如海洋，遇到的任何事都是小事。格是认知的程度，局是认知的范围，合称为格局。简单地说，格局就是，以什么样的格，如"神"格、人格、物格（甚至禽兽之格），去看待世界；以什么样的局，如小局、大局、全局，进行假设和验证；决定了一个人的思维高度、广度和深度[14,19-21]。格局包括谋局、设局、布局、破局、解局、结局等。

5.1　思维定义和思维元论

人体必须拥有十几种维生素，单有一种维生素或者缺失某一种维生素，维生素营养不全面，人就无法健康生存；每种维生素量的多与少因人而异，但不能低于阈值，否则，人的发展必然受限或者受害；如果偏食，维生素摄取就不自由，人也无法健康生存。自由而全面的思维对人的作用，很像"维生素"。

人与人的本质差别在于思维[11,22]，人与动植物的显著差别也在于思维。马克思强调人的自由而全面的发展，这提醒我们需要高度重视独立自由的思维、健康全面的思维，而这两者的特征就是超越各种阻隔和限制。人只有拥有多种思维并能在其中自如切换，才能实现自由、无阻隔；只有尽可能多地掌握人类主要的思维方式，才能健康全面进而超限。

思维为什么如此重要？笔者为何一再强调"思维才是力量"[14]？因为透过所有的表面现象，探知人和人类社会背后运行的深层奥秘，就会明白，原来思维是这一切背后的第一原理。

思维是知识的精华，是精神的骨架；思维是先天的灵光，是后天的云霞；思维是文化、文明的基因，是每个人气质、素养、能力的密码；思维是芸芸众生言谈举止的基因，是每个人精神世界的通天之塔。

为便于后续表述，有必要先对思维有个大概的定义。"思"，上为"田"，下为"心"，即"心之田"；"想"，上为"相"，下为"心"，即"心之相"。"维"，"纟"为绳子，"隹"为鸟，原意指绳子所系的有才能、会表演、能狩猎的鸟，指人们心目中，在四个方向的边界上，鸟能飞到的最高点。"维"，表达了方法、手段、工具的指向，也包含边界、至大、疆域的概念。思维的形象可以简单表达为：快乐的小鸟在心田上自由飞翔。

感知进入并储存于大脑，被称为"记块"；记块被提取并暂存在思维中枢，被称为"忆块"；忆块依照规则和方向组合产生"思块"，"思块"就是"思考""思维"或"思想"。在大脑里运行而尚未表达的思块叫"脑语"或"思想"；用语言或行为等将"思块"表达出来的分别称为"口语"或"行动"；言语和行为表示能力，合称为"能块"。

思维是人脑基于并超越感知器官认知自身和外界的活动。思维是基于脑内既有认知，对新输入的信息进行一系列复杂的认知交互操作过程。思维过程摒弃被感知事物表面的非本质属性，抽提获取本质属性，其目的就是探知与发现事物底层深度的本质联系和规律，形成成果即思想，进而形成新的脑内认知。

生命的活力，源自自组织、自复制、自适应能力。思维的活力也是如此。思维过程包括对感知获取的过滤、提取、分离、反应、纯化、结晶、吸收等单元操作步骤，犹如化学工程、生物工程的单元操作。结晶即成为思想，吸收就成为观念。思维的系列过程＋思维的各类产品（思想、观念）可以统称为思维工程。思维过程的思维单元类型包括逻辑思维、形象思维、顿悟思维，这些也可分别称为抽象思维、具象思维、灵感思维，此外，还有格局思维、批判性思维、创造性思维等。

思考、思想、思维需要仔细辨别并相互促进：

"思考"指动脑，更多指大脑运行状态或思考的起点，英文是think，指基于表象和概念的分析、综合、判断、推理等认识，是人类特有的精神活动。

"思想"是思考的结果和论断，重在多样，英文是 think 的过去时 thought，相当于中文"想过了"，意即大脑已经完成内、外信息的接收、加工、输出等。

"思维"是思考的过程和方法，重在自由，英文是 think 的进行时 thinking，意指大脑对具体事物或文字概念进行的接收、加工等过程，表示大脑正在进行的状态，相当于中文"想"。

思考就像开始走一段路的总体笼统描述；思维就是用什么方法走过这段路，是骑自行车，还是开汽车；走过以后，得有个对过程与方法的最后总结，以指导未来，这就是思想。这正像在教育中，为培养具有独立思考能力、独立生存发展能力的学生，人们常常强调，应该教会学生如何做面包，而不是直接给学生发面包，要教会学生如何"渔"，即捕鱼，而不是直接给他们"鱼"。

一个人的认知是否受限，所拥有的思维时空的大小，与一个人或者群体的原始源头思维、潜意识的起点——"元思维"或者思维元论有很大关系[23]。

元思维是最根本的、底层的、基础的思维，它是对认知的认知，对思维的思维，是最深层次的思维基因，影响着一个人的所有思维单元、思维模式、思维体系等。各式各样的思维就像软件程序，元思维就是编制这些软件并加以控制的程序员。元思维是思维程序的程序，是思维规则的规则，是思维法律的宪法。一个人一旦习得练就并形成元思维，元思维就会成为思维之"元"或者"源头"，能够处于其他思维之上。人们通常很多的思维，如思维模式、思维体系都是所指向外——指向外在的事物；而元思维，它恰恰所指向内——指向每个人自我的思维本体。其他一切思维，包括思维单元、思维模式、思维体系，都不得不成为元思维观察、分析、调节、操控的对象。

如果陷于元思维的问题，如处于低元、低维度的元思维，那么僵化、保守、迟钝、偏激等负面词汇都无法描绘元思维的负面影响。而如果解决了元思维的问题，到达多元、高维度的元思维，人们就能实现思维的超限，给人带来很大的益处，如：足智多谋、刚柔相济、快速精准解决复杂问题；从而能将知识、能力平移跃迁到新的领域，举一反三；能提高所有思维单元、模式、体系的效率，激发人们学习或者进取的自驱力。

下面简要论述一元思维、二元思维、三元思维模式和超限思维模式。

一元思维。拥有一元思维模式的人，会驱使强迫别人去相信他们所相信的那个"一元"；也最容易被人所利用，有时他们会允许并接受"大师"、偏执狂妄者对自己的利用和折磨，甚至甘愿自己的利益遭受损害。因为思维僵化、思维禁锢，他（她）对自我需求和外界变化的反应常常变得过激或者迟缓。这在封建愚民社会、专制独裁社会较为常见。因为习惯于永远正确的"一元思维"，人们经常沉湎于单一思维单元、模式、体系的垄断状态，所以批判性、创新性、创造力缺乏，对外竞争力孱弱、盲目自信或极度自卑成为这类思维拥有者的主要和显著特征。一元思维违反人的自然天性，均由后天强制驯化而成。

不少人拥有一元思维这样的元思维，没有接受过人文精神洗礼的人、没有接受过科学精神洗礼的人、沉湎于理工科的"工具理性"的人、沉湎于人文的"观点偏执"的人、受过残缺或者不良教育训练的人，都容易沾染上这种元思维。当这样的人成为大多数，一元思维模式就成为社会主流，人们会自觉地不断捍卫单一垄断的认知价值体系，直至将系统推向自我封闭，最终全面崩溃直至重启。

一定要、一定行、唯一正确、唯一合理、唯一途径等思维，是习惯于"一元思维"的元思维拥有者最典型的言行。在如此元思维中，没有正常的批判性思维的概念，"一元思维"的人们所理解的"批判"变成了"判刑"，即"有我没你""你死我活"。"批判"就是"批倒""批臭"，甚至"消灭"。"一元思维"者同样缺乏创造性思维，习惯的是一条路走到黑，因为大胆幻想和严密逻辑都会被如此思维者排斥为"胡说八道"或者"迂腐顽固"。

一元思维者有着"原教旨主义"的"纯洁性"嗜好，在其心目中，美与丑两者截然不同，只允许"美"的存在；好人和坏人有标准差异，只允许"好人"的存在。如此思维者喜好"最高""最美""最大""最全""最新"的所谓完美境界，偏执地往一个方向追求、狂奔，直至最后无法前行而自毁。

一元思维者具有思维僵化、禁锢、顽固等特征，是社会或者团体中平常所见的表面稳定但特殊转折时期不稳定性的根源。一元思维者，不允许、不容忍异己的人、事、物之存在；一元思维者，表现温和的就体现为封闭性，虽不攻击对立观点，但拒绝聆听或者接受一切与自己的想法不同的想法。情绪化的一元思维拥有者具有很强的排他性和攻击性，会攻击与自己的观点和思想不同的人和事，甚至言行极端。

工业化大生产模式、唯标准化考试、唯标准答案的教育模式，很容易培养出一元思维的人群。从这一点来讲，这样的工业化模式对人的异化，远不如农业社会对人的呵护，因为在那样的社会里，人还会触及自然，会发现很多的生态多样性。一元思维主导的元思维人群，经常臆想或者面临激烈的仇恨冲突和不可调和的矛盾，经常遭遇濒死的人生"极限"，常有"前途渺茫"而"找不到出路"的感觉。

二元思维。以二元思维为元思维的人，坚信"黑白对立"，但也认为通过"强制"可以让一切转向"美好"最为重要。相对于一元思维，二元思维有了一定的灵活度，知道并有限程度地容忍异己的人、事、物之存在，就是喜好用强力压制和解决矛盾。二元思维之所以广为流传，是因为其貌似合理，简单、实用、易学。

以二元思维作为元思维的人们心目中，黑白分明，黑白都有相对存在的价值和权利，黑白之间可能会相互转化，但很难发生。二元思维者自我感觉高尚，为保持人间"正义"，常强力压缩"黑"存在的时间空间，以便让"白"在世间占据主导。而他们恰恰不知道，在人力的干预下，过分地施压，会出现抗性或者轮回，抑或进入更高层次的轮回，即现有的"白"可能自动异化为新的"黑"。

在二元思维者的心目中，"美""丑"相对，"美""丑"都有相对存在的价值和权利，"美""丑"之间可能会相互转化，但很少发生。二元思维者为实现人间之"美"，常强力压缩"丑"存在的时空，让"美"占据世间主流。而他们往往不知道，爱因斯坦的"相对论"和老子《道德经》告诉我们，世上几乎所有的一切都是相对的。在人为强力扭曲下，当"美"成为主流后，由压力导致的抗性或者审美疲劳，抑或进入更高层次的轮回，就会由"美"异化而自动产出新的"丑"。

二元思维者所看到的是，世上既有好人也有坏人，好坏都有存在的空间，好坏、美丑可能会相互转化，但极少发生。为了崇高理想，为了建立"理想国"的"天堂"，就必须强力压缩，甚至消灭坏人存在的时空，让好人占据主流。而他们往往不知道，在如此非自然的强力压迫下，当"好人"成为主流，"坏人"也会扮演成好人，由于压力而至的抗性或者苛刻的纯洁化追求，抑或进入更高层次的轮回，就会由"好人"自动异化而出新的"坏人"，结果原初铺设的"天堂"之路就会通向"地狱"。

强调"黑""白"矛盾对立、势不两立，只知道一分为二、不知道合二为一的思维，忽视"黑""白"相互转化并共生的这种二元思维，也常被人们讥笑为"二极管思维"。

三元思维。以三元思维作为元思维的人们认为，"自然"及其转变最为重要。美与丑虽对立而存在，但可以自然互相转化。天下不存在绝对的好人和坏人，反而存在许多"既好又坏""时好时坏"，不同于"非白即黑"的灰色中间色调的人。这些好人、坏人、中间人，尽管因各自立场的差异，对同一人或事物会有不同的判断，但会因时因地而有所改变。因此三元思维者明白，需要尊重他人有别于自己的价值判断，即使对亲朋家人，也不能要求别人改变，更不能用自己的标准强制他人改变。即使有所改变，也大多来自于引导、影响，而非强迫。

三元思维者为人做事比较协调和谐，容易理解人。他们会制定标准，但不会固执于标准，会顺应情况变化而改动和制定更合适的标准。一句话，三元思维者认为世间本无绝对的美丑善恶，美丑善恶一直处在持续不断的自然相互转化之中，观感取决于内心思维和判断能力，所以三元思维者常会自觉遵循老子的"三生万物""道法自然"的思维理解模式。

三元思维是建立理性的批判性思维和真正的创造性思维的重要基础。锻炼"批判""创造"的最简单日常的方法就是，当遇到难题、凡事不知如何处理时，尽量遴选、依靠至少三个可能的独立要素，这些要素所包含的观点应当相互独立、相互矛盾，从而能够创造多样性、差异性。通过对三个要素进行相互比较评价，批判性思维或者创造性思维自然就会产生。比如，在学一门课程时，选择观点反差大的三本教材，同时对照阅读学习；在旅游选择时，对三个目的地或者三条旅游路线进行相互对照评价；在对弈或者竞争时，对三种可能的观点、策略和计划进行相互比较研究等。

超限思维。就是将多元思维、高维思维、东方西方融合思维[24]作为自己的元思维，这是笔者建议的每个人都应该建立的元思维。这种元思维的第一种表达解读就是，超限思维是以三元为起点的思维，如四元思维等，就是三元思维的升级，依此能跨越我们熟知的世界边界，超越局限性的认知，即超越局限、超越界限、超越极限。这种元思维的另一种表达，超限思维因为超越时空、万物互联，所以也是一种能够回溯源头并且再出发的思维，即回到源头，从头开始，重新出发，另辟蹊径。超限思维的这两种方式都能促使批判性思维或者创造性思维的产生。

能够启发和帮助人们建立超限思维的现实工具，至少包括道家思想和量子论以及人工智能。全球有许多人热爱老子思维[1]，也有许多人推崇量子思维[25]。老子的"天下万物生于有，有生于无"和量子论的"波粒二象性"，能加速全息、全面、跨越界限、融合通达的超限思维的形成。以如此状态去观察宏观世界的山水，会有逐步超越极限、界限而达无限的感觉：看山是山，看水是水；看山不是山，看水不是水；看山只是山，看水只是水。如此观察微观世界的光，会有这样的感觉："光是粒子，也是波；光不是粒子，也不是波；光只是粒子，只是波，光实际是量子。"累积了人类所有知识，能推动语言、图像、视频、科研、产业等发展的跨界超能的人工智能会加速每个人乃至整个社会的超限思维的形成。

➡ 思考题

1. 探究辨识知识、能力、思维、精神之间的区别和关联。

2. 用思维导图罗列和比较你所学所在学科专业领域的知识、思维、精神的类型等，并分别标记其兴起到完结的历程或者寿命。

3. 分别从传统中华文化信仰的儒道释三个角度和认知心理学、哲学的角度解释什么是思维。

4. 探究阐述天体运行中所存在的三体问题及复杂性、混沌学中的三生万物定律及创造性。

5. 探究身边的人际关系、事物关系中所存在的一元思维、二元思维、三元思维、超限思维的现象。

6. 颜色是真实的物理属性，是物体投向眼睛的光线，同时也是大脑制造出的幻象。大多数人拥有三种视锥细胞，分别对红光、绿光和蓝光敏感。有一些女性具有超能力，看到的颜色比他人多百倍，千分之一的女性拥有四色视觉。昆虫具有五六种视锥细胞，个别甲壳动物如皮皮虾具有 16 种视锥细胞。请论述全色盲、色盲、色敏对应的一维、二维、三维颜色空间，论述四维以上的超立体（球体）颜色空间。

5.2 小学思维、中学思维、大学思维

艾宾浩斯遗忘曲线表明，学到的知识是很容易被遗忘的，只有把知识和经验内化成思维（内在软件），即程序，才能游刃有余地运用于生活和工作。"知识点"就像电阻、电容、电线，只有将它们以一定的连接方式组合，才能形成有功能的电路（如不同的逻辑

门、模拟加减乘除等），即成形为思维，才会对人和社会呈现功能或者作用。

普通人想改变结果，优秀的人想改变原因，而杰出的人想改变思维。

一个文明是否先进，体现在思维的先进性、多样性，体现在这个文明是否有利于产业、科技和学术的持续升级和不断发展，进而造就文明自身的强大和辉煌。先进的、有活力的、引领性的文明是全人类的力量源泉，如此的文明往往拥有最多种类的思维，并能创造新的思维。而承接性的文明习惯于亦步亦趋、人云亦云，虽然能够有所创新，但因为缺乏敏锐的批判性，就难有创造性。

个人的命运就在于其思维，在于他（她）是否拥有自由而全面的思维、独立担当的精神。人的思维当然与其教育经历、经验感悟相关，但学历、学位并不是绝对因素。一般而言，一个人学历、学位越高，拥有高级思维的可能性越大，但在极端情况下，一个学历不高、学位不高的人，可能具有更高级的思维，而某些高学历、高学位者却只拥有较低层次的思维。查查那些出身平凡、贡献突出的诺贝尔科学奖获得者的坎坷又精彩的人生，可以从中获得启发。

除春秋战国百家争鸣等个别时期外，单一、垄断的思维，僵化、禁锢的思想，在我国历史上有几千年的深厚历史传统。这就提醒人们，为提高全民族与每个人的素质和能力，在学习、培养、教育、成长中，特别在大学以上层次，我们需要关心的是思维，而不仅仅是知识和技能。

在不同的教育和成长阶段，面对不同的思维训练，人们拥有不同的认知感受。以下分别论述一下小学思维、中学思维、大学思维。当然这些并非仅仅指小学、中学、大学的学生和老师所拥有的思维，而更多的是指"成人"终其一生的定型思维所停留的思维阶段。

小学思维。小学生苦记常识，好像老师讲的都是真理。小学思维离不开客观事物和具体形象的帮助，因为过于具体、形象，所以常使得思维难以触及人、事、物的本质和核心，容易盲目顺从，吸收认知时不加选择，如同"海绵"吸水，犹如处在一元思维阶段。其主要特点是：1. 以具体形象思维为主，处于抽象逻辑思维的初级阶段；2. 能掌握的概念大部分是具体的、可以直接感知的，难以区分概念的本质和非本质属性。这种情况下，经过思维训练，如记忆、读写、游戏、魔术等，可以改善提升思维品质和能力。多问为什么，可让学生养成透过现象看本质的思维习惯，可以每日锻炼好奇心；此外，引导他们多笑，使得他们在不知道如何应对时，能用欢笑减压并学会放松，从而别有洞天。

中学思维。中学生死背公式，好像书本上讲的是天经地义。中学思维，尚未形成系统的抽象概念和理论去统一认识与解答，常常孤立地认识与处理每个问题或者人、事、物，容易走向偏激和逆反，他们保护自我认知如"刺猬"御敌。其主要特点是：（1）能借助具体形象进行抽象逻辑思维；（2）开始萌发思维的独立性和批判性，但判断简单，非白即黑，容易逆反，犹如处于二元思维阶段；（3）懂得自然界和社会发展的基本规律及知识，能够解释说明事实、现象和事件，对人类思维开始产生兴趣；但由于知识来源和人生经历有限，有一种无知的、盲目的（肯定或者否定的）确定性；（4）追求纯洁的道德和崇高的世界观，常满腔热血地捍卫自己的观点，愤怒地谴责被视为不正确的观点和行为，热衷于辩论、讨论、聚会等。

大学思维。大学生在如饥似渴地填充知识，但是能去相信的似乎只有原理。大学思维阶段，主要特点是：（1）能排除情绪的干扰，有很高的抽象逻辑思维能力，关心的问题由低级具体层次逐步走向高级抽象层次，追求深刻和理论。（2）在不同的学科、专业背景影响下，几乎形成了相应的学科专业特色的性格特点。思维差异极大：某些人逻辑思维较强，如来自理工农医专业的学生；某些人形象思维较强，如来自文学、艺术、体育专业的学生。（3）在关注认识外界的同时，开始关注和认识自己，思考自己。尽管真善美与自我内化同一者将成为主流，但某些人有可能成为别人的工具，某些人则有可能成为精致的利己主义者。（4）开始自我觉醒，具有思维的独立性与批判性，探索构建自己的认知"理论"体系，思维从具体现实中解放出来，有了反省思考的能力。有时会过度利用理性思维，对现实做出过度审判。创造性思维正处于萌发状态。（5）总体而言，在大学的低年级，属于有知的思维混乱期，因为知识增加迅速，而思考的深度和系统性跟不上，不知所措；在大学的高年级，开始知识的个性结构化，熟悉了多样的、多元的思维，批判性思维逐步萌发，形成习惯，犹如三元思维阶段；在研究生阶段，项目化的开放性研究，使得创造性思维得以产生。

将知识点以合适的方式连接，久而久之成为习惯，就成了一种定型的思考程序，即思维。因此，一个浑浑噩噩的大学生，甚至研究生，尽管学富五车，其大脑运行的可能是小学思维；一个努力的小学文化程度者，虽然知识不多，但大脑可能运行的是大学思维。

形象而言，较低思维层次者常表现为：一是盲从思维，也可称为"鸭"思维，你往哪个方向驱赶它，它就奔向哪个方向，顺从而听话；二是逆反思维，也可称为"鸡"思维，你往哪个方向驱赶它，它却奔向相反的方向，就是习惯性逆反。这些都是常规性思维，就是习惯性地依据知识和经验，按照已知的方案或者程序，运用惯常模式和方法解决问题。而大学思维，其底线是建立探究的习惯，应该达到批判性、创新性、创造性思维的高度。

人们对思维做了许多分类：凭借思维的依托物，可分为关联动作思维、具体形象思维、抽象逻辑思维；依据思维的逻辑性，可分为直觉思维、分析思维；按照思维体现的方向性，可分为聚合思维、发散思维；依托思维展现的创新性，可分为常规思维、创造性思维等。思维链条越长，处理的信息量越大，思考的角度变换越多样，思想成果就越深刻。

在以后的章节，笔者不会介绍在其他书籍中已经连篇累牍涉及的基本逻辑和条件反射类型的简单思维，将重点介绍复杂而有难度的思维。我们不能轻易相信简单的思维捷径和"脑筋急转弯"，追求捷径有可能是"自寻短见"，捷径有时几乎就是陷阱。

"大学之道在明明德，在亲民，在止于至善。"明德、亲（新）民、至善，即要求大学思维者有使命，有担当，遵道成德，成为具有创造能力的一代新人，具备不留后遗症的至善能力、方法和手段。具体体现在具备以下几点：（1）能解决问题的思维，即发现问题，分析问题，提出假设，验证假设，实施问题引导的批判、创新、创造；（2）能创立理念的思维，即发现规律、建立模型、完善理想、构建理念、实施理念引导的批判、创新、创造；（3）善用颠覆性工具的思维，即发现工具、远程移植、聚焦核心、全面重置、实施颠覆性工具驱动的批判、创新、创造。

思考题

1. 用现代科学理论，探究《大学》中的格物、致知、正心、诚意、修身、齐家、治国、平天下所包含的思维逻辑关系。

2. 探究顺从性的思维、逆反性思维一般分别在什么样的环境中产生。

3. 就运动状态和静止状态的异同，论述哪个状态更有利于思考，原因何在。

4. 归纳总结小学、中学、大学是如何以等于符号、近似符号、大于或者小于符号来书写方程式的。

5. 探究作为大学特殊阶段的研究生教育的思维训练特点和意义。

5.3 分解还原思维：加法

如何认识看待世界才最为精确可靠？无人能解答这一问题，只有把代表性的思维都熟悉一下，才能全面地认知世界，减少疏漏。

分解还原思维认为，世界由无数个分割的部分组成，部分之和等于整体；就像世界可分割成无数个经典粒子，无数个经典粒子的加和就成为世界。此与牛顿经典思维吻合，即可以把各学科当成一个个独立的经典粒子，相互分割，几乎不存在相互关联和影响，整个学科体系就是一个又一个粒子的加和，进而逼近世界的真相。

分解还原思维从整体由局部组成、系统由元素组成的视角出发，注重单个的元素和它们之间的简单加和联系，认为世界的本质在于简单性。而与分解还原思维相对应的但不相同的是整体关联思维，整体关联思维从系统的整体出发，注重系统整体和单元结构间的联系，认为世界的本质在于复杂性。

分解还原思维基于分解和简化的策略，强调整体系统可以分解还原成单个元素，进而对元素分别进行处理。其认为可以将复杂的高层的对象分解为简单的底层的对象进行处理。这是经典学术常用的方法。如此就能理解中文"科学"一词的字面原义就是分科之学。

分解是分解还原思维中最核心、最重要的第一步，传统科学体系的对策就是分解，把复杂的分解为简单的，把高层的分解成底层的。人们常说，学会分解，学会分模块去研究和学习，就是"大事化小，小事化巧"。

分解从方向上可以有两个进路：横向分解和纵向分解。横向分解把整体系统分解为地位等同的、没有层次区别的多个元素。纵向分解把整体系统按照联通的层次进行分解，通常各个分解出的单元不仅有平级关系，还包含上下级关系，分解出层次，以上率下，就像中央集权的治理在思想上保持统一一样。

横向分解与纵向分解并非只会单独出现，常会同时或者交替出现。

分解后就是简化，即进行突出、掩盖、降维等简约处理。借用"奥卡姆剃刀"的"如无必要，勿增实体"原则，简化可以理解为，如有必要，可"删"实体。

现在主流的科学研究基本上源于分解还原思维的"合成还原"，通过再现元素间的各类联系，拟合整体系统的功能和结构，尽可能地接近真实。

分解还原存在明显缺陷。世界是以系统和整体存在的。分解损失了系统的整体性，会减弱元素、结构单元的原有联系。现代文明、现代科学认识和改变未知世界的方法在研究层面公认是基于"分解还原思维"。结果是，由此能够培养大量的领域狭窄、能力合格的专家，而难以培养领域宽广、融会贯通的学问大家。

分解还原思维的出发点是底层元素，而不是整体关联思维中的最小单元结构系统。如以整体关联为关注点，从系统最小单元结构出发，效果就会大不相同。当今知识体系起源于西方的科学或者学科的分类研究法。目前知识、学科与专业及其划分形式，最初源自古希腊。这一体系将客观世界分解、分类并加以研究，然后综合还原。植物和昆虫的门、纲、目、科等分类，即为这种分类和思维方式的典型代表。

古希腊的路线，源自中东，传播于西方，在欧洲文艺复兴后发扬光大，经过意、法、英、德等国前赴后继的传承和创新，成为西方学科模式，最终昌盛于欧美，流行于世界。其特点是形成了以分解还原思维为指导的学科分类与知识体系。

手可以解剖为五个手指和掌心，然而，它们的加和并不真的等于手掌，只等于曾经被切割过的手。因为在分解手时，无数的复杂生物、细胞联系在此过程中中断了，生物信号传导中止，酶的反应或者级联反应会消失，难以完全恢复，或者不可能完全复原。

因分割而导致的信息缺失，并难以再生复原，致其难免以偏概全。因此在其深化分解发展的同时，为尽量恢复失去的信息，无止境的学科交叉和综合就变得难以避免。

在学科专业领域，最初出现平面几何、解剖学，然后分化出数学、物理、化学、生物。但是，由于部分之和不一定等于整体，为弥补在分解中丢失的信息，就需要不同学科频繁地交叉和融合，进而出现了数学物理、物理化学、化学物理、生物物理、生物化学、化学生物学、生物信息学、化学生物信息学……所以，学科渗透与交叉变得越来越重要。

这种学科分类法把世界理解成像由无数放射线组成的整体，由于中间有疏漏，常常需要在两者之间增加新的射线。在数学领域，分解还原思维和整体关联思维分别体现为分析还原方法和同构映射方法。

分析还原是"数学分析"的典型方法（其他类似的有分析化学等学科）。简单、直接、粗暴的方式就是分而治之，将一个整体、复杂系统或问题分解降维成一堆模块，而这些模块往往是已经熟知或者容易探究清楚的，清楚这些模块后，再组合复原到原始整体、系统或原始问题，通过对模块的判断，实现对整体的判断。如把连续函数展开成多项式（泰勒级数和傅里叶级数等），再收敛还原。

从蛋白到多肽再到氨基酸，从基因到 DNA 再到四种核苷酸，从多糖到寡糖再到单糖，就是分解还原思维。药物的药效研究与验证是从细胞到动物，就属于整体关联思维；而针对核酸、通道、蛋白、酶等单一分子靶标的药物活性验证就是分解还原思维。

西医，即现代的科学医学，看待疾病主要采用分解还原思维。西医从解剖学伊始，分解产生了内科、外科、脑科、神经科等，进而不断分化出麻醉科、泌尿科、胸科、小儿科、妇科等数十个科。针对疾病，"头痛医头，脚痛医脚"自然成为原则，遇到一些疑难杂症，要么束手无策，要么必须各方"神仙"会诊（以弥补学科分割所导致的信息缺失或者规律变形）。传统的西方人，包括当今的欧美人，强调观点的独立性，关注单个事物存在的重要性，注重强调人能改造自然并能使自然更加适应人类。西方医学将这些特点充分表现了出来。

不可轻信中医，也不可轻信迷信西医。由于严重的分解还原思维和人为分科设置，在西医中，哪个科都管不了、不想管的疑难杂症，难以医治的亚健康比比皆是。西药的靶标针对性，也容易导致病菌对青霉素等药物的耐药性，引发超级耐药菌等问题。

在各类治理中，如国家、社会、企业、项目管理中，也常用任务分解这个分解还原思维方法。

总之，综合考虑优点和缺点、便利和难点，对个人或者社会而言，最简单、最经济、最容易上手的思维，就是分解还原思维模式。费米认为，面对一个巨大难题、巨大目标，无从下手，在没有对策和思路时，可以将其分解成若干个更小的分目标，还可以进一步分解下去，直到能得心应手地解决为止。也就是化大为小，化整为零，把大目标分解为若干小目标，把大问题分解为若干小问题，各个击破。

分解还原思维最容易出错误的地方，而在于部分整合成整体时的合成错误。萨缪尔森的合成谬误概念是：微观上对的，宏观上不一定对；宏观上对的，微观上有可能是错的。局部的成功，是不是意味着最终宏大的成功，无法线性推测，不得而知。偏执于目标的远大恢宏，可能会落入当下是"无用"的迷思或者"有用"的依赖。老子的箴言和历史表明，当下无用的，往往可能是最有用的[26]。

⊙ **思考题**

1. 就你所从事的专业、职业、管理方面，举出经常出现的分解还原思维的例子，并指出其带来哪些好处，留下哪些问题。

2. 探究人体对鸡蛋、碳水化合物、油脂的营养吸收过程，哪些属于分解吸收，哪些属于蛋白质整体变性转换、再分解吸收。

3. 列举你所知道的医院科室的功能划分及依据，探究交叉病症应该如何选科并防止漏诊。

4. 探究分析你所在的公司或者机构的科层或单元结构，明晰其相互之间的逻辑联系或冲突。

5. 探究解剖技术的起源、发展和影响，探讨解剖学对医学、美术发展的作用。比较医学的生理解剖分析与活体老鼠药效模型之间的思维差异。

5.4 整体关联思维：乘法

面对复杂的微观、介观、中观、宏观、宇观世界，如量子、人体、宇宙起源等，分解还原思维越来越力不从心，强调系统综合的整体关联思维正以复杂整体模型方法重新显示出生机[27]。

整体关联思维，如系统思维等，强调世界各单元之间存在复杂的关联关系[10]，不是简单的加和、叠加，而可能是乘积，甚至指数级的关联关系。世界的复杂性通过各个部分相互嵌合而表现出来。分解这些会丢失许多看得见或者看不见的特质。整体关联关注的是整体或单元间复杂的结构与相互联系。

整体关联思维已经在许多方面发挥作用，如社会科学、经济与管理等人文领域。当下，整体关联思维还需逐步成熟，相信今后主要是整体关联思维的天下。

以整体为研究对象，关注的核心必然是结构、节点与联系。结构犹如人的骨架，节点犹如人的感官，联系犹如人的神经。整体关联思维聚焦结构、节点与联系的分析与抽象。分解还原思维的关注核心是底层元素，而不是结构与联系。

结构是稳定、自成体系的联系。一经分解，基本的结构特性或功能极易丧失。若重视分解而轻视整体地去探究，一旦越过保持基本性质的"单元结构"的极限底线，而到达所谓的"元素"，整体的特性或者功能将会变得越来越少，结构与联系的逻辑会转瞬即逝。如常见的拆房子，是得到单元拼装组块，还是得到砖头和钢筋，就是不同的效果。高效整体关联思维的训练，就是关注结构、节点和联系。

不同的结构、节点和联系会表现出不同的特点功能属性，如永续性、稳定性、自组织性、混沌性、平衡性等。这些都由不同层级的单元结构、功能特性所产生。常见的结构有：简单关联与分层结构、网络结构、力学或者电性平衡型结构、自然生长组织结构、混沌结构等。

整体关联思维从不简单地认为世界是静止和确定的，而是从动态视角看待整体，甚至包括将环境、生态、自然等也视作整体的一部分，而不是像分解还原思维那样将各要素分离得明晰彻底。

整体关联思维关注的是结构而非元素，结构是系统的核心，特别是周期性重复出现的、有功能的单元结构。人们常常采用的是，从各个元素关联中总结出单元结构，由单元结构到系统结构，再到整体结构，从结构的角度来分析系统整体的特性与功能。

初级或者早期的整体关联思维就是黑盒方式，其可以作为初涉研究时的切入口，只关注进出两点，即输入是什么，输出是什么，而暂时放弃对中间过程的关心。

简化不是分解还原思维专属的专门工具，整体关联思维也需要简化并贯穿始终，如：重点关注决定大局的主要系统单元，忽略非主要的单元；关注系统主要结构和联系，暂时忽略次要结构和联系。在关注结构时，为防止复杂，可简化删除一些结构。迭代优化是循序渐进逼近整体系统结构和联系的有效方法。

整体关联思维的弊端在于缺乏成熟的方法学，人们面对庞大、复杂的系统，常常无从下手，会一直停留在"大概"阶段，难以深入。人的能力和寿命有限，有时如果不进行分解就无法掌握系统的本质，看到的将可能一直是"大概"。古代中国认为世界万物关联、天人合一，把世界理解成由无数相互关联影响的、直径由小到大的同心圆圈所组成的整体，问题是，其圆圈与圆圈间的空白地带如何填充，无人予以回答。令人欣慰的是当代和未来，由于人工智能的快速发展，如生成型强化人工智能 ChatGPT，人们在以整体关联思维去把握一个对象规律时，已经不再像以前那样困难。与此同时，脑科学计划的推进更将整体关联思维、系统性思维推向前沿和中心。

中国古代的各类学科之间分工弱，更强调相互联系，围绕一个核心主题而全面展开，如讲天文的可能包含政事，讲中医的可能包含化学、矿物学、植物学、天文学。因为这种学科发展拙于深入解剖分析，缺乏形式逻辑与系统实验方法，所以知识学科体系发育不全。如果中国古代的科学能够发育完全并延续到今天，则可能出现流行于世界的经、史、子、集、工技、农艺、医卜等学科专业形式；如果坚持逻辑原理，就很可能发扬光大，走到现代和当代，甚至成为世界知识学科体系的主流。

这种源自中国的整体关联思维，与量子思维中的波性描述非常相像和吻合，即人类整体知识是一个整体的、不可分割的"波"，如水中波圈，以一个一个的波峰波谷扩展向前。各学科犹如一个一个不同大小的波圈，它们相互关联，相互影响，有时相加，有时相减。当然，中国古代的整体关联思维方式缺少量子论"波粒二象性"所揭示的纠缠、叠加、测不准的现代物理内涵（老子的《道德经》及其思维则是独特的例外）。

学科发育壮大成形的重要标志是百科全书。《永乐大典》被认为是世界上最早、最大的百科全书，编纂于明朝永乐年间，比法国的《百科全书》和英国的《不列颠百科全书》都要早三百多年，共有一万多册，三亿七千万字，是西方同期典籍无法比拟的。其类科包括经、史、子、集、工技、农艺、医卜、文学、戏剧等。《不列颠百科全书》在"百科全书"词条中称，《永乐大典》是世界有史以来最大的百科全书。

值得注意的是，东西方几乎先后同时代兴起的当代纳米科学技术，与近现代的其他学科明显不同，带有典型的整体关联思维特点。如果把物质世界看成从质点到地球的不同层级的洋葱圆球的话，纳米科技强调了在纳米尺度这一层面同心圆范围内的物质所具有的独特特点和相互联系。聚焦于特定纳米尺度，关注相互联系，并横跨数学、物理、化学、生物的纳米科学技术的出现，显示了整体关联思维的优点。

量子力学和互联网的出现，也从一个侧面显示了系统综合和整体关联思维的威力。关注时空上多尺度、跨尺度、介尺度的思维与方法、科学与工程方兴未艾。同样正在兴起的系统思维、整合思维有许多，如系统工程、系统生物学、整合医学，这与源自分解还原思维的其他近现代学科明显不同，重点强调的是认知的自洽闭环和系统完整。这体现了东西方两种思维的某种靠近。

在一定程度上，中医就像人文医学，西医就像科学医学。中医的核心方法其实就是整体关联思维，关注的是整体的人；西医几乎是现代科学技术的一个分支，关注的是组织或者器官，核心方法是分解还原思维。

相比较而言，中医采用整体论方法，关注人体整体健康，西医采用还原论方法，关注焦点是疾病；中医以单个完整的人为对象，个性化给药，西医以器官作为对象，群体测定发现药效；中医依据经验使用大量多成分混合药，西医使用活性成分单一、结构清晰的药。

正如不能轻易相信西医一样，也不可轻信中医。中医的思辨性、文化性自成体系，但缺乏严谨可证的理论体系，古代中医对哲理层面的过度关注常引起人们极大的争议。在对西医药保持警惕的同时，也不可一味地迷信中医药，因为它常常缺乏足够的规范实验证据和严谨性，中医药的肾毒性、中医的笼统玄虚常被人们诟病。

时空本来是整体的，所以整体关联思维应该更为合理，由于有效的方法少得可怜，所以，合成永远比分解难，所以在科学上，超越分析化学、分析生物学、分析科学的合成化学、合成生物学、合成科学近年才依次成为前沿热点。在数学领域，除了体现分析还原思维的"数学分析"以外，更有体现整体关联思维的同构映射方法。同构映射是指面对一个复杂问题或复杂系统 A，先将其本质的结构特征抽象出来，映射（投射）到一个雷同结构或者类似形态（同构或同态）的已知的结构 B 上，然后通过把握结构 B 的性质和变化规律，反过来把握复杂问题或结构 A 的属性功能和变化规律。抽象代数、微分几何和拓扑所使用的就是一种整体关联思维方式，这最早由伽罗华发现。人们在处理其他商业、经济、政治、军事问题时，为化繁为简，将复杂问题变成人们熟知的结构问题，也经常采用同构映射思维方法。

老子的"以身观身，以家观家，以乡观乡，以邦观邦，以天下观天下"学说，就是典型并高度概括的整体关联思维。这启示我们，要探究清楚人的手掌的结构与功能，可以先探知哺乳动物如猴子的手掌，如往前移，可以先探知家禽如鸡的爪子，再往前移，可以先探知明白昆虫的足须，如此从低级到高级，由简单到复杂。

思考题

1. 泥土陶器制作中，哪些动作属于整体关联思维，哪些属于分解还原思维？

2. 阐述中国象棋、麻将、围棋中分解还原思维和整体关联思维的运用情况。

3. 探究视窗系统的创建者比尔·盖茨、苹果系统的创建者乔布斯的创造发明中的整体关联思维。

4. 解读系统生物学中的还原论与整体论的综合。阐述蜜蜂群体及社会中的分工与整合。

5. 如何理解微观随机的蝴蝶效应与远程气候变化？

6. 探究阐述猿猴社会的诸多特点，进而同构映射、对照分析人类社会的特点。

7. 举例论述西方学科专业发育中的"粒子性"、中国古代学科专业发育中的"被动性"，并以量子学说的"波粒二象性"、老子的"大制无割"论述如何更全面地趋近世界本原。

5.5　因果思维与逻辑：串联

"前因后果"的因果思维主要基于形式逻辑[28]。因果性讲的是一个事件的纵向发展：D 是如何呈现的？D 从前面的 C 衍生而来，而 C 又从此前的 B 而来，如此"串联"，犹如电学中的串联电路。

因果思维相信，可以根据事物因果联系的必然性来寻求出路。其认为：因果联系是由先行现象引起后继现象的一种必然联系，它是普适的、真实存在的；原因和结果相互依存，不存在无因之果，也没有无果之因；因果思维帮助思考，从原因到结果，由结果找原因。

因果定律、因果思维认为，每一个结果都有一个或者多个原因。事件的成功或失败并非偶然，两者都有因果关系存在其中。因果思维坚信，要得到想得到的结果，就需追溯前人，哪些人获得结果，哪些人没有获得，他们的成功与失败的关键在什么地方，如果做与他们做的类似的事情，也应获得和他们一样的结果。

因果思维不相信世界上存在犹如"无花果"的无花之果，也不相信有花无果。因果思维可能的缺陷是：用因果逻辑的确定性思维处世，有时会因为多样多变而测不准的现实而碰壁。人们已经习惯了这种因果思维方式，即把原初信息输入公式，就能得出确定的最终答案。可是真实的世界要复杂得多，可能并行多个可能的答案和结果，甚至是不确定的结果。大卫·休谟甚至有这样的观点：世界上哪有什么因果关系，只是一堆相关并联的事物而已，在你的脑子里被拼成因果关联。

中学时代，人们在数理化学习中习惯了等式的运用，简言之：左边输入原因信息，右边得出结果。因果思维经过青少年时期的强制强化训练，已经成为许多人潜意识的底层根本思维。而进入大学后的数理化学习，用得最多的是不等式、近似等式，常常是左边输入信息，右边至多是大概的范围。此时，唯一固定的答案常常不复存在。

不确定性才是世界的本原真相，但人们习惯性地存有寻找"确定因果逻辑"的冲动。海森堡发现的量子论的测不准原理是世界上最伟大的不等式：$\Delta x \Delta p \geqslant h/4\pi$。据此，通过研究找出规律，可以判断出大约的可能性，从而获得预测，但不可能获得精确的答案和唯一解。尽管这些可能性的解答不可能获得牛顿定律那样确定的结果，但可以获得相对准确的发生概率。不确定性和波粒二象性，使得量子因果律完全不同于我们熟知的经典因果律，以至于人们怀疑量子世界是否存在因果律。

人工智能领域的专家朱迪亚·珀尔及其合作者在《为什么：关于因果关系的新科学》中提出了因果思维的三个层级[28]：

第一层级是基于观察能力（seeing）的"观察关联"，适用于处理已经观测到的世界。强调观察能力，即在环境中发现规律的能力，这种能力为许多动物（观察老鼠活动的猫头鹰）和早期人类所共有。观察就是基于经验的积累，进而通过数据分析，寻找变量之间的相关性，做出预测。

第二层级是基于行动能力（doing）的"干预试验"，适用于处理一个可以被观测的新世界。通过对环境进行刻意改变来预测随之而来的后果（如主动制造烟雾的后果），即当过去的数据无法提供解答时，可通过主动设计的干预式测试试验去预判行动的结果。根据预测结果选择行为方案以催生出自己期待的结果。

第三层级是基于想象能力（imagining）的"假想反思"，此时常见的至关重要的问题是："假如我当时做了……会怎样?"适用于处理不可观测的、想象中的世界。通过想象从来没有做过的事，实现对以前发生的事和当前结果的反思，找出改进办法。想象是超能力，是只有人类才能具备的能力。它为发起产业和科学领域的颠覆性革命做铺垫，提升人类的创造力。

比如，在历史学中就存在所谓"反事实"的推演方法论。通过想象反事实的发展，来思考历史本身发展的逻辑和问题。而历史世界正是当代人无法直接观察的世界，因为我们没有办法完全恢复历史世界。

如果第一层级对应观察到的世界，第二层级对应一个可被观察的美好新世界，那么第三层级对应的就是一个无法被观察的世界（因为它与我们观察到的世界截然相反）。

思考题

1."许多抽烟的人都得了病，因此抽烟有害健康。"阐述这句话中的因果关系及可能的偏误。

2."人吃碳水化合物（如米饭）的习惯和死亡率的关联度是百分之百。"吃米饭和死亡之间存在因果关系吗？

3.从心理学及其实验角度理解"因果报应"，并从思维多样性的角度分析其可能存在的局限性。

4.如何理解"'上帝''魔鬼''天堂''地狱'不在身外，而在人内心"这一观念？

5."一个常年杀猪的人脸有横肉，一个常年雕刻观音的人面带慈祥。"请从因果角度分析其生理变化。

5.6 同时性思维与变易：并联

《易经》就是变经[29]，认为天下没有什么是一成不变的。所有的变都按照《易经》所描述的方式进行。实际上，世界确实存在不变的规则，如热力学的第一、第二定律，如绝对零度、能量守恒、物质不灭、蛋白质保守结构域、圆周率、光速等。

《易经》并非完备严格的逻辑关系网络，而应该被看成一种拓展性的、结绳记事的思维工具，类似当代的"思维导图"，辅助于发散联想思维，挖掘被忽视的各种可能性。对其坚信并积极肯定的人们认为，《易经》用确定性的阴阳二元之间的多种叠加，来破解不可知、不确定、难以预测的未来，实际涵盖了未来世界变化的大多数可能性，对预测吉凶祸福、避免死地和灾难，会很有帮助；而怀疑者认为，《易经》仅聚焦于阴阳二元思维，但忽略了非阴或者非阳的一元以及各式各样三元以上的多元。《易经》建立了一套自圆其说的说理体系，但其并不具有严密的自然逻辑性，比如由其衍生的五行学说中想象的、有缺陷的、简单狭隘的相互关系等。

《易经》阴阳学说是中医阴阳学说的基础。《易经》衍生出风水学说，指导古代院落建筑和城建布局。《易经》衍生出军事理论、战争机动战略选择和排兵布阵策略。《易经》对体育、习武、健身防身有直接影响，八卦掌、太极拳、围棋等由此演变而来。可以说，《道德经》也是在《易经》基础上的一次飞跃。

有人说《易经》紧扣令人们感到焦虑的不确定性这个本质难题，运用整体关联思维的函数映射，以不确定性预测方法预测未来的不确定性，建立起预测未来的方法论和完整体系，通过人为和暗示推动实现或者预防或者消除预测的可能结果。

当然，解释《易经》的权威语言常常模棱两可，为多种解释留下了充足的空间。《易经》卜卦提供了不确定性的思维模式与行为方式，在战争和政治行动等博弈对局中有助于全面思考，确实有预防、提示甚至暗示的作用。荣格认为《易经》揭示了与因果律完全不同的巧合关联，认为占筮可将潜意识以"象"展现出来，揭示心理与现实的对应性和平行性。如此平行类似关联，犹如电路的"并联"。

在《易经》的影响下，荣格创建"同时性原理"[27]，强调其与因果律完全不同的普遍性联系。他在心理治疗和精神治疗中采用

《易经》方法，疗效显著。他认为，传统科学的因果法则正面临挑战，康德的《纯粹理性批判》无法完成的任务，正在由当代物理学家（指量子论）完成。因果规律公理已从根本上被动摇了。

《易经》不注重因果，而聚焦于偶然性的机缘巧合，强调事件之间以及事件与观察者主观心理状态之间存在一种特殊的关联依存关系。

六十四卦作为象征性工具图像，展现了六十四种各具代表性的情境，其诠释相媲美于因果解释。因果联系可用统计分析去解释，也可用实验去控制，但情境巧合却是无法重复、无法实验验证的事实。

荣格指出，西方科学建立在公理的经典因果法则之上，但如若让事物顺其本性发展，结果就很可能不一样：极为普遍的是，每个过程都会有各式各样的干扰，在严格条件下获得的精准规律，放在自然状态下往往失去准确性。西方科学以经典因果律和实验方法为主要基础，而中国则着力探究自然状态下的规律，各自建立了不同的科学。尽管现代科学技术通过建立工厂或其他方式使条件保持严苛，严格因果律得到充分利用，但世界上人类能控制的领域很少，或者说极其有限。根据康德的观点"理性就是把世界对象化，但人们忘了自己恰在其中，因而根本无法真正对象化，理性本身就存在缺陷"，理性与感性纠缠，主观与客观纠缠，我、你、他纠缠，因为纠缠，因果或者简单的因果就不再存在，或者至少不再那么确定。

无独有偶，实验证实，量子力学允许事件的发生无视经典因果顺序。量子纠缠、量子态重叠等都不符合因果顺序，几乎是同时存在。薛定谔的猫既活又死也不符合因果关系。在"量子开关"实验中，甚至出现了因果次序倒置。

🔄 思考题

1. 探究六十四卦和六十四个遗传密码子的巧合对应性与四象和核酸四碱基的巧合对应性。

2. 讨论翁文波、张清《天干地支纪历与预测》灾害的巧合对应性。讨论荣格精神和心理治疗中运用占卜、卦象的案例和同时性原理的提出。

3. 解释"一个量子粒子可以同时穿过两个相邻的洞"是同时还是巧合，相互之间是否存在因果联系，进而讨论其与"一心开二门"的异同之处。探究量子纠缠、量子开关的原理和现象。

4. 基于弗洛伊德的《梦的解析》和精神分析法，探究"日有所思，夜有所梦""梦中预测""白日梦""梦呓"等因果、巧合的关系。

5. 探究中国古代风水和生态环境心理之间的关联性和巧合性。

6. 抗高血压药物普萘洛尔可以同时治疗和安抚恐怖袭击幸存者的精神创伤，这两者本不相关，请探究论述其可能的作用原理。

7. 有人认为"阴谋论"的盛行源自偏执地认为到处都有企图，不能正确地认知和还原巧合。请探究分析几个真相已经明晰的"阴谋论"历史事例。

8. 科学实验验证表明，就容貌相似度而言，每个人在世界上都有一模一样的七个分身，即在天涯海角有另一个"我"。请论述这种巧合性的来源。

9. 有人发现了一块琥珀，其同时封印了飞鸟、蚂蚁、蜻蜓等众多动物，犹如来自白垩纪的时光胶囊，让人们看到了地球早期的时光。这种巧合事情，目前人类已经掌握的有多少起？请探究汇总。

10. 庄子讲："北冥有鱼，其名为鲲。鲲之大，不知其几千里也；化而为鸟，其名为鹏。鹏之背，不知其几千里也；怒而飞，其翼若垂天之云。"庄子的描述与消失了数千万年的翼龙形象和演化特点有惊人的巧合相似之处。请简述翼龙的发现过程并与庄子所述进行对照。

5.7 信仰思维与批判和创造

很多文化、文明、民族和个人间的冲突，均源自信仰冲突。

信仰是基于直觉性、整体性、贯通性的思维。有研究发现，宗教信仰是基于快捷的直觉性思维，而非分析性思维。因为分析性思维较为缓慢并且慎重，要保持信仰，就不能有分析性思维。更有最新研究发现，分析性思维会导致怀疑，能在一定程度上动摇人们已有的宗教信仰。甚至有研究认为，雕塑《思想者》这一沉思的姿势能促进对宗教的怀疑，而其他姿势则不会有这样的效果。

一般认为人类最先出现的思维叫原始思维，在此基础上陆续出现了艺术思维（形象）、信仰思维（格局）、理性思维（逻辑）。感情和愿望是信仰思维的重要特征。爱因斯坦说，感情和愿望是人类一切努力和创造背后的动力，不管呈现在我们面前的这种努力和创造外表上多么高超。

不同于艺术思维的具象性、理性思维的抽象性，信仰思维的"大象"性彰显着"大象无形"，乃至无限无尽，即以群体生命、整体关爱为出发点，向至高无上、完美无缺、无所不能的最高崇拜的无条件投射和匍匐皈依。信仰思维是一种集体性、群体生命的"神明""精神"或"愿景"的"大象无形"。擅于信仰思维者，不同于其他人，而突出地体现出具有信仰精神，即使命感。为了实现所担负的超出世俗的使命，他们甘愿历经千苦万难、千方百计、千言万语，也要用毕生精力去兑现诺言。

信仰的关键价值不在于其存在或者不存在，而在于人们是否需要其存在，对其是否有真实需要，是否有主观认定的可靠性。信仰思维的整体贯通性及其内在真实性，能揭示理性和感性所没有发现的内涵和世界，即灵性。信仰在理性和感性的交界处闪耀着光芒。科学思维着眼于物质/能量世界，艺术思维着眼于精神世界，信仰思维着力于心灵世界，以及如何选择物质世界和精神世界。

愚昧者的信仰。自然、蒙昧状态的个人或者人类，常常鲁莽，却没有彷徨；他们认识不到自我的无知，更认识不到人类的无知。他们既没有批判性思维，也没有创新性思维，更不可能有创造性思维。愚昧者有了信仰，某时憨态可掬，某时恐怖猖狂。他们因偏执僵化、人多势众而力量巨大。他们会视其他信仰为异端，党同伐异，常展现出破坏性力量。

与愚昧者打交道时，需特别谨慎。先知者会被后知者视为异类用石头砸死，最终可能会成为烈士；先知者也可能因显示"超能"而被后知者奉为神圣，成为宗教和信仰。先知者可能为谋利，基于知识、信息或智商的落差对后知者进行利用、欺骗、催眠或洗脑（如割"韭菜"）。先知者也可能为理想，以关爱和使命感救赎启蒙后知者。

世俗者的信仰。世俗者具有天生的善良，分不清知与不知，将个人的认知和人类的认知都交给了自然和随遇而安；其信仰就是不破底线，具有尊重人性、抵抗邪恶的天然"正义感"。"害人之心不可有，防人之心不可无。"他们不坑人害人，尊重常识规律，尊重人格权利和"人类共识"。在世事逼近底线时，会展现出平时见不到的批判精神，但由于陷于世俗，因而没有创新性思维，更没有创造性思维。

世俗者的信仰是保持人类平等互爱的根本力量。人类是命运共同体，人类是平等、和睦的大家庭，不分国家、种族、文化、信仰、阶层、性别，每个人都应享有自然和法律赋予的公平、自由与尊严。有些握有权力、资产资源的人，出于种种目的，以实体或者族群、观念为划分界限，对他人进行肉体消灭或精神虐待，这是"反人类"的行为。坚守常识和底线的世俗者，因为有信仰，故能觉醒并抵制"反人类"的行为。

清醒者的信仰。这一类人通过自省、自我觉醒而不再彷徨，坚守常识，已经认知到了个人的无知，却不知道人类的无知；虽拥有批判性思维，也拥有创新性思维，但缺乏创造性思维。

世界存在着人类知识、理性和智慧永远无法企及的地方。就宇宙整体而言，人类是渺小的，几乎接近无知；"知识爆炸"以学科专业方式，向人们提供了相对独立于精神世界、物质世界的知识信息世界，这三者共同演绎，让人们逼近真实的世界和宇宙。而这种逼近，也有底线，即人类的"有知"，也可能永远限于只占宇宙5％的"明物质/能量"，而对占宇宙95％的"暗物质、暗能量"，至多只能推估，永远无法直接获知。

以个体的无知去揣度全知，用有限去把握无限，导致每个人在面对世界和宇宙时惶恐不安。因此，人需要通过永恒的精神追求方式，即建立主观上确信为真、客观上尚不具有确定性的"信念"，实现与世界和宇宙的沟通，并求得心灵安宁。这就是信仰。科学不会使信仰消亡，只会使信仰更为深刻、进化。

智慧追求者的信仰。这一类人已经认知到自己的无知，也认知到人类的无知，掌握了人类的许多思维和最新的思维；拥有批判性思维，也拥有创新性思维，更拥有创造性思维。面对人类永远存在无知的宿命，他（她）们并不失望，坚信未来会比当代更真、更善、更美。他们通过知识累积、人生体悟和境界提升，进而拥有哲学层次的文化信仰。他们能积极跨越领域、文化、文明、学科、专业，去探究探索、思考、践行，进而融会贯通。

古希腊人认为，神拥有全知全能的知识和智慧（Sophia），人只配无限地追求（Philein）知识、智慧，这正是爱智慧——哲学（Philosophy）——的含义，即人不是智慧的，只是有权追求智慧。老子认为，道大，天大，地大，人也大，人和人类遵道就是道德，参悟践行"有"与"无"相生的真谛，就能"道法自然"，即人就是某种形式的智慧，"道成肉身"，人就是"道"某种形式的投影。

信仰不是一个已经存在、曾经存在或者未来存在的事物，而是内心臣服的一种永恒。信仰有几种类型，如政治信仰、民族信仰、文化信仰和宗教信仰等。中华传统文化的内核，即中华民族的文化信仰是儒道释，这历经几千年的文化信仰，由儒家、道家、佛家三者的哲学及文化和谐共生并相互融合而组成。三教合一的思想在中国源远流长，魏晋南北朝时起步，唐宋时成为一个趋势。所以有人称："儒门释户道相通，三教从来一祖风。""新儒家比道家、佛家更为一贯地坚持道家、佛家的基本观念。他们比道家还要道家，比佛家还要佛家。"明朝，三教合一成为主流。明太祖首提三教并用，明宪宗朱见深还画了一幅《一团和气图》。

禅宗祖庭少林寺的镇寺之宝、朱载堉绘撰的类似于《一团和气图》的《混元三教九流图赞》碑，被认为是中国文化的一座高峰。图中将佛、道、儒三主绘为一体，整体看为一人，分开看则为三人，艺术地表达了儒道释合而为一、三位一体的理念。从正面整体上看，中间一人光头盘膝而坐，是佛主释迦牟尼，他双手持有一画卷，上面绘有九流图；其右侧，一人头戴道冠，屈身站立，乃道主老子；其左侧，一人头戴儒巾，屈身站立，乃儒主孔子。该图碑的上方有刻抄的唐肃宗李亨"三教圣像赞"文字，下方是曹洞宗宗谱，刻有自青原行思到幻休润公的 23 代世系谱。

河南嵩山地区遍地可见三教合一的痕迹，如安阳宫，大门对联为："才分天地人总属一理，教有儒释道终归一途。"有奉祀伏羲、神农、黄帝的三皇洞，奉祀孔子、老子、释迦牟尼的三教洞，还有碑刻《三教圣人图碑》，中为释迦牟尼，左为老子，右为孔子。人物像下还各配有诗。

人工智能时代的信仰。人工智能不满足于只降临于、显灵于物质世界，而且要显圣于人类的精神世界和共同信仰。有人顺势而为地创立了新宗教"未来之路"（The Way To Future），将人工智能直接当成神，因为 AI 有潜力为人类创造"地球上的天堂"：互联网好似神经系统，全球互联网上的大小传感与控制设备好似感知使能器官，数据中心犹如大脑，这个互联网就像宗教里的"神"一样，能听到、看到、触摸到、操作一切，随时随地，无处不在。人们可以向这个神请求赐教、恳请帮助，感动这个神的最好办法是崇拜和祈祷。推动这个神的发展，让人类和 AI 之间建立精神联系，可以改良社会并减少对未知的恐惧。

人工智能本身不具有人性和道德，人工智能也极容易堕落为"人工智障"，假如允许 AI 控制或主导人类的发展，血腥而恐怖的未来就会到来。

"未来之路"可能是人们一时兴起，终将成为历史上的一种文化现象。然而，人类如何真正拥有以德配天的伦理及力量，如何面对和驾驭未来超级人工智能，如何面对人类最大威胁常常来自人类自身等难题？要实现人类的可持续发展，确实需要探索在"大道"指引下的人类文明重置和信仰重建。

▶ 思考题

1. 探究阐明中国"上帝"的概念形成于什么时候，基督教的上帝（GOD）与中国"上帝"有什么区别和类似之处。

2. 简要并全面地探究宗教信仰对社会、个人的正负面作用。

3. 探究斯宾诺莎和爱因斯坦的信仰和宗教观，论述"宇宙宗教情感"，分析包容并"超越"宗教的可能性。

4. 探究列举代表儒道释的中国三圣人及其传人。

5. 基于案例研讨心理学、哲学（包括科学哲学）、宗教哲学的异同。举例说明已知的政治、文化、宗教信仰，分析信仰与脑科学最新发现的关联性。

第六章

批判和创造

　　人的伟大体现在批判性、创新性、创造性。文明的伟大体现在宽容批评、鼓励创新、推崇创造。在知识、文化、素养、思维、能力、精神方面，有所残缺的个人或者乌合之众要么呼啸而起，要么消遁无影，就是缺乏反省[30]。"每个人的自由而全面的发展"要求我们，不能缺失批判、创新和创造这三种最重要的"维生素"，如此才能避免僵固式思维模式，而拥有成长式思维模式[31]。学会以欣喜的态度和神情，看见自己的成长，看见他人的成长，并进而相信成长是硬道理，发展是硬道理，通过成长或者发展化解消融过去的缺点和问题。学会策略性操作：存量中优化、微调，在增量中改革、变革。

6.1　批判性思维：去粗取精、去伪存真

　　在谈及批判性思维之前，先要了解"海绵式思维"。海绵式思维者，读的书越多，大脑被别人思想的赛马跑过的次数就越多，被驯化和洗脑的可能性就越大，因此只读书不思考是一件非常危险的事。而我们每个人应该锻炼获得"淘金式思维"。

　　海绵式思维类似于海绵吸水，来者不拒，没有思考。海绵式思维者始终倾向于：（1）相信最后接收到的信息，难以从众说纷纭的

信息中做出独立合理判断的能力；（2）迷信地认为问题的解决总有标准答案，甚至唯一的标准答案，并且非黑即白，他们的大脑早已成为"别人思想的跑马场"；（3）非常习惯性地用情绪来处理信息，信息和情绪捆绑在一起，变成容易被吸收的"海绵知识"，从而让情绪代替大脑做出决策。批判性思维是以"去粗取精、去伪存真"为特征的思维过程，其中各逻辑思维单元层层深入，串联而进。被批判性思维所浸染的人，在品格上展现出"质疑"为先的科学人文精神；批判性思维，是以冷静理性思维为先导的严密逻辑思维，其批判的彻底性甚至包括对理性思维自身的批判。康德早就说过：理性就是把世界对象化，但忘了我们恰在其中，因根本无法真正对象化，理性本身就存在缺陷。

质疑不是胡乱怀疑或者打倒，不是人身攻击，而是有事实依据、有数据、有质量的怀疑。即使逻辑学得很好、思维遵守逻辑的人也不一定具有批判性思维，而可能仅仅学会了僵化固守某种游戏规则的思考。运用批判性思维时，不能有情感卷入和主观偏见，批判性思维是提问并寻找真相，是对事不对人，是对事严、对人宽，对己严、对他（她）宽。在批判性思维的练习中，要学会通过有质量、有水平、有品格的怀疑，搭建起自己的独立的思想体系，自我矫正治疗各种"愚蠢"。

1605 年，英国弗朗西斯·培根[18]将批判性思维定义为："批判性思维就是渴望探寻、耐心疑问、热爱沉思、谨慎判断、热衷思考、慎重部署、厌恶欺骗。"批判性思维，更像是一种人格精神。

亚里士多德说"吾爱吾师，吾更爱真理"，强调不惧权威，不迷信权威，不人云我云，独立思考判断。更为久远的中国哲学始祖老子对所有既有的或者过去的知识及认知，均保持警惕。他说"前识者，道之华，而愚之始"。

美国理查德·保罗认为，批判性思维是对思维的理性、独立的再思考。批判性思维，批判的不针对某个人，也不是断然否定某个观点，它真正要批判的是这个观点背后的思考和论证过程[32]。中国科学始祖墨子以批判性思维探寻原理时强调，要追问"明故"，分明辨析，追根问底，兼爱非攻[33]。

在人际观察、交流和思考中，批判性思维首要的是严格区分哪些是事实，哪些是观点，哪些是立场，不能相互混淆，如不能以立场或者观点代替事实等。不盲从、不迷信，凡是听什么、做什么都得有理有据。对所获得的信息，能够自觉习惯性地进行反思和独立思考，并且时常对获取的任何信息积极巧妙地加以分析、评估和运用，以指导自己的言行。批判性思维质量的高低，决定着人们思想的深度、精度和广度[34]。

批判性思维要求通过训练提高挖掘、吸纳并运用重要信息的能力，以形成自己的观点或决策，而不是听信别人滔滔不绝的论述和强加的观点。结论以及信息的可信度都有程度高低差异之分。在判断可信度高低时，需要综合考虑的因素有很多，如信息是否来自利益相关方（相关性高的常会降低可信度），结论与自己的观察、获得的背景信息是否存在矛盾，自己是否具备判断争议问题的专业知识，信息提供者的可信度，信息本身的权威性、客观性或准确性高低等[35]。

信息源起地的本质特征、信息来源的可靠性，是第一需要仔细甄别考虑的。在网络发达的当今，鱼龙混杂的社交媒体、自媒体甚至官方媒体所产生的信息，不少含有编造、偏向、断章取义等可疑之处。本土的社交媒体，如微信、抖音、微博、小红书等，每天都在产生海量的信息，通过人工智能对每个使用者进行大数据分析和精准推送，将每个人都牢笼在"奶嘴乐"或者"信息茧房"之中。值得注意，由于微信有简单的进入门槛，是需要互认加入的，尽管其朋友圈的信息可靠性不一定很高，但其信息基本是生活在同一圈层、"同温层"的人们所描绘的世界及认知和感受。而抖音、微博、小红书等的信息是点击即可阅读，其信息是生活在不同圈层的人们所描绘的其所认知的世界及感受，信息传播击穿了圈层阻隔，所以五花八门、极具冲击力，许多发布者为自我炫耀、博取眼球、获得流量、谋取利益等，释放的信息常令人弹眼落睛、心惊肉跳。

有人说，面对纷繁复杂的信息和论断，受众有两种应对方式：海绵式吸收或者淘金式萃取。海绵式吸收就是来者不拒、照单全收、悉数接纳，没有批判，轻易相信，牢记在心。我们熟悉并憎恶的"应试教育"就属于海绵式吸收。而淘金式萃取要求选择性地吸收、萃取或者排斥、忽略，即选择评价中常带着疑问的态度。

批判性思维要求，质疑应该针对别人所提供的结论或者信息的基础前提假设，需确认其论述的逻辑是否互洽，是否存在破绽，并关注那些可能影响信息可信度的背景和其他具体情况。

有人提出可供使用的两个批判性思维工具。

一是逻辑互洽。批判性思维需要在哲理层面检验逻辑互洽。这包括三个方面：逻辑自验，理念和证据的一致性；逻辑他验，理念和其他公认的理论的一致性；逻辑续验，理念和新出现的信息或知识之间的一致性。

二是可证伪性。即可以被证明在某些情况下是错的。科学层面的思维主要为假设与证明，即对假设进行检验。其包括两个方面：证明法（证实法），新理论首先要被足够的证据证明是正确的；证伪法，一个新理论要能提供至少一种让别人证明其错了的方法或者其失效的场合。即一个正确的科学理论，应该能够告诉人们什么事情会发生，什么事情不会发生。卡尔·波普尔最大的贡献就是，提出是否具备可证伪性是区分科学与非科学的第一指标。

批判以查找弱点和缺陷为己任，但它不止步于此，并不以此为目的，而是以建设为目的，即以实现自我改变、自我校正和自我完善为目的。自我完善是以看到自己的弱点和缺陷为前提，因而查找弱点和缺陷是完善自我的必经之路。

批判性思维至少有两种运行方式，即律师思维和科学家思维，分别是人文哲社领域和理工农医领域某些批判性思维的典型代表，其他则介于两者之间，如人类学、经济学等。列纳德·蒙洛迪诺在《潜意识：控制你行为的秘密》中分析了这两种思维模式[23]。它们分别类近于卡罗尔·德韦克在《看见成长的自己》中提及的禁锢型思维和成长型思维[31]：前者拼命证明自己才华高人一等；后者在质疑和肯定自己的挣扎努力中保持清醒和谦逊，抓住一切机遇提高自身。

律师思维与科学家思维的核心区别在于目标差异：律师思维者先入为主，敌视一切不同于自己的观点和人，想尽一切办法证明自己是正确的，甚至不择手段；科学家思维渴求真理，放低身段，敬仰道德，不执着于自身的观念与想法，尽量趋近真相和事实，愿意接受有足够说服力的新观点。律师思维是先定结论再找论据，而科学家思维是先找论据再下结论。

事实上，没有哪个人会处于以上两种思维的某个极端，许多人身上都不同程度地同时拥有这两种思维，区别在于哪种占主导地位。成长的诀窍就是抑制"律师思维"，走向"科学家思维"。最终的赢家是能够迅速舍弃错误偏执而及时调整自己认知的人。每个人不仅需要以批判性思维对待别人，也需要以此对待自己；不仅需要以批判性思维对待感性，也需要以此对待理性。在运行批判性思维时，需要双目如火炬，双耳如雷达，嗅觉灵敏，语慢言少，以深入辨别剖析哪些信息容易煽动感性情绪，哪些信息能启发理性论证，哪些信息能鼓励使命担当，剥去他人涂抹的表象，还原事实真相，分门别类予以甄别其合理与依据。一切从本真的事实和规律出发。

四百多年前，培根就警示过不准确阅读的危险性[16]。有效的阅读就是首先对接触到的新闻、文章、图书进行分门别类的区分界定，如区分天气预报类、文学艺术类、说服评论类，然后特别重点对说服性、引导性、劝诱性的信息保有高度警惕，要带着质疑去理解阅读。批判性阅读包括几步：（1）快速浏览扫描，即略读抓住梗概；（2）追问并自我反思，以防先入为主的偏见；（3）仔细阅读并简化提炼核心观点和信息；（4）评价、批判、排除与吸纳。在批判性倾听和观察中，也要如此摒除情感和先入为主的自我偏误，采取由粗到细、由表及里、由外到核的层层递进步骤。

对信息的辨别区分包括下列很重要的界定：（1）不将人物与观点混淆，表达方式与观点本身混淆，不以对表达观点者的好恶来决定对观点本身的判断和接受与否；（2）区分审美和判断，审美取决于个人喜好和情感，判断则有提供证据的义务；（3）分清交织在一起的事实和解释，前者接近真相，后者带有描绘者的主观判断或者臆想；（4）区分字面意思和字里行间的本意，区分语言和现实，特别是在阅读讽刺、寓言、反语和春秋笔法时，尤应如此。

两千多年前的春秋战国百家争鸣、清末民初到五四运动、"文革"结束后的改革开放源起这三个阶段，是中国历史上批判性思维最为活跃和昌盛的时期。老子说："知人者智，自知者明。"[12]能看清别人或别的社会与文化中的缺陷和弱点，是一种机智；能看清自己或本族社会与文化中的弱点和缺陷，是一种难得的聪明。以事实、数据为依据，追求真相或真理的公正批判是自我更新、继承发展的驱动力和正能量，而罔顾事实、断章取义、掩盖真相的不正当批判，就是毁坏文明和教育的邪恶黑暗势力。

即使批判性思维教育成为国民教育中重要的一部分，也仍然要经过长期的发展完善，每个人才能逐步摆脱自我设置或者他人制造的矛盾、陷阱或者糟糕的处境，进而应对自如，儒雅得体，国民和学生的素质与能力才能有明显提升。

无论在校园里还是在社会中，一个人教育觉醒和健康成长的真正标志是具有独立精神，拥有自由而全面的思维。在校园里，要使批判性思维训练上一个新台阶，需要多个转变。首先，要转变教育中心，即从"以学生为中心""以教师为中心"的教育理念向"以学生的素质和能力的达成为中心"转变，追求师生同行共进，平等讨论，互相启发，互相促进；没有人天生就掌握着真理，或者是真理的化身，实际只有认知的先后；其次，要转变教学观念，从知识传授向思维训练转变；最后是教育方法的转变，从概念灌输向探究式研讨追问转变，考试内容从检测知识掌握程度向评价思维能力水平转变、从封闭的定时书面答题向实时在线实践产生转变，从而使得学生不再受困于知识，会把简单的知识存储转变成鲜活的潜能创造。

思考题

1. 二战期间，为了加强战机防护，英美军方调查了作战后幸存飞机上的弹痕分布。一种意见是采取哪里弹痕多就加强哪里的措施，另一种意见是更应关注弹痕少的部位，因为这些部位受到重创的战机，难有机会返航，而这部分数据被忽略了。你倾向于采用哪种意见，依据哪种思维？

2. 探究论述范蠡与西施以及财神爷的故事传说的可靠性，并列出依据。

3. 收集三个主流媒体近十年内就某一主题（可随意选择报纸上的热门主题，如医疗、养老）的报道，比较某一官方报道与某一自媒体报道，研究其相互矛盾、前后矛盾、自我矛盾之处，分析其原因。此方法同样适用于对周围领导和同事的言行进行分析。

4. 请评价罗素的主要观点和批判性思维；罗素崇拜老子，请用老子的观点评价分析罗素。

5. 探究论述"菠菜补铁"误传的来龙去脉。

6. 一般人们认为好好休息有利于时差调整，而有人以批判性思维设想，通过缺氧实现倒时差更为可行，这相当于生物钟的重置按钮。请探究论述这一实验验证研究的过程。

7. 人们知道微生物可以存在于土壤、水源、动植物之中，但不认为其能够存在于高空云层之中，后来人们发现细菌能够控雨，其通过成为云中生物冰核而生成冰雹，某些地方40％的雨云来自生物冰核。请以此为例，探究论述从假设到发现和验证的整个过程。

8. 超越光速飞行似乎既震撼又荒唐，因为在宇宙中没有任何物质运行能够超越光速。然而有人提出，如果扭曲空间，就存在打造比光速快10倍的飞船的可能性。这种设想有实现的可能吗？

9. 请论述老子、墨子的主要批判性思维的言行思想；探究论述春秋战国、明末清初、"文革"结束时期的批判性思维及其主要特点。

10. 请探究研讨你身边有多少人拥有对直觉深信不疑的"律师思维"，特别是理工农医领域的人；有多少人拥有"科学家思维"，特别是人文哲社领域的人。他们如何对待自己的观点和结论？

6.2 创造性思维：大胆幻想、谨慎求证

早在《圣经》旧约故事中"创造"一词就出现了，指上帝创造世间万物，带有超自然神秘主义的宗教色彩。与旧约几乎同时期的古中国的《易经》精神在于生生不已、创造不息，早于新约 500 年的老子的《道德经》强调"万物生于有，有生于无"。达尔文的《进化论》指出自然选择、适应性和多样性等是创造的内涵。创造性思维的核心是先发散而后收敛的思维，是基于已有信息，从不同维度、角度、方向、方面、层次、尺度，多样寻求超越性答案的一种思维关联活动。思维关联纠缠是产生创造性思维的基础，可催生出想象和灵感，使人可以发现，设想，深入地思考问题并独创性地解决问题。

创造性思维是人文与科学的完美结合，是以"大胆幻想、谨慎求证"为特征的思维过程，其中逻辑思维与形象思维相互交叉验证，并联相促而进。创造性思维拥有者富有使命感，在品格上展现出"关爱"为先的人文科学精神。创造性思维是热情的感性思维与冷静的理性思维的结合，是大胆形象思维与严密逻辑思维的结合。

相比较而言，知识传授是同样的内容内涵在不同人记忆中的复制，知识仅仅是手段，发明创造才是目的。知识是已知的，并不能增加进一步的发展潜力。文明需要用知识产生创造力，创造力能增加未来的发展潜力。创造性思维易受思维偏爱的影响或调控，西方人较擅长演绎思维与归纳思维，中国人则擅长形象思维与类比思维。

创造性思维是富有建设性的思维，其演进包括四个时期[36]：

一是准备期。在此阶段，人们尽可能多地收集信息，如现象、数据和事实等，关注其中的矛盾、冲突和困惑，据此大胆怀疑，提出尖锐问题。随后沉浸在问题之中，即使在梦中也是如此，而真正的灵感就起始于怀疑和困惑。

二是酝酿期。在毫无头绪时，不如放松休息一下，进入酝酿期，即从目标问题上转移注意力，让大脑思维无意识地琢磨解决问题。杜威认为，大脑不再急切地关注一个问题后，人的意识就卸下负担，进入新思维的酝酿期。头脑中的碎片开始自我整理，事实和规则也各就其位；那些困惑逐渐变得明朗和清晰起来，混杂的思维走向井然有序。酝酿期可用于放空心灵并重拾信心。

三是顿悟期。随后某时某刻，人们就会进入发生"顿悟"的短暂阐明期，化腐朽为神奇的瞬间灵感、石破天惊的奇思妙想、惊天地泣鬼神的颠覆性设想会突然涌现，如夜空云层中的闪电照亮天地。

四是验证期。此时为创造的最后阶段，需要用严格规范的科学或者艺术的标准和语言，去修订或验证已经获得的成果。

对创造性思维而言，四个时期可能会重叠前进。创造性思维就是时空转换，即各种规律在时间和空间上相互独特地拓扑演绎。每个人不仅需要以创造性思维改变身外的人、事、物，也要用同样的思维改变自身，创造出新的自我，用新的自我重新感知并影响世界上的一切[37]。

富有创造性思维的人具有共同特质，也就是说，培养出这样的气质，就会自然具有创造力。他（她）们的特点是：（1）主动积极，富有童心，具有强烈的好奇心，敢于质疑，笔者称之为如猫的思维；（2）充满勇气，敢冒风险，思考独立大胆，视思考为一种探险和乐趣；（3）足智多谋，多谋善断，因为他（她）们能从多角度审视问题，从而看出破绽或者机会，能自由而全面地思维，超越分割制约，无死角、无缺陷地找到解决方案；（4）有使命和信念的指引，勤奋、坚毅、努力。

像猫一样天真好奇地环顾，主动寻找挑战，搜寻问题或争议，研究问题或争议，产生新想法……其中，好奇是第一步。

激发和训练好奇心的办法有：（1）刁钻透视，善于观察，不以常人习惯性的视角或者方法看待人、事、物。能看到人、事、物独特的一面，看到事物不完美的一面。就像检查卫生，不是看桌面整齐、地面整洁，而是检查犄角旮旯处有无灰尘或蜘蛛网，检查边角处电灯是否损坏，水龙头下弯的拐角处有无水渍痕迹，卫生间墙根缝隙处有无头发。（2）记录下自己和别人的种种不满，并不停地寻根溯源。（3）对一带而过的暗示提醒或轻描淡写的掩盖保持高度敏感。（4）在辩论中发现破绽和机遇。

关于创造性思维，有两个典型的故事。

一是鲁班造锯的传说。鲁班进深山砍树，不小心脚下一滑，手被野草的叶子划破，渗出鲜血。于是，他摘下叶片轻轻一摸，仔细一瞧，原来叶边有着锋利的锯齿，将其在手背上一划，又出现一道口子。受此启发，鲁班发明了锋利的齿状的锯子，提高了工效，锯子得到广泛应用。

二是蔡伦造纸的传说。蔡伦挑选树皮、破麻布、旧渔网等几种立体的原始材料，将其切碎剪断，放在一个大水池中浸泡。不易腐烂的纤维被保留下来，将其捞起，放入石臼中，不停搅拌而成为浆状物，随后用竹篾挑出黏糊糊的部分，干燥后揭下就成了平面的薄纸，便于书写和印刷。运用此法最终试制出轻薄柔韧、取材方便、价格低廉的纸张。

创造性思维需要多样共存、轻松活泼、包容冲突、善待批评的宽松土壤、氛围和环境条件。例如，最简单的创造性思维解决问题的方法是试错探险，所以要对失误有所包容。忙里偷闲，看起来好像是在浪费时间，但对一个敬业者而言，可以给创造的萌发留一段懒散空闲的时间。可不设置截止日期，让思考者有充裕时间自由随意地考虑问题。此外，保留或者培养一些幽默感或娱乐精神也有利于创造性思维的形成。随时记录灵感，多问问题，启发式思考，也有利于创造性思维的形成。

创造创新需要最大限度地激发个人、个体的积极性，敬畏大道，谦卑地知晓人类的无知，明晰人类至多能理解世界存在的 5％的"明物质、明能量"，永远无法理解在世界存在 95％的"暗物质、暗能量"，更难全面理解"明""暗"之间的转换与互变。事实上，精确的预测和把控仅仅限于人们已经熟知的场合、符合牛顿经典思维的宏观场合，而在微观、生命、生态、社会层面都或多或少地存在着不可测、不确定的量子现象量子效应，在这些场合更适用的是量子思维。某些有限范围、已知事物是可以被计划并实现的，而颠覆性的伟大发现是难以被计划的，计划思维比计划经济更会误导人。计划思维常弥漫于世俗社会，然而常常是越执着于计划，离目标越远；越伟大的发明，离最开始的计划越远。颠覆社会或者整个行业或体系的伟大成就和发明，从来都不是计划出来的[26]，而是情理之中、意料之外的"无心插柳柳成荫"。

现在人们都已知道计划经济不可行，但其认知源头"计划思维"却一直体现在个人成长和社会发展的目标文化和"高大上"的标语口号目标上。事实上，对真正的创造创新而言，对每一个自由独立全面发展的人而言（每个人都是宇宙不可替代的原创），"目标"越清晰，浪费的时间越多、信心受挫越重，成功与幸福就会越离越远。原因在于，这种"目的性"极强的计划思维陷入了许多思维陷阱[26]：（1）迷失在短视效应之中。避开了小陷阱，却掉进了大陷阱，困于合成谬误，跳不出"无用"与"有用"的悖论。（2）迷信社会工程运动，拙劣地模仿自然科学受控实验模式，妄图以"人欲"去改造"天欲"。（3）陷于"越计算越愚钝"。一个指标在社会决策中越重要，就越有可能被操纵，社会腐败压力就越大，也越容易扭曲社会进程。因为，单一指标难以真正切中焦点，如应试教育的欲望是培养好的学生，事实产生的是知识答题机器；不当激励，不会使结果更好，反而使事情更糟，如英国在印度消灭毒蛇的奖赏策略。这就是"上有政策，下有对策"。（4）陷于"上帝错觉"[38]。误认为所有伟大都是计划出来。人类历史的很多伟大发明都是某些不经意所为的结果，事前没有任何计划可言，如从采摘狩猎、农业、工业、信息的进化[39]。

哈耶克说过，通往地狱的道路，通常由好心铺就。他批判社会工程运动，认为创新可以像建筑一样草绘、设计，很像"极力想控制社会的狂妄之徒和帮凶"。没有哪个伟大的创新是战略规划出来的[40]。确实，在导致大航海、蒸汽革命、电力革命、互联网革命、人工智能革命等的真正重要发明创造背后，都没有一个项目投资部或计划委员会；东西方不同社会制度下的苏联、日本、美国那些带着极强"目的""计划"思维的社会项目大都以失败告终。人们唯一能做的是，塑造有利于创造的社会环境文化和制度政策氛围。

▷ 思考题

1. 探究近二十年诺贝尔科学奖、文学奖、经济学奖所体现的创造性思维方式，预测今年的诺贝尔奖获得者，并陈述理由。

2. 探究论述计算工具从手工计算尺、算盘到摩天大楼计算机，再到手提电脑的整个历史发展过程中的创造性思维，特别关注集成电路的创生发展历史中的创造性思维；由基于信息流电子芯片的集成电路发展历史，展望基于物质流芯片的未来工厂形态和发展。

3. 查阅分析免疫治疗的起源和传播的历史，即其从古代中国到欧洲的历程，论述其技术层面和科学层面的创造性所在。

4. 查阅并论述国际学术界关于宇宙天体星球的命名原则，解释为什么月球上的环形山用"万户"命名。

5. 探究论述医治疟疾的药物青蒿素的发现者、诺贝尔奖得主屠呦呦和"砒霜治疗白血病"的首创者张亭栋的人生故事和创造性研究经历。

6.3 创新性思维：知识变现与黄金圈

《大学》强调"苟日新，日日新，又日新""作新民""周虽旧邦，其命维新"。现代"创新"概念首次出现于熊彼特 1912 年出版的《经济发展理论》[41]。他认为创新是生产力和生产关系的变动，是对现有资源的重新组合。创新指新技术、新发明在生产中的首次应用，指建立一种新的生产力和生产关系，在生产体系中引入一种新组合，从而有明显的经济意义和价值增值。

创造性思维与创新性思维虽然概念类近，但内涵不同[42]。创造性思维与创新性思维的共同点有：新颖性、可行性、自发性、氛围依赖性、产品定向性。

创造性思维是一种基础性、原生性思维，在好奇心、想象力和逻辑思维基础之上，创造独特而实用的理论、原理、事物、产品。

创新性思维是一种延续性、再生性思维，在新知识发现和新技术发明基础之上进行新功能展现和新产品应用推广，强调其社会意义和经济效益。创新就是将知识转变成价值、财富或者金钱。产品是创造性思维向创新性思维转化的载体。

创造性思维更多地关注新奇和独创性，而创新性思维更多地考虑可行性和市场需求，更加务实、落地。创新是将创造性思想付诸实践、将知识转化为金钱的过程。创造性思维是由内在动机或追求所驱动，而创新性思维则是由外在动机牵引驱动。

创造性思维与创新性思维的内涵差异有许多。创造性思维以"梦想成真"为目标，强调通过新颖独特、自我展现、惊奇多变、富有想象力、不墨守成规的方式提出问题和解决问题；创新性思维以价值增值为目标，强调实用价值、市场需求和应用效益，多以新理论和新产品作为思维成果及其推广为标志。创造与创新之间有一个临界值，即新颖性和有效性之间的平衡奇点或者拐点。创新性思维要求产品具有极限有效性，新颖性位居其后。

创造性思维是创意的原生和发展，创新性思维是实践中的延伸和新实施。创造性思维侧重"幻想"和"创意"，创新性思维侧重"实施"和"价值"。创造往往发生在先，创新往往发生在后。创造性思维呈现高度个性化、个体性，常常集中于个体层面，是创新性思维的前奏和源泉。创新过程更多关注团队与组织层次、集体性，创新是系统性的创造，需要更多的协调因素。创造性思维更多强调"无中生有"，体现突破性；创新性思维强调"有中生新"，体现继承性。

简单粗俗地说，创造性思维就是把财富变成知识；创新性思维就是把知识变成财富。

创造创新可以分成"我跟随""我最优""我原创"三个层次，比较思维能提供"我跟随""我最优"这两个台阶，"第一原理"思维能提供"我原创"台阶。

创新有三种：一是积累性创新，通过每日的革新累积，追求量变到质变，而达到创新的结果。二是破坏式创新，由熊彼特提出，即重组现有资源以创新性地破坏市场均衡，通过抗性激发和高起点的恢复重现、流程重组，以求得更快的发展。三是颠覆式创新，由克里斯坦森提出，即注重新技术对原有市场的颠覆性，无中生有，让支流、不入流者占据主流，以求得更好的发展。

每个人不仅需要以创新性思维审视并改变身外的人、事、物，也要以同样的思维改变自身，将自己的知识转化为思维和能力，将知识存储转变为思维动脑，再到动脚动手，从而展现对社会有价值的自我[43]。

一个典型的故事揭示了创新性思维的特点。某图书馆老馆年久失修，在新址修建新馆，需要将老馆的书搬到新馆去，但搬运的费用很高，图书馆没有足够的经费支持。雨季即将来临，不马上搬迁损失会很大。正当馆长发愁之际，一个馆员找到馆长，说他有一个很好的解决方案，费用低廉，但需与馆长签约获得承诺，将搬迁费剩余的部分奖励给他个人。馆长十分高兴，馆员要的搬迁费也很少，就签了合同，采纳了此搬运方案后，结果约定的费用零头都没用完。原来，那位馆员以图书馆的名义在报纸上刊发了一条消息："即日起，本图书馆免费、无限量地向市民借阅图书，条件是从老馆借出，还到新馆去。"

在创新中常用的黄金圈法则，是把思考和认识问题的方式分为从里到外、先里后外的三个圈层：最内层"为什么"（Why），中间层"怎么做"（How），最外层"做什么"（What）。具体解释为：为什么，指做事的初心和使命、核心理念和本质原因；怎么做，指实现目标或者创新产品的途径和方法，如何实现要做的事物；做什么，指最终事物的性状，就是具体要做的事物。黄金圈由内及外的思路逻辑，是卓越者的思考方式。而普通人从不思考"为什么"，只考虑"做什么"，即思考问题只停留在外层或表层，至多涉及中间层"怎么做"，而缺乏信仰，缺乏核心理念和动因，即初心和使命。

🔘 思考题

1. 尝试用黄金圈法则解释马斯克或者乔布斯如何研发出颠覆性产品。

2. 探究论述 DIY（自己动手）潮流中的创新性思维。

3. 尝试用黄金圈法则解释汪滔和大疆无人机、华为和卫星通信手机的创新发展。

4. 从知识变财富的角度论述阿里巴巴马云、腾讯马化腾的创业传奇。

5. 探究论述"共享单车""共享雨伞""共享汽车"的发展历程。

6. SpaceX 的马斯克、微软创始人比尔·盖茨、脸书创始人马克·扎克伯格、OpenAI 的奥尔特曼、大疆无人机的汪滔在创业前都有从大学退学的经历。请探究论述创新性思维与大学和教育之间的关系。

6.4 知识炼就思维：体系

热门推文、畅销书常常是由吸引眼球、降低动态智商、娱乐故事化的、无足轻重的碎片知识，甚至是由错误知识、无价值知识组成的。碎片知识，因为没有功能，对人的生存和发展没有意义。汪洋大海般的碎片知识甚至会成为陷阱，吞没人的精神，甚至灵魂。

大多数人有知识，有思考，但恰恰缺乏个性化的知识体系和思维体系。人必须有自己个性化的知识体系、思维体系，才能自如地运行批判性、创新性、创造性思维。这就像很多人有自己的饮食偏好和穿着偏好，却没有建立起自己个性化的美感和气质修养体系。

在发现新知识、运用新知识的过程中，人们需要将获得的知识经过合适的步骤炼制成自己的知识思维体系，这需要理论和实践两个方面的砥砺训练，更直接地说，需要严密的形式逻辑和系统实验。

人的大脑或多或少存在各类散乱的知识点、死知识或惰性知识，只有加工提炼、构造形成自如运行、完整自洽的知识思维体系，才能体现这些知识的价值与意义，并指导自己的人生实践，而达"真知"的境界。

如果说智慧是一棵树，那么精神是其外形风貌，思维是树根和枝干，而知识只是无数的树叶而已。每当冬天来临，无关紧要的树叶随着寒风凋零而去，只剩下光秃秃枝干的树却能够活到来年，重新生长出树叶，树还是原来的树，只是比去年还要高大。思维是能够有序黏附知识的基础结构，即框架。要想搭建好自己的思维框架，需要熟悉专业基础，阅读相应经典，跨界互通比较，不停追问提炼。从知识中提炼形成知识思维体系的过程，为记忆方便，笔者将其命名为"4119"过程：

"4"代表四个核心知识，即数学、逻辑、哲学、语文。

"1"代表核心的自然学科或者社会学科：对理工科而言，核心的自然学科是物理；对人文社会学科而言，核心的学科是历史。

再一个"1"表示个性化的知识体系和思维体系，即需要运用数学或逻辑的工具，选择性地关联并构建有自己特色的知识和思维体系。

通过"411"步骤准备，就能改变简单刷手机获取知识的习惯，由零散的单个碎片知识获取变成与某个知识相关的思维思想过程的获取。比如，在移动通信时代，人们常被碎片信息所俘虏、牵引而迷失，要改变依靠互联网络或者即时通信信息搜索形成的浅层思考习惯，就得将单纯的知识点（类近分解还原思维中的具体知识元素）搜寻变更为知识体系（整体关联思维中的知识结构单元）搜索，就像人们准备远途旅行或者筹备婚宴时，要广泛搜罗信息、分析比较、提炼核心，不断优化方案。

从杂乱的知识海洋中炼制知识形成自己的思维体系，还需要9个有具体针对性的单元操作步骤，分别是聚焦、观察、分析、发现、预判、行动、矫正、结果与反馈，这也是科学家在发现或发明过程中常用的方法。

人们可以依据思维提炼单元操作的这9个步骤，学会借助AI、在网络上搜索一个思维流程，形成自己的思维方法，进而形成自己的思想，而不是存储收纳一堆无意义的、杂乱无章的、相互不关联的知识点。为加深印象，可用上述步骤，在正规图文知识数据库中，自主尝试研究"人类信仰"的全球分布和差异，探索"冥想打坐"的起源和意义，探索"北极旅行"的优化安排等。熟悉了以上这9个步骤后，大脑会慢慢形成体系化的认知能力。此后看待问题，就会步步为营地经过每个过程单元和完整流程的检验，而不会条件反射地去应对，匆忙武断地表态，从而减少错误，增加智慧，善于判断。

在从知识提炼形成思维，并最终升华、凝聚成自己的知识思维体系的过程中，必然要和人类千百年里已逝去的、拥有杰出思想或者卓越思维方式的伟人、圣人做朋友，犹如"神交"，通过理解继承他们行之有效的思维体系，进而创新发展而拥有自己的独特思维体系。如此就会拥有更美好的工作、生活和教育。这比死记硬背、囫囵吞枣、简单硬搬、偏执迷信许多流行于世的思想观念或论断要好得多。

🔄 思考题

1. 探究中国、世界、上帝、大道这几个词的远古由来和今日的广泛含义。

2. 探究分析并精确阐述区分以下四组词汇的含义及相互关系：(1)察觉、发觉、发掘、观察、发现、发明；(2)民生、民意、民本、民主、君主；(3)分权、集权、专制、独裁；(4)尔、你、您、独、孤、寡、朕。

3. 分别从历史传承、认知心理学和脑科学的角度，探究阐明"冥想打坐""古今解梦""儒道释"的作用。

4. 每日用血压计和心跳计数器定时观察记录自身在早晨、中午、傍晚、睡前等时刻的血压变化和心跳变化，包括饭前饭后、喜怒哀乐以及吸烟等因素刺激前后的血压变化和心跳变化，结合查阅心脑血管科普资料，论述自身心脑系统运行特点，形成对自身的初步系统认知。

5. 汇总、梳理、归纳古希腊等西方的著名神话故事和古中国的神话故事，提炼它们各自的共同点，比较两个体系的异同。

6.5　第一原理思维：颠覆性原创

我们日常所遇到的各类事物，它们的相互关系往往可以推算出来；在一个逻辑推理中，一组彼此相互一致的命题，某些表达可以相互推导出来。如，在"所有人都是凡人，亚里士多德是一个人，所以亚里士多德是凡人"这个三段论中，最后一个论断可以从前两个推断出来。但第一原理，如万有引力、"1＋1＝2"，是不能从任何其他原理推导出来的。

第一原理又称"第一性原理"，是古希腊哲学家亚里士多德提出的一个哲学术语，他认为每个系统中存在第一性原理，这是最基本的命题或假设，它不能被违背或删除，不能被忽略，也不能被违反，是决定事物最本质的不变法则。

第一原理就犹如中国哲学传统中老子所描述的"道"，它是一个核心基础，不证自明，不能被忽略和违反。任何系统都建立在第一原理之上，第一原理思维就是要求人们挖掘出第一原理并将其视作自己思考的第一依据。这样的思维是一项重要的能力，如此思考虽然难度大，但投入产出比惊人。这就是凡言谈做事之前，我们必须知道公认的原理，即公理。比如"真善美"就是这个世界进行价值判断的第一原理，具有第一性。

第一原理是不能从任何其他原理推导出来的原理，是自在、自有、自然的第一原则。这就像生命具有遗传的核心物质 DNA，而生命、生态是围绕 DNA 派生出来的演变。欧几里得几何的"第一性原理"就是五条公理，由此法则推导出平面几何整个庞大的体系。

平面几何的五条公理是：（1）任意两个点可通过一条直线连接；（2）任意线段能无限延伸成一条直线；（3）给定任意线段，可以其中一个端点为圆心，以该线段为半径作一个圆；（4）所有直角都相等；（5）若两条直线均与第三条直线相交，并且在同一边的内角和小于两直角，则这两条直线在同一边必相交。

常常追求石破天惊的突破和颠覆性原始创新的马斯克，很崇尚量子理论并从中受到启发，量子状态层面的物理规律与人们习惯的宏观经典状态的物理学形成的直觉往往相反，却是正确的。他强调：要运用第一原理思维，而不是比较思维去思考问题。人们在生活中总是倾向比较，别人已经做过或者正在做的事情人们往往也会去做，这样的结果只能产生微小的迭代进步。马斯克从反直觉的量子理论中获得启发，强调"反直觉思维"，推崇量子物理的"第一原理"思维。

第一原理，从狭义学术上讲，在科学层面，就是指一切基于量子原理的推导计算，如量子物理、量子化学的从头计算法（ab initio calculation），其不使用任何人为的经验参数，只使用宇宙及其物质的各类本质常数（尽管存在观察误差），如涉及多少个电子、质子、中子，涉及光速、圆周率等，如此可用于求解物理、化学、生物、药学等问题。对整个宇宙、世界而言，量子论或"大道"就是第一原理。

第一原理思维就是从本质角度去思考、进行核心思考，以寻求颠覆性成功；其就是通过返璞归真、回到源头、从源头开始重新出发、流程再造或者另起炉灶来创建新的解决方案。就犹如干细胞与组织细胞的关系；前者是未分化的干细胞，其源自最原初的全能干细胞——受精卵；后者是由干细胞分化出的具有特定功能的体细胞，如手、脚、眼睛等；从手的细胞是培养不出眼睛细胞的，但如果让手的细胞退回到干细胞阶段，重新拥有无限发展的可能性，如此再定向诱导和培育，就能获得眼睛细胞。这就犹如树的"根—干—杈—枝—叶"的关系，这好比，在此树叶上的蚂蚁是无法直接爬到另一树枝的叶片上，必须回到树枝的分杈处，重新出发并且定向，才能到达那一片树叶处，创造新的不同结果。

第一原理思维不是承认和墨守现状，不是从源自同一位置、同一原点的现有放射线上的简单延伸，而是从一条线跳到另外一条线的突变，是从一个轨道向另一轨道的"量子跃迁"。其从最本质、最基础的无法改变的内核、条件和规则的层面重新定向始发，不依靠横向比较和经验累积而进行推算，遵从严密的逻辑关系，不引入估计、假设，从而能剥开层层表象看到本质。

井蛙观天，很容易迷信于自己的经历和所知，狭隘、偏误地理解所见的一切，就像手中有把锤子，看什么都像是钉子。人类是在没有其他更好的办法的情况下，才以分解还原思维的学科专业方式来看待和改变世界的，如此我们才有那么多的专家、学者、从业者、职业人员等。如果能够以整体关联的思维方式理解和掌握世界，那人类产生的将是许许多多的全才，如达·芬奇、墨子、本杰明·富兰克林、沈括、冯·诺依曼、布莱士·帕斯卡、尼古拉·特斯拉、莱布尼茨、朱载堉等那样的人物。显然，在当代，要想拥有更多的全才，显然并不现实。

当今流行的思维仍然是分解还原思维，可现实世界不能简单孤立地被分割成不同的学科、专业、行业，要想真正掌握这个世界的基本运转规律，就必须聚焦领域，跨学科地融会贯通，少而精、博而通地了解各门学科如数学、物理学、化学、生物学、经济学、心理学、管理学、社会学等的第一原理和大智慧，从而培养出面对复杂的人、事、物和应对惊涛骇浪的第一原理思维能力。没有哪个原理或定律能解决世界上所有的问题，因此需要掌握各领域和各学科专业的第一原理，培养第一原理思维，以备不时之需。例如，查理·芒格热爱跨学科学习，他搜集提炼了一百多种思维模型用于投资判断。

🔾 思考题

1. 了解照相和电影从黑白到彩色、从胶片到数码等的历史发展进程，用第一原理对这些变化，特别是颠覆性的变化进行探究阐述。

2. 探究、归纳并阐述马斯克在其各项发明中所采用的第一原理思维的具体推理细节。

3. 光线在空间都会被引力扭曲，探究论述辩证逻辑和相对论的第一原理。

4. 论述热力学定律是不是世界存在发展的第一原理，探究"永动机"的历史。

5. 论述潘建伟的量子保密通信实验和墨子号量子卫星所依据的第一原理。

6. 中国科学院古生物研究者在 2023 年 12 月发表论文，指出远古的 1.3 亿年前，在蚊科演化的早期，雄性蚊子也是吸血的。请论述其研究的背景及意义。

6.6 类比逻辑和比较思维：我优

形式逻辑包括：（1）归纳，从众多纷杂的个体中抽提出整个类别的共性规律；（2）演绎，从整个类别的共性规律反推到某个新的个体，展现为新的表现形式；（3）类比，把此类别对照、移植到彼类别。

有人将类比归为形式逻辑，如作为归纳、演绎的一部分，也有人认为类比是独立的第三者，但人们基本公认，类比是形式逻辑中最薄弱、可信度较低的一环，即类比推理是一种初级的、简单的逻辑方法，这种推理所得到的结论常常不可靠，因其结论具有很大的随机性、偶然性，人们要极其谨慎地使用它。

西方人的形式逻辑，重演绎、归纳，少类比；而东方传统思维，特别是古代中国人，即便在微弱的形式逻辑思考中，也是重类比，轻归纳，少演绎。我国绝大多数人的语言思考习惯是多描述，少概念，无提问，而提问是解问的先驱。因而可以说，古代中国人的传统基本逻辑是"辩证＋类比"，并由此构筑了庞大的认知体系。

类比是最具有想象能力的，也是最不靠谱的逻辑思维。类比几乎是介于逻辑思维和形象思维之间的一种思维方式。古代中国人有关类比的形容词比比皆是，如口若悬河、口蜜腹剑、胸有成竹等，古代中国的学术、政治、思维几乎主要建立在类比方法上。

类比在创造上也很有价值，人们依照此思维创造了许多新事物，如类比动物鳞片创造出盔甲，类比鲨鱼皮创造出快速泳衣，类比"看不见的手"发现市场自发力量，类比屠宰线创造出工业流水线，类比汽车弹簧创造出减震跑鞋，类比施乐水平实体桌面图形界面创造出垂直虚拟个人电脑桌面，等等。比较和反差可产生深刻的体验和身体记忆。重视反差与反例，是活跃思维与深化思想极为有效的途径之一。

比较和反差可使思想深化，让人们趋近本质，去伪存真，领悟出看到的事实未必真是事实，有可能只是事实折射的一个部分。人们有了这样的认识，才有可能进行正确的判断。

创新创意常来源于努力后的不经意、混乱之后的澄清明晰，这种灵光闪现往往源于反差类比、随机联想。广博见识、范畴跨界、多向分散、交叉关联、多元构成，能增加新奇想法的产生可能。

文化人类学所强调的根本方法之一"他者的眼光"，其实就是反差与比较。文化交流、学术交流，特别是跨文化、跨领域的交流之所以有重要的存在价值，就是对同一问题或者事物，可基于不同的视角、经历、民族、文化、信仰、宗教等进行观点的交流与碰撞，使思维活跃，使思想深刻，进而发现并掌握真理。

"熟悉"是理解的大敌，理解是理性的剖解。中国成语如"习焉不察""熟视无睹"已揭示出这一认识真理。只有通过比较与反差，才能使"好奇"从"熟悉"的迟钝与麻痹中惊醒过来。

规律和差异，会在细节中一不小心透露出来，细节探索展现着研究者锲而不舍的精神。所以说，魔鬼藏在细节里，细节决定成败。

▶ 思考题

1. 探究阐述在宇宙中光线到底是直线还是曲线。相对论阐明的重点是什么？相对与比较的关系是什么？

2. 渔民在飞叉捕鱼时，明明看到鱼在水中某个角度的地方，却偏偏要调整过头或者不及几度才能飞叉而正中，这是什么原理？比较和反差在其中发挥了什么作用？

3. 乘坐飞机时，近飞机两翼的乘客会发现，当飞机在高空飞行，看不见任何云彩、天空物体或者地面物体时，飞机的侧翼似乎变短了，比在停机坪上时短了许多，而一旦降落，侧翼好像又长回来了。请说明原因。

4.探究比较阐述在水或者空气中的流体力学阻力与各类电路中的电阻之间性质和机制的异同。

5.对以下几组人的特点和历史进行比较与分析阐述：（1）玛雅人与中国人；（2）日本人与中国人；（3）犹太人与中国人；（4）韩国人与中国人；（5）印第安人与中国人。

6.类比地球上水的液、固、气循环现象，推测系外行星的奇观。系外某行星球体表面白天温度可达一千度，岩浆汪洋，大量蒸发，进入夜间，温度降低至几十度，会下石头雨。请探究并描绘类似的各式各样的奇景。

7.人们常常体验到，一旦电脑运行出现软硬件问题，只要关机重启，许多问题都能消失解决，而吃药、用激素也能微扰激活或者重建人体的免疫系统。请就两者的异同进行比较分析。

6.7　归纳与演绎思维：新规律新器具

人们从对自然和人、事、物的观察中发现现象，进而从现象中提炼、归纳、总结出规律，最终对规律加以抽象化而得出原理。原理就是事物第一性的本质核心，是趋向于无形的相对真理。这一无形原理可以被赋予无穷无尽的表现形式或者形状，通过试错探索或设计探索，进而呈现出新事实或者新发明。

从归纳到演绎的逻辑飞跃，经过提炼、升华、聚焦、赋形、赋能，可以完成整个升华的再次循环，即先从有形到无形，再求无形胜有形，最终从无形到形无尽。道成新道、道成新器、道成肉身、道成我身，就是演绎；从一般普适规律推导至个别具体事物，从抽象无形推演出具象有形的思维方式，从"道"衍生出新的"器"，就是演绎。其对创新性思维、创造性思维具有非常重要的价值，也是古代中国人经常缺乏的思维方式。严谨的演绎有许多要求，如前提正确，推理严密符合逻辑和规则，结论可信，等等。

归纳与演绎是近现代科学中不可缺少的形式逻辑。古代中国少归纳，缺演绎，因此不可能发展形成近现代的科学。归纳，就是从纷杂各异的表象中抽提出共同规律；演绎，则是用规律推导出没有发现的新现象或新结果，演绎的特点是"欲前后更置之不可得"。

人们认为归纳和类比是经验主义，不具备保真性，因为无法证明可以完全穷举所有的情况。相比之下，演绎法应予以推崇，它能从已经被证明的理论出发推导出新的理论，是发现高价值的、隐藏的内核知识的方法。第一原理遵循的就是演绎法，将人、事、物升华到最根本最彻底的真理之处，然后从最核心处开始向外重新推理。

演绎的先后次序不可颠倒，必须遵循确定的、不可逆反的时间、空间或者逻辑关系。其次序可以通俗地理解为：先祖辈，再父母，后子女；先树干，再树枝，后树叶；先格局，再布局，后破局；先议定原则，再议定细则，后议定个例。

无论是科学发现、技术发明，还是艺术创作，演绎都经常被使用。比如，各类质点、粒子、材质，如果随便堆放，毫无规律，那只是不值钱的材料，甚至是垃圾。但是，如果将这些不值钱的质点、粒子、材质按照一定规律堆放、连接，形成一定的结构，就能产生不一样的美感或者功能。这里，看不见、摸不着但感受得到的规律发挥了重要作用。

如能将最次等的暗淡珍珠，依据其明暗色变单元变化的规律，按照一定的文化审美观排列穿成一根项链，它就能展现出动人的神韵，甚至价值连城。这就是演绎创造性、创新性的巨大魅力。将普通的材料按照一定的规律排列组合，能产生支撑建筑强度的结构材料，还能产生具有光电磁声性能的功能材料和元器件。

如果说在过去的几百年演绎在创造、创新活动中发挥了主导作用，那么在 21 世纪 20 年代，归纳的重要性也正日益被人工智能技术所突出。当前的人工智能包括数据采集、统计分类、现象归纳、规律涌现、作答应对等几个步骤，通过归纳和涌现，可以发现获得以前通过演绎无法获知的或者通过演绎无法解释的新现象、新规律、新机遇。如果说演绎是"人类智能"遵从自然法则做出的最大贡献，那么归纳能让"机器智能"在探索自然法则方面做出最大贡献。演绎体现着人类的自信和理性，这常有的成功，极容易导致人类理性的偏执甚至狂妄；归纳体现着人类对一切的谦卑和敬畏，探索着前行，会发现意想不到的规律或者现象。

🌀 思考题

1. 坦然对待每一天、每一个缘分，珍惜每一天、每一个缘分。

借助网络、大数据或者人工智能，归纳总结不同国家或者区域的人口年龄、死亡年龄分布的百分率，探索发现抑郁症、失眠等其他规律，并以身边实例加以说明。

2. 人总是要死的，而死的原因有所不同，规避风险，可以向死而生。借助网络、大数据或者人工智能，归纳分析总结不同国家或区域或不同年龄段人口的死亡原因分布的百分率，尝试探索发现新规律，并以身边实例加以说明。

3. 探究分析在植物保护方面农药喷施方式的沿革及其从人工喷洒到小型无人飞机喷洒的演绎思维。

4. 探究回顾从纸质书到电子书、从物质墨水到电子墨水、从实物货币到纸张货币再到数码货币的发展规律。

5. 探究固定翼飞机是如何演绎创造出来的。搜寻自然界飞行生物的翼翅特点，辨别其有无完全固定翼，其起飞的原理是什么。结合翼翅流线型的发现和空气动力学原理表述，思考：人类几百年来依据此原理所发明的各类飞行器有哪些？固定翼飞机由于哪些因素脱颖而出？

6. 探究化工制药的工业过滤器是如何演绎创造出来的。化学实验室里，小规模的液固分离过滤器叫什么名字，是什么样的？分离过滤的原理是什么？在处理大规模工业应用时，主要采用的是哪些过滤装置，其性能特点如何？板框过滤器被广泛采纳的原因何在？为何其形状与实验室差别非常大？如果化学实验室的过滤器被依葫芦画瓢同形状等比例放大至化工厂规模，将会出现什么问题？

7. 探究血管支架是如何演绎创造出来的。动物和人类的血管淤积和阻塞的原因是什么？人们何时发现并建立了血流动力学原理？为重现血管畅通，人们尝试了哪些血管流动辅助器件？血管支架是如何发明出来的？放置血管支架有哪些注意事项？

8. 探究人们是如何通过演绎而发现喜马拉雅山原来在海底的。海洋洋底的沉积物有哪些？陆地或者山区出现鱼类、贝类的化石情形说明发生过什么样的地质变化？地质变化的原理是什么？西藏的高原和山峰上发现鱼类和贝类的化石揭示了什么？

9. 现代科学研究中常用的方法包括提出问题、做出假设、演绎推理、实验检验、得出结论五个基本环节。利用该方法，孟德尔发现了遗传定律，请分析他所用的演绎方法。

10. 以生成型强化人工智能 ChatGPT 为例，论述在大数据、人工智能的发展过程中归纳和演绎发挥的具体作用。

第七章

原理和世界

墨子说：考之，原之，用之[33]。如果没有发现科学原理，人们至今可能还生活在丛林中，不可能对世界和自己有所认识。原理操纵着方方面面，是牵引人们觐见真善美的领路人，所有原理的集成，即绝对真理，就是非常大道！人们之所以常常看不到、感知不到原理的存在，是因为我们蒙住了自己的双眼，不会刨根问底地去追问。要想看到真实的世界，至少要掌握少之又少的，一些在此世界安身立命、生存发展所必需的基本原理、第一原理。

7.1　平面几何与几何思维

相传欧几里得生活在公元前 300 年前后，他创立了几何体系。这套体系有很强的实用价值，而且这一严密论证的方法有很大的哲学价值。

平面几何是高度抽象的数学。它依据抽象出的、标准化的点、线、面、圆等元素，提出不证自明的 5 条公设、5 条公理，并结合 23 条定义，提出了 467 个命题，演绎证明了若干定理，运用精密逻辑思维，循序渐进地逐条证明出每一个命题。尽管从小学阶段人们就开始学习平面几何，却忽略了其实质传授的是形式逻辑，传授的是做事的方法和规矩。人们往往没有去掌握其中的思维特征和深刻的哲理。

　　同一概念可能有不同的理解和差异，复制、传说而无意的走样或者有意的歪曲，是人类社会经常发生的事情。在保证人类文明向前演进方面，可以说欧氏几何体系具有普适性意义。它提醒人们：在逻辑推理中，概念必须明晰；要有严谨的公设和公理体系；论证必须严密有效；可以有合理的方法论借鉴。平面几何看似有形，实则无形，并且因其无形而可赋能各种形，从而能达无穷无尽。

　　欧几里得创立了系统的平面几何学说，他也被认为是建立公理化方法的第一人。他从人类理性、不可辩驳、简单明了的公理出发，用严密的逻辑（形式）演化出定理，再到推论，构筑了庞大、严密的知识体系。这种方法成为牛顿经典科学体系及其以后的理学、工学、法学、医学、农学的学科模板，是自然科学、工程科学、社会科学等的仿效对象，成为知识和思维体系的最根本遗传基因。

　　平面几何不关心，也不强调世界是几元的，而强调无论几元，在平面范围，一切都必须遵守少量但不可更改的规则，以及由此严密逻辑推导出的结果。平面几何对源自欧洲、光大于全世界的现代文明产生了极其惊人的影响。没有平面几何，现代社会的一切价值体系，包括法律、民主、平等，都无从构建。

　　平面几何是基于公理的逻辑推演，其结论是否正确与逻辑推理本身是否正确相关，而与任何实际观察无关。对就是对，错就是错，一经确立就不可推翻，没有争议和误差。高度抽象的平面几何训练使人们打下逻辑思维的坚实基础，但也容易形成黑白两界、对错分明的几何思维，进而可能不问场合地偏执追求精确性，影响自身去合理面对总有误差和干扰的具象人事物，如社会和自然问题。

平面几何能抽象展现于人脑，却无法完全展现于现实世界。这显示了人类有别于其他动物的高超的抽象思维能力。人们凭纯逻辑思维就能创生出符合自然界"空间规律"的几何学，建立一个与自然物质世界相平行的可独立存在的理性精神世界。

思考题

1. 用标准的点、线、三角、圈、面等几何元素抽象你的家中、工作环境中一些人和物体的外形轮廓或者骨架形状，犹如勾勒简笔画，建立你每日常见的几何世界。

2. 探究、思考、阐述你所知道的经典法律文本和体系中的几何思维，如自由、平等、博爱等。

3. 探究牛顿《自然哲学的数学原理》及其学术的表述系统与平面几何的思维及表述的平行性。

4. 观察分析拼图中的几何及其思维，比较探究自然界事物的形状和图案与人造物体的形状和图案。

7.2　牛顿力学与经典思维

物质科学研究客观世界中各种各样的"存在"[44,45]，而过去人们假定世界上的一切物质都是由粒子组合而成，粒子被认为是存在的最基本形态。

物质世界有三个层次：第一层次是宏观世界，遵循牛顿运动力学法则；第二层次是热力学世界，遵循热力学法则；最深的、最广泛的是第三层次量子世界，分子、原子及以下微观粒子都完全遵循量子规则。

通常讲的粒子，一般指存在状态可以被精确描述的、有惯性的粒子，严格地说，叫作经典粒子。事实上，经典粒子在客观世界中并不存在，纯粹来自人们的想象。而如今我们知道，世界上真正存在的是状态不可能完全确定的、"波粒二象性"的量子粒子。牛顿力学的世界是由经典粒子组成的世界。

牛顿继承与发展了笛卡尔和伽利略的思想，以客观、精确、机械、惯性的数学模式描述了天体运动等自然规律。17—19 世纪，甚至 20 世纪，牛顿及其力学观演化成主导西方乃至全人类思想及思维模式的世界观，与热力学、电磁学等结合在一起，催生了工业革命，人类发明并拥有了机械性的蒸汽机、火车、汽车、飞机等，推进了人类文明的发展。

人类早期主要与宏观世界打交道，如土地、植物、矿产、钢铁、机器、机械、采矿、运输等。牛顿经典思维催生、适应并加强了肉眼观察、惯性思维这一时代的需要。如此机械性的、确定性的思维统治人类大脑数百年。

从牛顿的经典力学到麦克斯韦的电磁场理论，再到爱因斯坦的相对论（相当于高速运转下的牛顿经典世界），这些一脉相承、定域实在、因果规律的力学观点曾经达到顶峰，导致类似思维的宇宙观、世界观、人生观、社会观一时占据了主导地位。但 1900 年量子论横空出世，几乎拆倒重建了整个物理学体系。

牛顿力学和经典思维的观点认为，世界可以划分为各个独立的部分（信息丢失的隐患从此埋下），并由各独立部分的加和而组成。尽管邻近物体间存在相互作用，拆解时需要小心，但大部分事物是不相邻的，被认为几乎没有任何相互作用，所以整体可以被拆解成局部加以研究，各部分的规律是确定的，可预知的，因此部分规律之和等于整体规律，即部分之和等于整体。也就是说，自然和社会一切的一切，完全像一台精密的机器，独立的部件通过机械进行相邻连接，沿确定性的轨迹运动。

经典粒子就像在沙滩数沙石，总沙石量等于各沙石量的加和。量子粒子不是简单的粒子，而具有"波粒二象性"，就像海边看波浪，不同节奏的波浪，波峰浪谷不齐步，会出现相互抬高或者冲抵。

牛顿是经典物理时代最重要的人物，在伽利略工作的基础上提出了惯性定律，也就是牛顿第一定律。一切物体在不受外力作用的情况下，会始终保持静止或匀速直线运动状态，直到有外力迫使它改变为止。这个定律中有两个关键词，一个是"状态"，一个是"匀速直线"。亚里士多德认为，物体的自然状态只有静止，所谓运动，不过是为了达到静止目的的过程。所以静止是状态，运动是过程。但是在牛顿看来，静止和运动都是物体的状态，它们之间质的区别被消除了，因此运动和静止一样，都不需要推动或者原因就可以持续下去。可以说，正是这种观念承载着经典科学辉煌的结构。

牛顿明确指出了匀速直线运动的存在。这恰恰体现了牛顿的无限宇宙的观念，因为只有在无限的宇宙中才可能存在一直持续下去的直线运动，否则，直线运动到宇宙的边界就没法继续下去了。

引力在我们平时生活当中是看不见、摸不着的，但牛顿的万有引力定律告诉人们，任何物体之间都有引力，力的大小和物体质量成正比，与物体之间距离的平方成反比。引力能使物体静止或匀速直线运动状态发生速度大小或者方向的改变，从而形成各种不同的运动。这一神奇的发现成就了牛顿第二定律，即运动总量的变化与施加的动力成正比，并且沿该力的作用方向发生变化。

原先人们对行星运动的认识，只是把观测到的现象进行定性定量的描述，也就是开普勒定律所做到的。牛顿第三定律让人们的认识深化，从现象描述发展到对现象背后定律的描述。最重要的是，天上和地上实现了关联统一。牛顿用物理公式和模型成功地告诉人们，天上跟地上是一回事，支配宇宙中运动的既是苹果落地的定律，又是行星绕着太阳旋转的定律。

牛顿第三定律指出，两个宏观物体之间存在作用力和反作用力，如同微观的"量子纠缠"，同时产生，同时消失，在同一直线上，大小相等，方向相反。要使得反作用力不那么直接、迅即，除非将被作用的物质设置为棉花、海绵，如此反作用力就会软弱、弥散。要想有作用力而无反作用力，就得"无有入无间"，得借助量子原理或者接近量子效应的微波渗透、射线穿透、无线电穿越才能实现，例如，人们用 X 射线拍摄人体透视照片。

牛顿之后的几百年，人们在科学上的进步远远地超过之前两千年所取得的成就，而牛顿力学也成为人们日常生活的常识，并深刻地影响着世人，直到现在。牛顿力学的成功和影响，不再仅仅局限在物理学当中，甚至超越了自然科学领域，渗透到我们生活的方方面面。

我们大多数人出生并且成长于牛顿或者至少是半牛顿的世界中，我们所有人或几乎所有人已经把牛顿的世界观，这种世界机器化的思想，当成宇宙的真实图景和科学真理的体现。这是因为在过去近四百年的时间里，如此思维一直是近代科学的核心，经过启蒙时代的洗礼，成为人们的一个共同信条和常识。尽管此后也有新科学的发展，但牛顿的世界观依然是我们现在普遍的根深蒂固的思维视角。

牛顿力学给出这样一个简单的公式和自然间普遍存在的力，从而建立了一个可以准确度量和严格决定的宇宙。牛顿的宇宙如同一台设计精巧的钟表，它遵循一个确定的规律准确地运转，因此常被称为机械世界观。牛顿力学关于物质的观念，建立在世界是由宏观粒子组成的哲理基础上。牛顿对事物的分析，遵循的方法学是把整体先分解后还原。

牛顿的经典力学还树立、强化了世界和科学是客观实在的这一观点。它强调世界是客观的、独立于人类意识的存在，并是科学研究的对象。在对自然界进行观察和实验时，人们仅仅是操作员和记录员的角色，这个过程中的方法与操作，不会对观测结果造成任何实质的影响，观察结果是对自然界的反映，是纯客观的。

经典物理学的建立极大地推动了社会生产力的进步。这种进步不仅仅体现在工业革命时代一系列的技术发明和改进上，也体现在对整个工业时代生产管理方式的影响。世界是一台运行严密的机器，国家和社会也分别是一台机器。按照这个理论，企业也是机器，强调流程、标准、程序，甚至把工人也看作机器的一部分，只需要工人的手在流水线上重复动作。机械地分解还原论的方法几乎被用在自然科学研究的方方面面，比如西方医学强化解剖学来研究探寻疾病背后的机理，血液循环理论的创立可以看作机械自然观在人体结构和功能方面的运用。

牛顿开启的人类机器时代，每个事物都有自己的角色，唯独人的意识失去了位置，被忽略了。人类是世界的旁观者。而实际上人不能变成机器，单调、重复、高强度的流水线工作会让人崩溃。用机械论看待人，往往面临许多局限。经典思维所强调的、如经典粒子的人的个体分割独立性，在社会层面也渐渐产生一些负面影响。正如波姆所说的，人与人之间普遍存在的差别（种族、民族、家庭、职业），正在阻止人类为了共同的利益，甚至为了生存而携手合作，而产生这种情况的主要原因之一，就是人们把万物看作本质上是分割的、分离的，甚至分裂成更微小的组成部分的，每一部分都被认为是本质上独立的、自身存在的。因此我们必须对我们头脑中已经存在的、固有的牛顿式世界观有所警觉，只有这样，我们才能更好地应用它，才可能有突破性的思维与创新。

牛顿经典力学的哲学观惯性固执地偏信世界上总是存在唯一正确的答案，其在个人奋斗的意义上是非常消极的。在这种思维里，因为最初的起点和条件决定了下一秒、下一世代在什么位置，容易走向宿命论，即简单地认为人的一切都是命中注定，世界上有你没你一个样。

💭 思考题

1. 以口香糖击碎砸来的椰子为例，探究阐述牛顿流体（如水）和非牛顿流体（如口香糖）之间的类似性和差异性。

2. 用牛顿力学的惯性匀速运动、加速运动、作用力反作用力三大定律，解释你身边的世界正在发生的思潮、人际关系互动等。

3. 探究牛顿运动力学与体育竞技水平提高（如投掷铁饼等）方面的关联关系和非相关关系，并说明原因。

4. 从牛顿力学和经典思维角度论述中央计划经济的合理性，并从量子思维等其他思维角度阐述其可能存在的严重缺陷。

5. 依据牛顿力学和经典思维，论述传统哲学客观世界和主观世界的可分离性，以及个人人生设计和规划的合理性与不合理性（参照量子思维）。

6. 牛顿做过英国皇家科学院院长、造币厂厂长，但他平生唯一的一次炒股赔得很惨，请从思维的角度探究论述其可能的原因。

7. 微型机器人，如机器昆虫，因为微小在毫米、厘米级别尺度，所以能在水面行走，能携带百倍于自身重量的东西，能黏附在天花板上，能抵抗冲击，能跳高，善游泳，会集体协调行动。探究牛顿经典力学规则范围内，微小尺度极限的机器人和变形金刚的设计制作以及应用价值。

7.3 量子力学与量子思维

量子力学的世界（不一定限定在微观世界）是由量子粒子组成的，具有"波粒二象性"。量子是波性的粒子，也是粒性的波，即微观基本粒子同时具有粒子和波的特性，在不同的条件下呈现出不同的随机偏好概率。如波动性和粒子性叠加纠缠于一身的光子就叫量子粒子。

有许多方式可以让人们形象化地观察接近量子的行为。例如某些景区里用手摩擦喷水的"龙洗盆"，其所呈现的水面波纹驻波和跳跃不定的微小水珠，就是量子的样子。心理学上飘忽不定的渐变绘画、双歧图表达的似是而非的图样，也接近量子论的表达方式。五彩缤纷、光怪陆离地反射太阳和周边事物光芒的肥皂泡，就像可以描述的量子现象，其飘忽不定，时而是圆形，时而是椭圆形，两个泡泡相碰可能融合为更大的泡泡，也可能相互泯灭为水滴，极易受微风和人的远近、呼吸的影响，一切与环境互动，形状因时因地而不同。

是驴又是马、非驴又非马的量子具有许多独特的现象，下面简述几种。

量子干涉。让一个粒子穿越一堵有两个洞的墙时，因为这些粒子具有波性，可以同时穿越两个洞，此后粒子以波性方式再互相干涉、抵消或者加强。即在量子世界或者量子态的世界里，一个实体可以同时踏进两条河流，可以同时出现在不同的地方，甚至几乎无处不在。

量子叠加。粒子未被测量时，其同时处于所有可能的状态叠加，每种状态存在一定的概率。观测导致叠加状态坍塌为唯一一种确定的经典状态，即明晰准确肯定的状态，显示为观测结果。而在经典世界里，观察一种现象并不会改变它。

量子振荡。量子展现出一种独特的、能在亚稳态和不稳定状态间徘徊振荡的状态。

量子纠缠。有共同来源的两个量子，当处于纠缠时，无论相隔多么遥远，其同时发生变化的默契超乎想象。可以想象为，说其小，它们则为两个粘在一起的微观粒子；说其大，则为跨越宇宙的一个连接整体。

测不准原理。这是量子叠加的推论。对量子而言，一个完全确定速度的粒子状态，是所有不同位置的粒子状态的叠加；一个完全确定位置的粒子状态，是所有不同速度的粒子状态的叠加。所以，速度的完全确定导致位置的完全不确定，位置的完全确定又导致速度的完全不确定，而位置和速度都确定的粒子根本就不存在。就像地位和幸福的测不准、不确定现象一样：拥有地位，幸福未必存在；没有地位时，幸福倒还可能存在。

量子隧穿。量子粒子有无孔不入的波的性质，呈现"波动性"，量子粒子如果想要去"山"的那一头，它根本不需像经典粒子那样翻山越岭，可以像打穿山脚建条隧道一样，以波性穿越而过，如同"隔山打牛"。

薛定谔的猫，源自一个由微观影响宏观的量子论思维实验。在一个由观察窗封闭的箱子里，用一个放射性原子控制毒气开关，该原子具有衰变或未衰变两种随机状态。箱子里放一只猫，原子衰变猫则亡，原子未衰变猫则存，猫的生死与原子状态发生关联。观察窗未打开时，猫亦生亦死；观察窗打开时，经典世界决定了猫要么是生，要么是死，两者必定选其一。原子的奇异量子特性直接导致猫的悲催处境，而与体系大小无关。只在开箱的一刹那才能确定猫的死活。这成了一个著名的并引起无数争议的实验。

薛定谔用虚拟的猫来揭示量子世界与经典世界的差异和贯通。"薛定谔的猫"思维实验挑战了"单个粒子是量子，而一大团粒子就成经典"的传统思考习惯。其将量子效应从微观世界"传导"到宏观世界，把量子效应放大拓展到日常世界。

薛定谔方程，全面描绘了量子粒子的态（波函数）如何随时间变化。原子弹、氢弹是经典方法操控的从宏观到微观而引发的量子奇迹。人们借助机械装置，由宏观侵入微观并操控原子世界，最终显示出巨大爆炸威力。经典和量子是互补并双向的。量子效应依赖尺度但又跨越尺度。量子主要在微观，但不仅仅局限于微观；经典主要在宏观，但不限于宏观。

宏观量子效应的实例有：激光笔照射肥皂泡揭示的量子波动摇动宏观尺度物体；宏观世界两片铝膜的量子纠缠；可使宏观物质隐形的奇异量子效应；具有量子纠缠导航能力的知更鸟被称为"薛定谔的鸟"；嗅觉、酶活性靠的是量子隧道效应；植物和细菌的光合作用呈现出"量子鼓"实验现象；激光、超导也是宏观可见的量子效应；又如人们实现了最大宏观量子效应——量子保密通信的一千公里距离的量子纠缠。

按照量子论的观点，对象在没有被观察之前是具有多种存在方式的原真状态，一旦被观察，对象的原真状态将坍塌为可以观测到的现实。其寓意是世界存在多种可能性，由于观察者"目光"的微扰干涉而发生变化。宇宙中，特别是微观世界中，人为因素和自然因素并存，确定性与不确定性并存，万物相互联系，为便于禁锢于牛顿力学经典思维的人理解，只好出现了既是马又是驴般的"二象性"描述。

1944 年，薛定谔提出，生命和非生命之所以不同，是因为生命存在于量子世界和经典世界之间的中间交叉地带。对无生命体而言，物质世界是从无到有，在无序中诞生有序（无数规律）；生命世界则是从有到有，有序来自有序。他在 DNA 发现之前就认为基因突变可能是其内部的量子跃迁导致的[46]。

2014 年，吉姆·艾尔哈利利和约翰乔·麦克法登在其量子生物学的奠基著作《神秘的量子生命》中提出，世界＝量子法则＋退化后的量子法则（统计/牛顿）。世界万物运行的根基就是量子法则，人们熟悉的统计学法则、牛顿法则，不过是退相干、过滤掉怪异现象后的量子法则[47]。

所以，总结而言，规律会跨越人为的微观/宏观分界。过去人们的认知是：微观用量子，宏观用经典；而如今，正确的认知应该是：量子态用量子，经典态用经典；量子不仅仅在微观，经典不仅仅在宏观，生命是处于经典和量子规则交界处的独特存在，量子与经典影响我们每一天[48]。

人们常常将几百年前中西方均有的"一分为二"或者"合二为一"作为观察理解世界时放之四海而皆准的通用哲理标准。可是，宏观物体的测量和操控符合牛顿经典规则，一是一，二是二，并不存在"一分为二"；微观物体的测量和操控遵循完全的量子规则，测不准、不确定、纠缠、叠加、跳跃，具有"波粒二象性"，但不可以简化为"一分为二"。

量子逻辑的"波粒二象性"原理，完全不同于经典辩证逻辑的"一分为二"观点：前者是全面动态、纠缠、测不准、不可区分、整体全面的信息，后者机械动态、清晰、可区分、包含极端情形的片面信息。如果硬要说人、事、物大多数时候存在"一分为二"的规律，那么这只能作为一种对"波粒二象性"较低层次的粗糙理解逼近。量子思维并不认为大脑是量子计算机，或者大脑灰质为量子态，或者神经元的生物学机制是量子，而是阐明人的大脑认知现象符合量子原理。传统经典思维认为，人的想法总是处于一个确定的状态，更显著的是，具有无法控制的惯性，决策只是阅读这种状态。而量子思维认为，人的想法处于不确定状态，具有跳跃性，是几种状态观点的叠加。

处于量子认知与经典认知交界区域的人类，以极其复杂、交错、叠加的方式感知着世界，进而改变着世界。经典思维认为世界竟然如此简单，容易透彻理解；量子思维认为世界超乎想象地复杂，无法完全理解。量子论与心理学在起源和思维上具有亲缘关系，如有关人格原型和角色多象性等认知。

量子社会学强调的是全员整体相关，不可简单分割。量子的行为规律使得界限阻隔在互联网时代消失了。牛顿经典思维的治理重管控，量子思维的治理重创新。

量子思维、量子信息论推动了对人文社会的理解。互联网问世以来，一种振幅大、相干性强、产生和消逝快的自发的社会集体运动屡屡发生，比如，一些地区出现的"颜色革命"、英国脱欧、美国骚乱以及互联网中经常出现的"信息海啸"等。这些现象既可能具有很大的破坏性，也可以是建设性的。社会激射模型（social lasing）就解释或者预测这种正负效应：特定条件下，人类可以比喻为社会原子（social atom），由大众媒体生发的强力信息场导致社会原子信息过载，基于互联网回声室（echo chambers）的强力社会共振腔，产生强大如激光的群众动员力和社会破坏力[25]。

量子力学的哲学观，在个人奋斗的层面上，具有非常积极的意义。当你睁眼看世界时，世界已经被你影响，变得跟原来非常不一样。世界因你而不同。

量子世界观认为，世界在底层基本结构上相互关联，几乎完全等价或者统一，所以应该用整体、全面的眼光看待世界，整体超越部分，整体大于部分之和，整体衍生出部分并决定了部分的性质，与此同时，部分也包含着整体的信息。

微观世界的运行存在跳跃性、不连续性和不确定性。居于经典宏观世界和微观量子世界交界处的生命和人类，其运行也存在跳跃性、不连续性和不确定性。人、事、物发展的前景不可被精确定向，但我们可以预测各种可能性。判断一个人是否拥有量子思维，或者说是否拥有较高的智慧，就是看其是否会转弯善变通，能包容混沌非线性，能接纳情形的不确定。

过去认为，宏观适用经典思维，微观适用量子思维；现在前沿研究认为，经典状态适用经典思维，量子状态用量子思维。经典思维认为世界的特点是分界、部分、机械、惯性、划一、精确、定域、割裂、被动、计划，量子思维认为世界的特点是无界、整体、灵活、多向、差异、可能、离域、联系、互动、莫测。从量子思维的角度看，宇宙亿万人事物皆相互关联，你我他皆是创造者。

🡆 思考题

1. 探究互联网社会和传统社会在舆情发生方面的差异性，从二

极管、计算机、网络硬件、大脑思维特点角度论述人、事、物互联
与量子论的关联关系。

2. 用量子力学的重叠、纠缠、测不准三大特点解释你身边的世
界正在发生的人际关系互动等。

3. 探究量子力学与智力竞技体育方面的可能关联关系和非相关
关系，并说明原因。

4. 从量子思维和人的个体差异性角度论述市场经济的基本合理
性，阐明计划经济的不完备性。

5. 从量子思维的角度论述康德哲学中的客观世界和主观世界的
不可分离性，论述感性的不可靠、理性的不可靠，以及个人人生设
计和规划的多种可能性和随机性。

6. 探究观察你身边的人在面对不同的亲朋好友、不同的场景时
表现出来的角色差异性和重叠性。用量子思维解释"女儿媳妇二象
性""儿子女婿二象性""中文的精确模糊二象性"。

7. 用量子思维解释"谣言是遥遥领先的预言"这句话的可能合
理性。

8. 了解一下中国科学院的"墨子"号量子卫星和量子纠缠、量
子通信密钥分配实验。

9. 认识自身的无知是走向新知识的保障。对许多事物，科学也
许永远无法知道原因，只能无限逼近，这些涉及观测、认知、概
念，甚至逻辑的局限。比如永远不可能完全知道他人的感受，永远
不可能完全知道电子是什么样的。请用量子力学和量子思维予以

阐述。

10. 请从细胞生物学的角度探究描述"嵌合体"婴儿的诞生过程，关注一人两套遗传系统的"合二为一"的"隐身人"，并与量子纠缠进行对照比较。

11. 用量子力学中的量子纠缠理论解释牛顿力学中的作用力与反作用力的成对出现。

12. 在量子思维中，对世界的认识不是简单的分解还原，也不是通常认为的整体关联，而是一个不可分割的、不确定的整体。世界范围内的观察结论＝观察主体＋被观察客体＋主体和客体的相互关系。波函数被微扰而坍塌呈现为现实世界的样子。请在人际关系中找出类似的例子。

13. 老子强调"三生万物"，笔者试图用"量子三句"浅显地解释光（量子）的"波粒二象性"，而中国古代著名的青原行思试图用"山水三句"解释世界。请探究其中包含什么样的"象性"并阐述前后两者之间的异同性。

14. 解释"电子云"的含义，进而阐述云储存、云计算、政务云、金融云、教育云等大数据、人工智能方面的概念。

15. 清华大学和中国科学院理化技术研究所团队发现了一个宏观的波粒二象性，即在导航波触发的液态金属振荡液池中发生了量子化轨道现象及金属液滴追逐效应。1924 年，法国科学家德布罗意就提出"万物皆波"，认为一切物质均具有波粒二象性。请从此观点出发，收集相关信息并综述宏观量子现象。

16. 尝试表述能跨越时空、学科、生命的量子学说与量子思维。

17. 梵蒂冈在 2023 年 12 月举办了为期三天的量子科技研讨会，讨论科学与宗教的交叉。请从科学研究与伦理规范角度讨论其背景与意义。

7.4　量子逻辑与概率：波性粒子与智能

习惯于经典思维的人们，认为世界事物都是由清晰的、非此即彼的经典粒子组成的，规律规则都是由点、线、面、角、圆单元所组成，清晰确定、无误差、纯理性。但是当今，量子论已经主导人类社会物质文明发展，人们不得不面对世界是由"波粒二象性"的量子粒子所组成的这一基本事实，因此，原有的经典逻辑、经典概率是否仍然适用，在某些场合需要高度警惕。人们需要关注量子逻辑、量子概率的出现[25]。

量子计算将逐步取代当前经典计算，如果说经典计算机是"手榴弹"，那么量子计算机就是"核武器"。在运行量子计算的量子线路中，操作最小数量量子比特的最基本计算单元就是量子逻辑门。它是量子线路的基础，类近于传统逻辑门和一般数字线路之间的关系。不同于大多数经典传统逻辑门，量子逻辑门是可逆的。

量子力学和经典力学有很大不同。量子实验显示出经典逻辑不能理解的"亦此亦彼""既是驴又是马"的现象。科学家们创立"量子逻辑"，从修正排中律入手，对此成功地做出无矛盾的解释。

量子逻辑出色地揭示了非古典逻辑与古典逻辑之间的辩证联系。这样，就为理解辩证逻辑与形式逻辑之间的关系提供了钥匙，从而开拓出升级辩证逻辑的研究道路。甚至可以说，量子逻辑包含并超越了形式逻辑，也包含并超越了辩证逻辑。

具体而言，冯·诺依曼等人依据量子理论提出量子逻辑，其出发点是协调经典逻辑与量子力学测量事实之间的不一致。量子逻辑是一套修改了传统逻辑学公理的非经典逻辑体系。有人认为冯·诺依曼的方案弱化了交换律与分配律，或赖欣巴赫的方案弱化了排中律。

目前人工智能的认知水平，如感情、情绪、语境及其纠缠等，只停留在婴孩的水平，根本原因在于这些运算判断建立在经典逻辑基础之上及其经典的计算机原理之上。尽管模糊逻辑的运用效果好于经典逻辑，但是模糊逻辑基本上是衍生于经典逻辑基础之上的经典计算判断，其认知智能水平也相当有限。经典逻辑过于严格且简单，无法完全描述人类的认知。认知和智能的发展需要与量子逻辑结合，因为后者具有不可替代的优势。经典概率是经典粒子的概率，量子概率是"波粒二象性"量子粒子出现的概率，后者必须考虑波的相位叠加导致的抵消、减弱或者增强，而非简单的加和。

天气预报、投掷硬币等就属于经典概率的事件。"明天有雨"指明天下雨的可能性，而不是"叠加状态"，既下雨又不下雨，这种看似荒谬的叠加涉及量子概率。

原则上只要人们掌握了天气或者硬币的所有初始信息，就可以依据经典概率和定律准确地计算出下雨或者不下雨，硬币正面朝上或者反面朝上的结论。而在量子世界，人们永远不可能完全掌握某个粒子某一刻的全部信息，也就不可能准确计算出其未来行为。

经典概率的各种经典可能性是不会相互叠加干扰的，彼此无关并独立；而量子概率所对应的各种可能性是相互叠加相干的，相关并不独立，概率相互干涉。

用量子概率预测人类行为已经取得某些成功。社会科学调研中的问卷调查常会因为问题次序不同而结论不同，用经典概率无法解释，而用量子概率能明确地对其予以解答，并解释其中不符合交换律的部分。

🡆 思考题

1. 用量子概率解释或者阐述人的非理性的"合理性"，如社会调查中的问题次序可否互换等。

2. 探究阐述电子轨道和宇宙星球轨道的异同。为何有"电子云"的说法？在量子概率描述下的电子轨道或者电子云图是什么样的？

3. 探究用量子逻辑的方式理解并阐明中国禅修的三段论"山水三句"和"云门三句"所包含的逻辑。

4. 动物和人在视野的远处就可以发现危险，如警备老虎时无需看清老虎的斑纹，但机器很难做到这一点。请探究论述模糊判断和顿悟直觉中的量子逻辑。

5. 中文在所有语言中具有最低的压缩比、最高的信息熵，中文可以进行文学艺术性的形象表达，也可以进行最严谨的逻辑性的科学表述。请用量子思维、量子逻辑予以解释分析，为何中文在电脑、互联网时代呈现出越来越强的生命力。

6. 江雷院士等在 2023 年 10 月发表论文，指出他们在进行经络与生理功能联系研究中发现，经络的离子通道是宏观量子态，进而提出了经络的量子原理。通过穴位进行中医治疗，相应器官症状可借助量子经络状态得到调节。请由此出发，讨论老子学说、量子学说、中医理论、经络模型之间的可能关联性。

7. 请描述庞加莱的三体问题、混沌现象的蝴蝶效应、量子学说的波粒二象性，请比较三者的异同。

7.5 对称性与对称性思维：延展与预测

对称性思维是一种整体关联性思维。

对称性思维，就是各种对称的操作、认识和应用。对称包括中心对称、镜像对称、反轴对称、映轴对称等。

手性对称最为独特，既是镜像对称，也是轴对称，而且无法重合。就像镜子内外的眼睛、耳朵、手和脚。最典型的是左手和右手的对称。

人的器官多是左右成对出现，体现着立体性（如立体声、立体视图等）超越单一功能、超越单一思维的重要作用。世界的对称有很多种，而最为有趣的是人体的手性对称，即左手不可能换为右手，右手不可能换为左手。左右脚、左右眼均是如此，左右脑也是如此。

手性分子是化学中结构上呈现镜像对称、轴对称而又不能完全重合的分子。1848 年，巴斯德发现了分子的手性对称。原子连接次序相同，而空间排位不同的手性分子，具有不同的功能和益害。如左旋肉碱是有减肥作用的氨基酸，而右旋糖酐是血浆代用品。天然分子大多内部左右消旋，左右现象在表面上被掩盖和消失。左旋或者右旋分子是否有正面功效或者负面功效，取决于条件、环境和面对的问题，没有统一的定论。人们的思维方式是自然发展的最精致成果，是与自然界同源同构的一种对称关系。对称源于宇宙对称性规律，是一种思维和逻辑、经济和社会的本质反映。

对称意味着某种程度、某种形式的规律重复。没有重复规律的出现，大脑就无法得到相似的信息，人就无法知道对称。

对称性思维是取决于对称规律、对称逻辑的思维方式，是一种整体思维、和谐的思维。对称概念，是思维的内容与思维的形式、具象逻辑与抽象逻辑、形式逻辑与辩证逻辑等的和谐统一。

对称逻辑是直觉、实证逻辑。对称逻辑能使人们从已知推知未知，从我推知我以外，从主体推知客体。以对称为坐标，可以通过认知旧事物发现新事物。可见，对称逻辑更像全息逻辑，由此可以建立真正的"未来学"。

人们过去认为思维里的逻辑和"非逻辑"之间、理性和非理性之间是非逻辑、非对称的，但如果把对称泛化推广，就会发现对称逻辑能揭示这些关系间的对称性和逻辑性。如潜意识和意识可能是对称的，梦境和想象、意识和社会等都可能是某种方式的对称。

对称是创造创新的方法之一。通过考察主客体的对称关系可以激发出创造性思维。对称性思维可以使人们具有发现、转化并消除悖论的自觉性，在孤立中发现关联，提高创造和创新性思维能力。对称性思维以非线性、发散性的思维方式极大地提升思维效率。用通常的方法，某些矛盾没法解释，某些悖论不能解决，而对称性思维能解决并超越矛盾和悖论。

河图洛书被认为是中华文明的源头，起源于对天上星宿、宇宙星象的描述。河图原是代表银河的白龙，围绕中点旋转，逐渐演变成一黑一白两条龙，最后成为太极阴阳图。洛书是数字符码排列而成的表述天地间变化脉络的图案，无论对其如何进行数字和对称操作，均呈现和保持对称性和不变性，由此国际数学界公认，是中国人最早发现了幻方。太极、八卦、周易等均源于河图洛书，它是中华古人对宇宙的对称性和不变性的最早认识。

"天人合一"也是一种对称，故而人与自然、思维与存在、内在与外在、形下与形上也可能是一种对称。对称性思维是对策、反思、合理、合情、审美、实践、优化、简洁的逻辑。对称性思维不但揭示逻辑规律，还揭示"非逻辑"规律；不但揭示意识规律，还揭示客观规律。如果说人们生存在三维空间，加上时间，就是四维，而有了对称性概念，就好像能使人进入其他更多维的思维时空。

⊙ **思考题**

1. 用手性对称原理考察人的手、脚、耳、眼的细节特点，感悟其左右不可置换性和独特性，阐述立体声、立体图像的来源。

2. 用量子化学的杂化轨道理论等针对强键或者弱键的形成，阐述手性对称的来源，如碳原子成键的四面体性质。

3. 论述对称性的种类，并探究其在未来发展预测、灾害预测中的工具性作用。

4. 收集并论述周边自然界的各类对称或者对称缺失的例子，如海螺、扇贝、树叶、年轮、花瓣、蜂巢、陨石等，以及事件的对称或者对称缺失的例子，如疾病的起始和消失、雷声的起始与消失等。

5. 探究并描述物理学中粒子、宇宙的对称和轻微的不对称的意义。

6. 从琥珀时间胶囊中，人们得知原始的鸟有两类：一类是繁盛于白垩纪、灭绝于该末期的反鸟；另一类是今鸟，其繁衍为如今的现生鸟。请论述这两类鸟的区别以及对称性的特点。

7. 有人说生命源于地面，有人说生命源于地下，请探究这两种说法的对称性、相关性和异同。

7.6 元素周期思维：不可细分的终点

元素周期思维是一种分解还原思维。

元素性质随着原子序数递增而呈周期性变化，这就叫作元素周期律。元素性质是指元素的原子半径、化合价、化学性质，包括金属性和非金属性。

一百五十余年前，年仅 35 岁的胡子拉碴的俄国化学家门捷列夫，看着桌上用扑克牌排列出来的框框，甚为满意。1869 年，他制作出第一张元素周期表，把一堆杂乱无章的元素按照一定规律排成一张整齐的表，从而奠定了物质世界最重要的化学规律，也是宇宙物质最重要的规律。

门捷列夫是一位兴趣广泛、博学多识的化学家，在经济学领域也颇有造诣，同时他积极参加实践活动，喜欢农业事务管理。门捷列夫是在 1869 年 3 月 1 日这一天完成了元素周期表这一伟大发现。现今在标准的元素周期表上，100 多个元素井然有序地按周期法则排列在确定的位置上，而当时人类只发现了 63 个元素。

发现了元素周期表的门捷列夫，无疑是解开宇宙化学奥秘的第一人。元素周期表不仅提供了宇宙的规律和次序以及人类认知的新体系，更重要的是，其第一次完整地告诉人们，世界上存在一种由若干基本元素组成的并周期性变化的思维，或者简称为元素周期思维。元素周期表实质是宇宙的《圣经》《易经》和《道德经》。

任何一个事物，即使再复杂，也可以被部分认知。最简单而有效的方法就是元素思维模式，即面对巨大复杂的难题或者目标，尝试将其分解成若干个更小的组别，然后进一步分解下去，直到基本的元素为止。只要各元素间的排列具有一定的规律性，各组别间的排列具有规律性，就有可能获得整个领域的规律性。

随后，人类在基因遗传中发现的 64 个密码子、核酸 DNA 和 RNA 上的 4 种碱基，在蛋白质中发现其组成的 20 个氨基酸，人体必需的 13 种维生素，人体中各种单糖、双糖和多糖的种类，人体不可或缺的 15 种矿物质等，均是通过类似的元素周期思维而发现完成的。

▶ 思考题

1. 探究并阐述组成蛋白质的氨基酸单元种类数目和名称，组成 DNA 的核苷酸单元种类数目和名称，组成多糖的糖单元种类数目和名称。

2. 探究并阐述组成乐谱的各种音符种类数目和组成绘画色彩的原色种类数目。

3. 探究并论述艺术体操、人的跑步可以分解成多少个各具特点的基本单元运动动作。

4. 探究解释逻辑电路是如何依靠一些基本单元的逻辑门而实现计算能力的。

5. 论述一般建筑由哪些基本单元组成，这些单元如何连接而形成整体。论述中西古典建筑基本元素的结构异同。

6. 黄金尽管深埋地下，却坠落自太空，来源于中子星。请简述不同的元素在宇宙不同地方的源起之处。

7.7　生物与基因演化：保守与创新

基因的遗传、生命的遗传，核心是信息的遗传，即序列次序的遗传[49]。

基因是生命的第一原理，基因无疑是生命的核心，而基因发挥生命功能的作用就必须通过"生命中心法则"进行，即基因必须形成与之对应的蛋白，其在机制上要经过两步：第一步，从基因的 DNA 序列"转录"形成 mRNA；第二步，由 mRNA"翻译"形成蛋白。

"转录"体现在，由 A、T、C、G 四种芳香杂环碱基连接所组成的 DNA（也叫脱氧核糖核酸），把基因的外显子序列像复印一样，通过前体 hnRNA 中间状态，去掉基因内含子序列，形成由 A、U、C、G 碱基组成的 mRNA（也叫核糖核酸）。这一过程是严格按照碱基间的互补配对（量子隧穿形成氢键）原则进行的。理论上 DNA 序列是什么样子，mRNA 就是什么样子，这就是转化录制的"转录"而不是"复印"或者"录制"所要表达的意思。当然，在极少数情况下也会出现"转录"错误，如碱基的加入、丢失或转换等。这种机制叫作 RNA 编辑。

"翻译"的目的是将核酸排位序列转换为氨基酸排位序列，形成蛋白质。这两种序列都蕴含着生命的密码，但二者描述密码的"语言"不同，"翻译"过程的本质就是将芳香杂环碱基的"核酸语言"翻译成氨基酸聚合多肽的"蛋白质语言"。这两种"语言"的转换，离不开一个"翻译官"tRNA 的参与，通过三联密码子策略形成特定的蛋白序列。

在 20 世纪末的人类基因组时代，人们曾经梦想依据"生命中心法则"测序所有 DNA，熟知功能后，就能掌握人所有的生命密码，掌握生老病死，预测健康命运，好像掌握了牛顿经典力学、经典思维就能掌握宇宙一切。事实发现，这是不可能的，除了 DNA，还有蛋白、多糖、金属离子等参与生命过程，后者同样发挥着奇妙的作用，同样重要，它们一起组成了多样、多变的生物系统。这似乎在提醒人们，这还是一个纠缠、重叠、测不准的量子世界。生命最基本的独立单元组成是细胞，组成细胞的成分包括蛋白质和核酸，两者均存在微量的保守区和大量的可进化区，这两种区域均必不可少，各有功能和作用。通常保守区部分所占的空间和原子数目比例极小，但意义重大。物种和种群演化，有继承，也有发展，需要保守，也需要创新。

基于基因的生物进化表明，革新不能过分膨胀到消灭所有保守的程度，特别是要保留那些具有重要价值的少量保守区域。生物的演化，并不是身体的全部均可以变化，而是绝大部分能够顺应自然环境和条件而尽可能地变化，保证物种的发展，另有极少部分高度稳定保守，以保证物种的存在。

从基因和蛋白质的保守区域和可进化区域的作用比较可以获得启发，保守和创新不存在绝对对应的优劣与善恶，其到底是缺点还是优点，取决于其是否符合生态、自然规律和逻辑。

同样，一般意义上的保守和创新、积极或者消极，不存在谁对谁错，也不取决于其出现的时间前后次序，而取决于是否有利于人类的文明进步、思维自由和精神独立。许多保守的思想具有一定的积极意义，许多创新的思想可能还有消极意义。任何一种学说、思想成为主流后，一旦霸为垄断，结果就会使错误不断累积，从而走向自身的异化。

人类社会亦然。历史和现实常常在传统保守和改革创新之间震荡平衡的深刻原因也在于此。文艺复兴是人类历史上最伟大的保守复古，而小说《一九八四》中的"老大哥看着你"的无处不在的监控，是一种糟糕的创新。复古和创新对文明同等重要。创新和保守的取舍原则是：是否尊重人性、生态和科学。现代不一定必然反传统，传统不一定必然不现代。对文明而言，对个人而言，保守不一定代表落后，创新不一定代表先进。

思考题

1. 从进化的角度，探究说明恐龙和鸡的差异与类同，说明创新和保守之间所占的大概比例。

2. 探究并论述文艺复兴的保守与复辟的积极意义体现在哪里，其先进性又体现在哪里。探究论述其复辟和保守了哪些内容。奥威尔的《一九八四》所描述的社会有哪些创新，这些对人的负面影响体现在哪些方面？

3. 探究并论述皮鞋鸡蛋、染料红心咸鸭蛋、用避孕药饲养的黄鳝在操作方式上的创新性，以及其糟糕的社会效益和严重的伦理问题。

4. 探究并说明人类基因组计划的历史过程，基因组学、蛋白组学、金属组学、糖组学之间的差异，以及其对"生命中心法则"的补充完善和修正。

5. 疯牛病曾经波及欧洲，一代代进化得优美高大、能力突出的众牛皆被击倒。谁也没想到，由于保留了生物多样性，由英国一对老夫妇饲养的、奇丑矮小的宠物牛竟然具有抗疯牛病毒的免疫能力，由它们杂交繁衍的后代改善了牛群整体的抗病毒能力。请根据此事例，从创新和保守的角度加以论述。

6. 未来人类可以通过转基因、基因编辑创造自然界不存在的高性能物种，满足人类的需求，但当前人类还要保护原始自然生态，强调生物多样性，为什么？

7.8　表观遗传与菌落：内外合体

基因上的甲基化等化学修饰基团可在不改变 DNA 序列的情况下影响蛋白质的表达，这种现象被称为表观遗传学。表观遗传对每个人都甚为重要，我们均深受其影响和控制[49]。

表观遗传学主要包括甲基化、乙酰化、RNA 编辑等调控机制。表观遗传能让人们的记忆中保留着祖先遭受暴力或者苦难的烙印，典型的例子或许要数二战尾声时荷兰的大饥荒——"饥饿的冬天"。

1944 至 1945 年冬天，德国在荷兰制造了一场人为的饥荒。当时留下来的对家庭和出生率的记录显示，妈妈孕期挨饿，日后孩子患肥胖和 2 型糖尿病的风险比普通人高。饥荒使基因模式发生改变，使人们倾向于摄入更多的食物。

甲基化和去甲基化就像神奇的基因开关。甲基（—CH_3）像一顶帽子：戴上它，基因关闭；摘掉它，基因表达。数以百万计的甲基有些直接附着在 DNA 上面，有些则附着在某些和 DNA 纠缠在一起的组蛋白上。当机体不希望某些基因信息被读取时，基因"启动子"DNA 就被戴上很多甲基帽，使其基因信息无法读取，无法启动功能。携带遗传信息完全一样的两个个体，由于甲基表达修饰上的差异，可能会表现出完全不同的性状。

人们发现，饥饿和恐惧、健康和幸福、思维和精神会在一定程度上遗传。作为基因的内因与作为环境条件的外因会合而为一，成为第三者或者第三境界，即表观遗传因素在分子水平上以基因的甲基化方式留存记录下来，通过遗传而影响以后几代人的一生。只有在特定的外界环境条件消失很长时间以后，这种表观遗传因素及其引起的变化才会消失。

DNA 中心法则是传递遗传信息的主要方式，表观遗传是它重要的有益补充，而非你死我活的针锋相对。这告诉我们，精确决定论的以 DNA 为核心的生命中心法则，像牛顿力学和经典思维一样，同样不可能决定一切；世界是一个整体，无法简单分离、分割。世界就像量子力学和量子思维所强调的那样，常常是你中有我，我中有你，重叠纠缠在一起。

人类文化也存在表观遗传学现象。祖先的进食、烹饪、探险、文化以及他们互动的方式会通过表观遗传、基因修饰而影响后代。

表观遗传对人类的影响也延伸到行为上。无论源于先天还是后天，人们都会在父母和家教的影响甚至阴影中成长，特别是心理创伤和悲剧方面，大屠杀幸存者们将心理障碍遗传给了他们的孩子，"9·11"事件幸存者的后代仍存有前人的心理伤痕。

己所不欲，勿施于人。前人的经历可能会遗传给后代，并在前人离世很久后仍然影响着后代。动物实验表明，表观遗传学的记忆可以遗传连续达14代。中国古训"善有善报，恶有恶报；不是不报，时间未到"有一定的科学依据。美洲印第安文明认为一代人的所作所为可能会影响到7代后人。父母不仅仅将遗传物质通过精子和卵子传递给下一代，也会把经历和习惯、精神上和身体上的经历和创伤，无论是健康的还是不健康的，遗传给后代，而且不仅仅是子代，很可能是好几代。因此，为了自身和后代的精神及身体健康，人们应该重新审视一下人生的目标及价值、言语和行为。

除了表观遗传因素，更有甚者，纠缠在一起共同影响生命的还有体内菌群体，它们又被称为控制人的第二大脑。体内菌谱和益生菌被称为影响人类健康与寿命的第二基因、另类器官。人际关系、各类生态与环境性质都会通过表观遗传或者人体菌群的变化去影响每一个人。

肠道菌群被称为体内"被遗忘的器官"，其与心理健康、睡眠、体重、食欲均有关联。人们已经证明，微生物群落与抑郁症、焦虑症和精神压力之间均有联系。要控制肥胖，一个重要的方法就是调整肥胖者的肠道菌群。

肠道与中枢神经系统有着双向关联，称为"肠脑轴"，肠道可以发送和接收从大脑发出的信号。比如，将"有益的"乳酸杆菌菌株添加到小鼠肠道内，能降低小鼠的焦虑水平，而切断迷走神经——大脑和肠道之间的主要连接后，效应就被阻断，由此揭示出细菌通过肠脑轴影响大脑。

肠道细菌还可能通过其他的方式影响人类的大脑，包括通过细菌毒素和代谢产物，清除营养物质，改变人的味觉受体，并扰乱人的免疫系统。将从抑郁症患者体内分离得到的肠道菌群输入无菌小鼠体内，这些小鼠也显示出抑郁症的相关行为。"有害的"梭状芽孢杆菌越多，睡眠问题和疲劳越有可能出现。通过对肠道进行干预以治疗脑部疾病，可以探索实现所谓的"心理治疗"。

这同样表明，益生的环境、青山绿水、空气水土所包含的微生物能通过调节人的体内菌落而影响人的健康、情绪和心态。由此可见，为保护自身和他人，人们需要善待环境、生态和自然。

➲ 思考题

1. 探究并解释"夫妻相"的源起，并从体内菌落分布图谱类似性的角度予以考证说明。

2. 割除还是不割除盲肠，许多人为此感到纠结。试从体内菌落守恒的角度论述盲肠的作用。

3. 阐述益生菌对人的胖瘦高矮、睡眠情绪以及老年痴呆等有什么作用。

4. 说明"八分饱"和体内菌落的关系以及与长寿之间的关系。

5. 饥饿、恐惧、焦虑的遗传现象一般在什么情况下出现？这样的表观遗传学现象可能持续多少代？

6. 从表观遗传学的角度论述"一方水土养一方人""橘生淮南则为橘，生于淮北则为枳"。

7. 从世界卫生组织对健康的定义和中国古代定义的"情志""风水"的角度阐述何为"身心境"健康。

8. 弓形虫寄生在人体后，能改变人的情绪和性格、精神状态和冒险行为，请论述其原理。

9. 致命真菌和病毒是人们面临的巨大危险，请历数由它们导致的著名动植物和人类的巨大灾难或者疫情。

10. 探究论述自由基医学中氧化还原的机理，探讨氧化还原在疾病治疗中的作用及其对衰老的调控，探讨氧化还原与中医的阴阳虚实和平衡之间的关系。

11. 从表观遗传学的角度论述生态破坏、环境污染、欲望追求和急功近利等对后代的影响。

7.9 干细胞与功能细胞：时空可逆

干细胞是一种未充分分化、尚不成熟的、能进一步生长发育的细胞，犹如"变形金刚"。在一定条件下，它可以分化成多种功能细胞，具有再生各种组织器官和人体的潜在功能[49]。

干细胞被医学界称为"万用细胞"，它是细胞的"树干""树根"，不是"树枝"或者"树叶"。干细胞犹如生命世界的底层或者"根"，具有增殖和多向的分化潜能，具有拓扑、演绎、创新功能，具有自我更新、复制的能力。

干细胞移植后，能被特化为必需的成体细胞，进而取代因疾病或因伤受损的功能细胞和组织，如肝脏、肾脏等，几乎可以替换任何受伤或患病的组织与器官。这种疗法可用于脊髓损伤、中风、阿尔茨海默病、帕金森病、神经元损伤疾病、糖尿病、心肌损伤等。干细胞技术应用领域大致有：细胞替代治疗、系统重建、组织工程、基因治疗以及美容抗衰老等。

干细胞和分化细胞、功能细胞之间的关系，不是从前者到后者的"单程车票"，而是可以相向互变的"双程车票"。已经分化的功能细胞，在特定的生物或者化学条件下，可以被诱导返回复原成原初的干细胞。这提醒人们，虽然世界的表象是分型、分开、规律差异的，但世界的底层、原初、起点是相互关联、规律同一的。

干细胞与功能细胞之间的关系，如同树干或树根与树枝或树叶的关系，具有整体全息性，也具有分解分岔性。人们可以从中受到启发，建立一种符合自然规律的整体关联思维，即干细胞和功能细胞的相互联系和协调；也可以发展另一种思维，即演绎思维，如拓扑变形，干细胞可以分别定向发育成各式各样的功能细胞。

　　研究发现，大脑中神经元干细胞对提升人类创造性思维具有至关重要的作用，特别有助于形成相关神经组织，促进抽象思维、规划思维，使人类创造性地规划未来和解决问题。

　　干细胞和功能细胞的关系也启发人们：在干细胞层面，细胞的发展有创造、创新的多种可能性，甚至全新的可能性、颠覆性的创造可能性；在已分化的功能细胞层面，细胞发展只有更新、更好的改进可能性，而不存在全新的突破和颠覆性。在后一种情况下，如果需要全新模式和颠覆性，只有设法诱导分化细胞返回到干细胞，返璞归真，回到原初，重新开始选择上的全息全能。不同细胞角色、功能的定位和关系以及它们相互间的转换关系，对思维的自由而全面发展具有重要启发意义，特别对其他学科专业的批判、创新、创造，对社会、经济领域的批判、创新、创造具有重要意义。

🔲 思考题

　　1. 探究论述从宇宙大爆炸到各类星球和人类的发展过程与从受精卵到干细胞和功能细胞的发展过程之间的类似性和差异性。

　　2. 从树根、树干、树枝、树叶及相互关系的角度，论述生命进化树的发展，论述受精卵、干细胞等的相互关系。

　　3. 从变化程度和规模的角度，探究论述在生命进化过程中形式逻辑和辩证逻辑所主导的比例各占多少。

　　4. 从自己向过去回溯前辈至第五代，包括自己的父母、双方祖父母、各方曾祖父母、各方太祖父母，收集并探究他们所属的姓氏家训，收集并探究他们的容貌、身形等生物特征，民族、信仰、党派等社会特征，明晰自己的背景和来源。同时，选取先人中的某一位，研究以他（她）为起点的几代后人的相关特点。

5. 探究论述合成生物学对疾病医疗、寿命延长、工业革命、农业革命的影响，论述干细胞技术对重大疾病治疗的影响。

6. 研究发现，模仿并不是儿童学习说话的唯一途径，儿童大脑中存在天生内置的普遍语法，其作为一个主干的共同抽象结构，植根于大脑神经结构中，请探究了解实验证明的过程。

7. 干细胞起源时，精子和卵子结合会瞬间呈现"圣光"，即锌离子爆发的闪光，如小小的烟火，持续约两小时。请查阅并综述实验发现过程。

第八章

永续和无为

发展是生命力所在，就是熵减；发展是硬道理，事物的发展、生命的成长可以让问题、难题在发展和成长过程中逐渐消亡，不动声色地消亡。发展中最大的诀窍就在于，如何做到永续，如何做到无为。永续发展，就是能量、资源消耗近零的可持续发展、永恒发展。永续发展就是人、事、物重组重置的"无弃物""无弃人"的自由而全面发展，是无为无不为、无为无不治、无有入无间、大制无割、善行无迹的绿色发展和智能发展[1]。

8.1　大制无割的永续思维：自然

老子《道德经》强调道法自然、大制无割的永续思维。道的特点是自主、自在、自由、自然，是宇宙世界的终极所在。道的运动和作用方式的永恒独特之处在于往复反向、微弱永续，即"反者道之动，弱者道之用"。

尊重自然看似木讷愚钝，实是达到"大智若愚"的大智慧；反之，耍小聪明，玩计谋，违反自然到极致，就是"大愚若智"程度的真愚蠢。

对于个人，老子推崇的是自然而多样的个人能力和表现，鼓励于不耻处开始，从被讥笑处做起，从不信和失信中善于发现信。

"为无为"即举重若轻，做事像没有做事一样，不知不觉而有所作为，看似无所作为，实际无所不为；"事无事"即事情做成了，轻松得像自然而成，事情成功还不留任何后遗症，成事而不惹事；"味无味"即在淡而无味中品尝出五味，甚至各种味，能于无声处听惊雷；"学不学"即学习别人所不学，学习难以得见的绝学；"教无言"即无声的教育，身体力行，贵言践行。有道的人，为人、处事、造物，大巧无巧，可暴烈可舒缓，恪守自然，不拘一格，多面通达，一句话：做啥像啥。

老子强调"治大国如烹小鲜"，圣人或者领导者，应该少私寡欲，尊重、服从、辅佐规律，让民众敢为，鼓励人们敢为，尊重下属的首创精神，让"大道"无为无不为；让民做主、让道做主。领导管理上是"我无为而民自化，我好静而民自正"。老子认为，如果不能够道法自然，一心刻意追求正面的，就是在无声地培养反面的，偏执追求就会误入歧途，因为正反相互依存相生、相互转化。怀着善良去追求"天堂"，在实施中也时常变味，反而会走下"地狱"。

《道德经》希望人们从自然的视角看待一切，合乎自然地适度把控一切，把握大道反向的运行规律，适时把控机遇。知白守黑，知雄守雌，知有守无，知强守弱，知薄守厚，知躁守静，知刚守柔，知名守实，知智守愚（是自我理智选择的愚）；知傲守谦。无为无不为，无心天下心，无身成其身，无争无人能争。

《道德经》强调道为体，德为用，慎强、守弱、用静，"致虚极，守静笃"。慎用激烈而难续的强力，多用细微永续的弱力；慎用难续的强动，多用持续的弱动，常用冥想的静动；遵道而行，因势而为，自然而成，是真正的拥有道德。明德需要绝圣弃智、修身厚重、以静制动，明德也需要正合奇胜、慎露锋芒、以无而成。明德须明白大智若愚、纯朴包容，明白祸福相依、超能善成。

包容多变、玄通无痕、修德超能，就是善；留有余地、进退有度，就能善；反借他力、柔胜刚、弱胜强，是善成；得道多助，失道寡助，即善行；知人知己、淳厚守实，是智信。天下万物生于有，有生于无。从无入事、从无到有、无所不为，即是无为。

人从生到死，包含着"无"（精子和卵子结合前一刻）和"有"（从出生到临终时刻），其中充满无数个"小无"和"小有"间的变化转换。死亡后分解成"小分子"进入自然界的再次循环。宇宙发展也包含着"无"（无穷小、涵盖一切的奇点）和"有"（从大爆炸到如今不断膨胀的宇宙），其中充满无数个"小无"和"小有"间的变化转换。膨胀至极而衰，便回到奇点，开始新一轮循环。

道包含"无"和"有"。所谓"无"，不是真的一无所有；所谓"有"，不是真的永世拥有、恒定不变。"无"和"有"就是道的"无有二象性"。老子在提及"无"和"有"时，兼顾两者但更强调"无"，不是只有"无"，目的是在功效上超越简单的"有"。同样，老子在提及"柔"和"刚"时，兼顾两者但更强调"柔"，不是只有"柔"，而在于超越"刚"。

"无"与"有"就像是两个正交垂直的存在（像两个世界），由一个动态移动的交点奇点互通相连。"无"与"有"经此点而相互转化。这一奇点，对"无"而言，就是"无"最大化时的"无极"；对"有"而言，此点就是"有"的最小点、原初始点"太极"，随后是太极生两仪、两仪生四象……

老子"无为"，不是希望什么都不做，而是强调顺应自然，因势而为，依道善为，提醒人们不能妄为，所追求的是"无为而无不为"的至高境界。所以，无为等于不妄为。老子不否定"有、高、傲、上、刚、强、智"等意识的存在，但提醒人们要善于从"无、低、谦、下、柔、弱、愚"的角度去看待、把控一切。最好的境界是：月未全圆，花未全开；留有些许残缺的完美是真正的完美。从"无"始才能到达"有"，若要保持最大程度的"有"，就要保留一定程度的"无"来做保护伞；否则，"有"就会全部变成"无"。这就是道，这就是自然。

无为不等于懒散放任，"无为无不为"不等于无所作为，"无为无不治"不等于"无为而治"（"无为而治"不是老子的原话），少私寡欲不等于无私禁欲。一切人、事、物，皆从"无"走向"有"。一旦到达"有"，后续发展就会向"无"复原，终归于"无"。之后开始新的"无"和"有"循环。这是亘古不变的道。

老子的无为，意为接近无为，实质是特殊的、用力最小的有为，如微力、微扰，即精巧微妙而为，实际上是四两拨千斤；无为就是敬畏自然、敬畏大道的有为；所谓无不为、无不治，就是接近把想做的事情都做到了，并且喜出望外，连未想到的事情也办成了，并且没有生事，没有惹是生非，没有留下后遗症或者后患，永续发展就是耗损近零的发展。

"无为无不为""无为无不治"是最小的能量输入，最大的成果产出，以德配天。老子信奉的是道法自然，物极必反，而不是放任自流；他强调善行无迹，善言无瑕，善为超能，大制无割，善建者不拔，善抱者不脱，至柔驰骋至坚，无有能入无间，而不是消极避世。

老子的"有之以为利，无之以为用"启发我们，需要挖掘光大"无用之学"，充分用足"有用之学"，探索建立"超限之学"。圣人多面多能，强调以最小的投入获得最大、最佳的产出。总结老子的观点就是：教，行不言之教；治，无为无不治；兵，善战者不怒；疑，美言不可信；思，外照和内明；德，不显德露德；学，学不学，学绝学；言，诚守诺不轻言；政，绝圣弃智利民；善，无弃物无弃人；能，行无迹言无疵；研，以天下观天下。

有人认为老子的学说是超越"一分为二"的"一分为三"全息逻辑。事实上，老子及其五千言并不拘泥于"一分为几"或者"几合为一"，在《道德经》中，老子分别呈现了一、二、三、四、五等的重要性。可以这么说，《道德经》是关于大道"无有二象性"的自然逻辑和思维方式，甚至可以说是"无"和"有"之间的重叠、纠缠、测不准、跳跃，可以称为近二千六百年前老子时代的量子逻辑。

老子强调三生万物，突出三的独特作用，如"三宝""三者""三言"。世界上确实存在幸运数为三的许多例子，三代表多样性和复杂性，三在先秦是多数的意思。因为有三，才能表达复杂系统和不确定性、多样性。老子的"负阴而抱阳"，强调世界并非只有阴阳，而更多是三元组成。无独有偶，最大的生态系统，地球、月球、太阳，地球是负阴（月亮）而抱阳（太阳）；最小的物质单位原子中，电子、质子、中子，中子是负阴（电子）而抱阳（质子）。

三是复杂性、自然性、超限思维的起始点。老子的重要概念、范畴，几乎均以"多位一体"的形式出现，特别是"三位一体"。例如"道"有"道可""道非""常道"，"名"有"名可""名非""常名"，"德"有"上德""下德""常德"，"智明"有"微明""习明""常明"。"三生万物"启发我们，看一切都不能偏执于黑白分明地一分为二，要知道和重视第三境界。

"三生万物"还真的在纯数学和应用中发光出彩。1975 年美国华裔数学家李天岩和导师约克合作完成了"Period Three Implies Chaos"一文。文章内容无奇，而结果震撼：若函数有 3 周期点，则有任何 k 周期点。简言概括，三生万物定律。由此策源而引发的研究如雨后春笋，一发而不可收，影响深远，混沌（chaos）概念在学术界开始大放异彩。

▶ 思考题

1. 比较老子的思维方式与量子思维、整体关联思维之间的相似和不同。

2. 从道法自然的角度查阅老子关于治国理政的论述，探究在中国某些朝代、历史阶段政府治理中相应的领导、决策和执行方式。

3. 论述圣人的各种不同表现形式和道法自然间的关系；探究

《小熊维尼讲"道"》的著述和动画形象的由来及百年历史。

4. 探究并阐明《道德经》中论述的"圣人"超能善行的特点。

5. 早年的《易经》和后来的《道德经》可以被分别视作中国"道"的"旧学"和"新学"，探究并比较《易经》和《道德经》的异同，并将其与西方传统哲学和文化进行比较。

6. 比较中国传统文化"儒道释"中的"释"与印度原生的"释"之间的异同，探究禅修发扬光大的原因及其与《道德经》学说之间的关系。

7. 就 X 光用于检测金属损伤、医学健康检查的案例，论述"无有入无间"思想。

8. 比较老子《道德经》的思维逻辑与"一分为二"逻辑之间的差异，论述其与"波粒二象性"思维之间的异同。

9. 花园是人与自然永恒相遇的地方，请汇集各类著名的花园及其自然生态设计思想。

10. 游隼能御风而行，时速可达 350 公里，是道法自然、巧用自然风和力的鸟中天神和大师，请描绘其主要行为特征；虹鳟鱼死后都可以逆流上溯，请分析这"善用他人之力"的道法自然。

11. 尝试"历史跨度全球视野的老子学说和大数据分析"这一研究课题。

12. 讨论西方《道德经》代言熊维尼（Winnie-the-Pooh）的由来，讨论《阿凡达 2》中的"水之道"与功夫大家李小龙"水之道"的异同。

13. 请用量子场论的激发态与基态（真空）概念解释无和有及相互关系。

8.2 最小能量思维：化难为易

除了《道德经》，热学第二定律也提醒我们：尽量最小化地使用能量。山间的滚球总会到达最小势能点。现实和历史都告知我们，一切自然均以最低能量使主体运转。

人们需要进行时间、效率和情绪管理，重要的是，可以向动物学习能量管理。需要在正确的时间做正确的事，以最少最小的能量做最多最大的事。精简工作中非主要事务；梳理任务清单，经常清空大脑；适时调整目标，调整能量配给；适时补充能量，提高效能。"虎行似病，鹰立如睡"，凶猛的动物从不忙碌，而是精力集中、能耗最小、以逸待劳、动如脱兔。

鲨鱼是极其凶猛又非常脆弱的动物，诞生于 4.2 亿年以前，因年代过于久远，出现过早，自然造物主对其的设计思考还没有现今这么复杂、这么高级先进，与后来的动物相比，它身体简陋，构造简单：内脏的 90% 是巨大的脂肪肝，像蟒蛇一样，吃一顿可以维持一年，能量储存在肝脏上，平时肝脏就是能量供给体。

鲨鱼身体缺乏足够的弹性和韧性，巨大的肝脏很脆弱，如被其他动物攻击碰撞，极易受伤害，甚至死亡。所以，鲨鱼在攻击捕杀猎物时小心翼翼，不做任何多余的动作，谨慎地使用能量，不采用猛烈的动作去攻击，严格遵守能耗最小原则，以似乎一点都不致命的轻微、轻柔攻击和撕咬让猎物不停流血。鲨鱼对血的味道极其敏感，可以不急不忙地巡游，持续地追踪猎物，以最少的能量消耗等待猎物失血而死，吃起来就毫不费力。简单的身体结构，能耗最小原则，使得鲨鱼在地球上存活了 4 亿多年。

"如无必要，勿增实体"的奥卡姆剃刀原理，已经被数学和自然科学证明，其正确性源自最小能量原理。这同样体现在生物体上。例如，动物能有规律地定期回应相同的刺激或者奖惩，逐步形成相应的神经通路，进而养成习惯，从此大脑几乎不消耗什么能量，就能完成类同的行为反应。

不打无准备之仗，是指不打没有胜利把握之仗。所谓常胜，就是不打不胜的仗，只打能胜的仗，先胜后战。不倒翁、不倒杯等玩具没什么天机诀窍，关键在于其重心低，只耗费最少的能量，受到冲击后，容易重新稳定复位。这启示人们放下傲慢，放低姿态，仔细体会什么叫"哀兵必胜"，笔者也称之为"能量最小极值原理"。人生中的捷径往往意味着高能垒，只是看上去便捷，实际上是困难无比的"几何捷径"，而不是真正有效的"能量捷径"（能量消耗最少的），这种捷径因而根本无法成功跨越或者实现。

催化剂能降低化学反应能垒，酶能降低生物反应能垒，这些都可以从最小能量思维角度加以理解。催化剂能将化石资源，如石油变成纤维，最终做成衣服；生物特有的酶催化剂能够消化吃下的各种各样的动植物，如肉禽鱼蛋、五谷杂粮，使之成为人体蛋白或者脂肪。酶催化剂之所以能使困难的反应得以进行，依据的是变高难度的一步为容易实现的多步、将阻力化整为零的催化原则，因为较少较小的能量消耗可以很容易地得到补充或者恢复。

要跨越巨大能垒，要使反应方便进行，就需要发现使用合适的酶催化剂，将巨大的能垒演化为无数个容易跨越的小能垒，将巨大的高山演化为无数个矮小的山峦，将必须能力超群的巨人方可跨越的一大步变成能力一般的常人可以跨越的无数小步。如此，不仅仅容易，涉及其中的人也容易产生成就感和自信心，这些行事操作方式对刚开始事业或职业生涯的青年人、处于艰难绝望厄境的人、刚跨入学习新门槛（幼儿园、中小学、大学、研究生）的学生来说，特别重要、有用而实效。

盲目追求捷径，就是"自寻短见"。要克服事物由失败走向成功的巨大能垒，人们就需要发现做事为人的合适方法，将难以攀越的喜马拉雅山演化成一个一个难度很小、可轻易跨过的小土丘。所以，人生应该不是一条一直上升、耗能巨大、阻力无穷大的简单直线，而是一条阻力很小、符合最少最小能量消耗而迂回上升的弯弯绕绕的曲线。

同样，人类社会、自然生态的发展和保育，也应该遵循最少最小能量消耗、无为无不为的社会发展原则和生态保育发展原则。

▶ 思考题

1. 探究并阐明为何在自然界有大量的流线型形状存在，为何星体是球体而树干多是圆柱体，此与最少最小能量原理有什么样的关系。

2. 道法自然的老子学说与最少最小能量思维的相似之处是什么？

3. 社会治理和军事行动上的最少最小能量思维的表现形式有哪些？请研究老子传人的兵书《孙子兵法》的类近表述。

4. 探究并阐述最少最小能量思维与整体关联思维和分解还原思维之间的关系。思考：如何在符合最少最小能量损耗的前提下，在整体关联思维和分解还原思维间做出选择？

5. 探究并解释一般哺乳动物冬眠的主要原理。

6. 大禹治水告诉人们，面对自然界的洪水泛滥，宜疏不宜堵；社会舆论的潮起潮落具有类似的特点，也是宜疏不宜堵。请从最少最小能量原理的角度探究论述这些现象。

7. 在自然界的生态演化中，对人工干预常会出现"道高一尺、魔高一丈"的抵抗效应。老子强调"治大国如烹小鲜"，要防止强力改变自然或者社会进程所可能带来的灾难性后果。请论述用"微扰"或者"无为"的方式去改变自然生态和社会发展的意义。

8.3 原子经济性与绿色发展

《道德经》的自然、生态伦理观念，充分体现在："天得一以清，地得一以宁，神得一以灵，谷得一以盈，万物得一以生，侯王得一以为，天下正"。"天无以清，将恐裂；地无以宁，将恐废；神无以灵，将恐歇；谷无以盈，将恐竭；万物无以生，将恐灭；侯王无以正，将恐蹶。"这里的"一"就是"道"，就是"德"和"绿色发展"。

不浪费任何一个原子，让每个原子都发挥价值和作用，这就是原子经济性的初衷和使命。在此基础上，才会有不浪费一个原子的"无弃物、无弃人"的生态绿色发展、社会的绿色发展和人的绿色发展。

原子经济性是绿色化学和化学反应的一个专有名词。绿色化学的"原子经济性"是指在化学品合成过程中，合成方法和工艺应被设计成能把反应过程中所用的所有原材料尽可能多地转化到最终产物中。化学反应的"原子经济性"概念是绿色化学的核心内容，其概念也被普遍承认，并被推广应用于各类化学品的设计之中。

原子经济性考虑的是在化学反应中究竟有多少原料的原子进入产品之中，这一标准既要求尽可能地节约不可再生资源，又要求最大限度地减少废弃物排放。原子经济性的理想状态，是指原料分子中的原子百分之百地经反应和分合转变成产物，不产生副产物或废物，实现废物的"零排放"。资源、能源与环境是人类生存和发展的基础。目前资源耗竭、能源短缺和环境污染日趋严重，如何使产业在创造物质财富的同时不破坏人类赖以生存的环境，并充分节省资源和能源，实现可持续发展，是人类面临的重大挑战。而以原子经济性原理为代表的绿色化学代表了绿色发展的方向。

绿色化学是环境生态伦理规范下的化学科学及其发展，是第一个以严谨的科学面目出现的、被人文生态价值或者伦理观照的科学领域，展示了今后科学的重要发展方向，并随之拓展出了"绿色科学""绿色工程"理念、概念。绿色化学解决经济、资源、环境三者之间的矛盾与极端气候挑战，从源头上消除污染，合理使用资源，开发环境友好的技术与清洁工艺，设计出安全、可生物降解的产品，贡献于可持续发展。

原子经济性原理能让人们更深切地理解老子《道德经》、绿色化学、热力学第二定律所一再强调的资源、能源消耗最小化的发展。

过去几百年间，自然科学技术和社会伦理的相互关联不是很多。1962年卡森女士《寂静的春天》出版以后，才有了生态环境概念。在此之前，人们都是喜好用科学冲破伦理，进而重塑伦理。但科技的发展速度越来越快，对社会和自然的冲击越来越大，社会和生态环境因科技而发生非自然改变的速度和程度越来越让人瞠目结舌。人们意识到在发展科学时，必须顾及社会和自然的伦理，所以就有了动物伦理、医学伦理等。这些迟到的伦理都是在追赶先行的科学技术。然而发展到当代，情况有所改变，最新的例证就是绿色化学这门科学与伦理融为一体的学科产生了。

人们总结过去的经验，发现了伦理的重要性。转基因技术引发的争议颇多，就是因为在转基因技术出来之前没有做好伦理学准备。我们即将进入人工智能时代，不能再重复以前的故事，不能拿着伦理安全的帽子在快速进步的科学技术后面拼命追赶。况且人工智能的冲击力比以往任何一项科学技术都要强劲，其进展速度更快，影响面更广，而且直接针对的是人类。人工智能几乎能达到和我们人类智能平起平坐的地位。

世界人口有 70 多亿，如果造出 70 多亿个 AI 机器人，就会有很大风险。今后伦理学需要超前配置，在问题出来之前建立人工智能时代的伦理规范，控制负面效应。而不能像先前那样，等出现生态环境污染后再进行治理。而且早年的环境生态污染代价，社会承受得起，因为它只间接影响人类；但人工智能不同，将会直接针对并影响人类，后治理的代价会很大，甚至根本承担不起。人工智能将会极大地改变我们的社会，甚至超越以前所有的科学技术。

社会发展到现阶段，科学技术与哲学、伦理的学科界限开始消失，而人才的学科分割培养却还在延续。先科学后伦理或者伦理与科学同期而动，都将贻误良机，留下后患，追悔莫及。在人工智能完全到来之前，需要未雨绸缪，超前发展社会伦理学、技术伦理学、工程伦理学，使之成为人工智能发展的一个先决条件。

未来的人类社会和自然生态，都需要"无弃物、无弃人""无为无不治"的绿色发展。

思考题

1. 探究并阐明绿色发展与原子经济性、最少最小能量思维之间的关系。

2. 探究并解释老子《道德经》中体现绿色和谐发展含义的有关

章节。

3. 阐明绿色发展与二氧化碳减排、资源能源节约、气候变化、永续发展之间的关系。

4. 探究并阐释绿色发展与多样性之间的关系，以及绿色发展与单一垄断思维之间的矛盾。

5. 二氧化碳可以用来生产混凝土，经聚合可以形成塑料制品，经转化可以生成环保氢燃料，请探究描述催化剂在其中的作用。

6. 请收集类似"报废的起重机变身奢华酒店""深坑酒店"这样的废物利用、绿色发展的案例，并做出分析阐释。

7. 探究并论述高分子聚合物即塑料制品的形状、特点和功能，并从循环经济的角度论述回收塑料制品重新炼制成原料、重新制成产品的好处。

8. 探究并描述织叶蚁巢穴、蜜蜂筑巢的建筑技巧，阐述"善建者不拔""大制无割"的含义。

8.4 计算思维：与理论和实验并列

计算思维是指，人们运用计算机科学的思想方法，确定问题及其潜在解决方案的思维过程。计算思维是将复杂问题明晰简单化，并将其解决方案落实到能够有效执行的程度；这些解决方案可以由人来执行，也可以由机器来执行，或由人和机器协同完成；计算思维应用涵盖所有领域，包括日常生活。

计算思维鼓励人们在大量消耗能源资源之前，先像计算机科学家一样进行思考，未卜先知，减少能源资源消耗，规避失败，超前现实，尽量将这种能力应用到人类社会的每一个领域。计算思维是指能独立于电脑、互联网、人工智能的一种思维过程，这是人的思维而不是计算机的思维，人用此思维控制计算设备，从而解决过去无法想象的问题。计算思维服务于人机沟通，便于用计算机去解决问题，其不是要像计算机一样思考，而是架起人机交流的思维桥梁。计算思维包括四个步骤：问题分解、模式抽象、算法设计和模式识别。

1982 年的诺贝尔物理学奖得主肯尼斯·威尔逊认为，所有的学科、所有涉及自然和社会现象的研究都需要借助计算，计算与理论、实验类同，是所有科学的研究范式之一。

所以，计算思维被认为是人类三大科学思维方式（计算思维、实验思维、理论思维）之一。计算思维不只是编程，更是多个层次的抽象和工程思维，是一种以有序编码、机械执行和有效可行方式解决问题的模式。

计算思维的本质是抽象，与形象思维几乎相反。抽象就是省略不必要的细节，留下需要强调的环节的过程。抽象赋予计算机科学家衡量和处理复杂性的能力。不同于数学和物理学所定义的抽象，计算思维的抽象更具普适性，依赖形式逻辑。数学的抽象是一种符合数学规律的特殊性抽象。

计算思维的抽象和其他领域的抽象有明显的不同，引入了层的思想。抽象有不同层次，两层次之间留有良好的接口，计算机科学家通常处理至少两层之间的活动。尽管物理学和数学也以抽象为核心，但计算思维与其不同，强调的是抽象层次间的紧密联系，这些联系在自然科学中并不存在。

正确理解计算思维的内涵，还需把握计算思维的特征。计算思维是人大脑思维的计算语言表达，不是无生命的计算机的思维；是概念化的，不是程序化的；是基础的，不是机械技能的；是思想的，不是人造产品；是数学思维和工程思维的互补与融合；是一种可以融入工作和生活方方面面的普适技能。计算思维是算法、程序、创新、批判性、问题解决等多种思维的综合。显然，计算思维与其他技能的不同之处在于突出计算原理、思想和方法的应用。计算思维能力培养的关键在于抽象能力。可以将计算思维设计为教学课程，其可操作性强并便于评估，其内容可以细化分解包括逻辑、算法、模式、抽象、综合、评估和自动化等概念。

在工程技术界，智能算法主要为模拟生物类的算法，如蚁群算法、蜂群算法、遗传算法等，这些算法属于整体关联思维一类，侧重于从群体整体性来模拟智能；神经网络算法之所以独领风骚，是因为这些算法把智能还原为一个个神经元，再把这一个个神经元以某种复杂的方式连接起来（而非简单加和）而最终实现智能，其在一定程度上是分解还原思维的表现。其值得提倡的是，用分解还原的手段来分解系统，再从强烈复杂的整体关联的视角来看待系统，先分再合，边分边合，竟然得到了非常好的效果。

计算思维在不断进步。早期的计算建立在几何学、牛顿的经典力学基础上，后来量子力学发展起来，计算走向更本质、更深层次、更复杂的阶段，渗透到所有的领域，如计算化学、计算药物学、计算生物学、计算社会学、计算教育学等。

思考题

1. 从计算角度而言，计算耗费资源和机时最多的是药物设计计算，其次是天气预报计算和宇宙爆炸生成计算，请论述原因。

2. 阐释迭代收敛计算和图书版本升级进化之间的类同性，及其对工程进步和社会进步的启发意义。

3. 探究并说明计算社会学对社会学研究、社会政策的检验和应用放大的意义。

4. 预测计算金融学、计算教育学的未来发展，并阐明其重要意义。

5. 探究并论述超前现实的在线实时预测计算及其对工程安全和社会灾害控制的意义。

6. 北宋李诫的《营造法式》一书，呈现出了中国古代建筑的标准化、模数化、装配式，从而在千年前就真正实现了多快好省，其思维方式和当今的计算机思维有非常多的相通之处，请比较描述。

8.5　工程思维与工程放大效应

工程与科学和艺术都有所关联，是连接两者的桥梁。科学发现

"道"，工程创造"器"，艺术想象"形"。在与世界的关系上，科学体现在对真实世界的反映性，工程体现在构建性[50]，而艺术体现在虚构性。讲究实用、实践特点的工程，在东西方文化传统中曾经被视为工艺、农艺，正像文艺一样。

工程思维是"造物导向"的思维，具有科学的逻辑性和个性化的艺术性，讲究操作性（运筹性）、集成性、可靠性、容错性。形象化比喻从事工程的人，类似解决路障的推土机、清除地雷的工兵。工程思维中的工程科学接近科学思维，兼具发现和创新、理论和实践；而工程实施中的工程思维则接近项目管理和执行，提供可以严谨实施的解决方案。

科学思维重在发现已存在的世界，是以发现知识为导向的自由探索，围绕普适性的、引发好奇心的科学问题，提出解决问题的科学方案和原理；工程思维创造未存在过的、将要非虚构地实际存在的世界，通过创造以价值为导向的顶层设计，提出和解决工程问题，去满足个性化、地域化的现实需求[51]。

工程实施呈现项目运行特征。通过标准化、数据化、专业化，将工程以环环相扣、步步为营的工段方式推进，包括谋划、设计、执行、衔接、落实、汇报、评估、完成、考核等阶段。工程实施包括围绕目标完成的时间任务进程表格、关键工作内容清单和执行人、各阶段关键点和阶段衔接、考核验收标准，还包括人、事、时的进程路线图。有人将马斯克的创新与创业中体现的"工程师思维"，总结为：创新精神、科学方法、垂直整合、模块设计、持续改进。

"工程科学"一词是 1947 年首先由钱学森提出的。如果说原创性基础研究是从 0 到 1，应用接力拓展放大研究是从 1 到 100，李言荣院士认为，那么从工程应用反向到基础理论的研究就是从 1 到 0 的研究。这在一定程度上反映了工程科学的实质，即先有形到无形，后无形到有形，进而形无尽。

工程科学思维兼具研究开发和项目实施双重特点，强调逻辑推理、系统规划、强力执行和问题导向。

工科科学思维及其教育，需要引导学生主动去发现和定义问题，并整合各种技术和资源去解决问题；基于项目的系统设计、制造、调试和迭代，跨学科和跨年级团队合作，以及供应链和项目管理。发现和定义问题是整个工程思维的核心，随后才是整合各种技术和资源去解决问题。过去，工程教育的毕业设计都是教师出题，学生答题，最后以考分结题，学生在工科科学思维及其教育中丧失了主人翁精神，缺乏认同和成就感。学生对此类问题的提炼和解决，如没有切身感受和自驱力，也很难以此为起点，也难以进入更高、更深层次的探索，如创新创业和担当作为。

工程科学思维者具有以下特点：善于逻辑推理，逻辑严密、胆大心细、行事谨慎、实事求是，探究问题不带主观色彩，刨根问底，以事实证据为准绳，就事论事，知错即改，能以严格的数理逻辑和论证去思考判断，能克服"先入为主""见风是雨""确认偏误"等思维误区。确认偏误首先需要排除，因为当人开始相信一个事物，就容易先入为主，会不自觉地或者主动搜寻能增强这种信任的信息，甚至罔顾事实。如此认知心理偏误极易造成误判和非理性。

系统规划就是规划各部分模块间的合理联系，使之成为整体，系统思考以实现工程效能和可靠性；能从不同角度观察问题，了解各部分之间的依存关系，以进行项目或产品设计，专注提升效率。

强力执行指思想集中、聚焦具体，以系统化、流程化为特征，有条不紊、环环相扣、步步为营、逐步推进项目。拒绝天马行空的浪漫主义和意外惊喜，排斥阴晴善变的情绪变化；执行力强，严谨守时，鄙视撒谎。这一环节更像工程项目管理。

问题导向指通过解决问题而获得成就感，是工程思维、工科思维的精髓。输电引水、筑路架桥、信息计算、化工制药等，都需要解决一个又一个具体问题。值得注意的是，工程科学不单纯存在于实验室，更多地存在于工地和野外，更要关注规模放大而引入的剧烈变化、混乱和不可控。由小到大的工程放大，会产生难以控制的放大效应和风险[52]。实验室结果不等于工程现场，如果现场控制不好，不仅会导致效益低下，带来经济损失，更可能出现严重失误，甚至严重的安全隐患，这在流程工业中表现得最为明显。

化学制备过程的放大与规模化一直是个难题，涉及化工、制药、能源、材料等诸多产业。传统化学走向工业，从试管化学开始，需要逐级试错的规模放大，以最终完成产业化。由于化工装置内的传热传质传递及反应非常复杂，如果简单地按等比例放大，成功率很低，更可能效益低下。放大与规模化，更多时候是采用基于原理的非等比例的放大，即在符合传质、传热、传递和反应转化的规律、原理、方程基础上的工程放大，而且往往是非等比例的放大。

社会实践和社会工程中的应用推广非常类似于工程放大，具有不可控的风险，不能简单地等比例放大。社会试验、探索需要从小试、中试到大规模推广的逐步试错探索。早年"先进城市、文明城市"源起时的评估评价模式，就是借鉴了化学工程放大原理中"小试——中试——大规模推广"的工程放大思维。

🔘 思考题

1. 探究并说明工程放大与工程伦理之间、社会放大与社会伦理之间的关系。

2. 探究并说明当老鼠以等比例放大到大象尺度以后，老鼠能否站立和走动，两者在受力、耗能、散热、代谢方面有何异同。

3. 依据试错法，探究分析一般允许的工程等比例放大的最大倍数，数值放大的可靠性和不可预测性何在。

4. 小锅菜与大锅菜的味道不一样，小国治理与大国治理不一样，请探究并解释其原因是什么。

5. 跳蚤的弹跳力很好，跳得很高。如果将跳蚤放大到蚂蚱那么大，它能跳多高？如要跳得很高，应该以什么样的形式放大？

6. 了解《中国制造2025》和近年中国超大规模的高铁、跨海跨山大桥、南海填海造岛等工程项目。

7. 探究并综述人们如何针对化学制备过程的单元操作，如蒸馏、过滤、结晶、升华等步骤，形成"三传一反"化工原理和化学工程学，并衍生出生物工程学；探究人们如何借助于"微纳效应""量子效应"发展出"微流化学"和"微流控"，以解决工程放大和安全生产问题。

8.6 局部与全局的最优化思维

最优化思维是在复杂环境中从众多可能决策中挑选"最好"决策的思维。

最优化思维中，局部最优指在一定时空局部范围内的最优（效能最大或者耗能最小）解，全局最优强调的是在全局意义上所有可能解决方案中的最优解。

局部优化与全局优化既关联又矛盾。例如，资源分配中的局部与全局，满足一个省、市需求与满足全国需求方面的差异和经济效益最大化；工程设计参数选择中，是单单满足工厂低成本的设计要求，还是周全考虑与生态环境保育之间的关系。如何分辨把控局部最优与全局最优、当时最优与长期最优，是让人纠结不已的事情。比如各朝各代的政治意识形态可能是局部最优，但难以确定是否为人类历史上最优、人类发展进程上最优。

局部最优容易做到，但有时会出现极端负面的结果，即出现

"公地悲剧"。公有草地，人人有权使用，却无人真心维护，结果所有人的羊都来吃草（局部最优），争先恐后，最后公地不复存在（全局最劣）。这在社区集体的公共事务和全球各国的公共卫生、公共道德、气候变化、全球共同利益、人类共同福祉等挑战与应对方面表现得最为突出。柏拉图和苏格拉底的对话，深刻地解答了局部优化与全局优化的不同、意义与困境。

柏拉图问老师苏格拉底什么是爱情。苏格拉底让他到麦田摘一棵最大的麦穗回来，不许回头，只摘一次。最后，柏拉图空手而归，说：看见不错的，却不知是不是最大的，一次次侥幸，走到尽头才发现还不如前面的，只能放弃。此故事提醒人们，因为生命处于"经典/量子"规则的交界处，具有天生的不确定性，全局最优极难寻找到，其几乎不存在，人们常常空手而归。人们只有设定一些限定条件，才能在有限范围内找到最优解，即局部化的最优解。

柏拉图接着问什么是婚姻。苏格拉底让他到杉树林选一棵最好的树，不许回头，只选一次。这次他拖回一棵有点稀疏的杉树，理由是因为上回的教训，看见一棵看似不错的，又发现时间、体力已近临界，不管是否最好，就先拿回来了。这告诉人们，局部最优不等于全局最优，但局部最优有可能是全局最优解。

要获得全局最优，一个简单的办法，就是让全局范围足够小，这样易于做出决策。一个复杂的办法，就是在搞清楚每一个局部的最优解和次优解基础上，对不同的局部进行不同的加权排序，并综合评估，根据全局最优所要求的第一要素、第二要素进行局部最优、次优的排列组合、加减乘除。因为所有的局部最优不一定能实现全局最优，必须有保、有得、有失、有缺，还得考虑各局部之间在时空上的相互嵌入。

要谨慎看待局部最优，不可对其过于贬低或者抬高。某些人偏误地认为，每个人追求个人利益的最大化，就能累积成群体利益的最大化。第一位诺贝尔经济学奖获得者保罗·萨缪尔森指出，这是误以为局部成立就能全局成立的以偏概全的"合成谬误"。机械僵化观点追求效率优先，累积局部优化，而系统论的观点追求系统整体的优化。局部最优虽存在问题，但容易实现；全局最优难以实现，困难众多，需要有"上帝"的视角，能掌控全部的数据和事实，并能够正确地做出决策。

从激发和培养批判性思维、创造性思维等角度论及局部优化和全局优化，不得不面对个人和集体的关系以及各自的弱势与优势。原始的创造或者创新的种子，来自多样而差异并个性化的个体"灵光闪现"，而创新的力量和开枝散叶的深远影响，来自集体组织协调"磅礴巨浪"。可是，个体有可能离经叛道、偏执而迷失，而集体也可能拉低群体智商、成乌合之众。个人活力和集体力量之间到底如何精准协调、相得益彰，影响并决定着民族、国家、团队、个人的竞争力。马克思强调每一个人的自由而全面的发展，指出"每个人的自由发展是一切人的自由发展的条件"，指明了个人与集体的不可分割性、个人与集体的同等重要性。而这应该成为我们在创造、创新氛围建设中进行局部优化和全局优化的重要考量。

🖱 思考题

1. 从局部优化与全局优化两个角度分析西医和中医的异同和各自优势。

2. 探究单一部件性能价格比的局部优化、整机产品寿命和性价比最大化的全局优化以及两者之间的关系。

3. 探究并阐述麻将游戏中的局部优化优先和围棋游戏中的全局优化优先的特点。

4. 自行车、汽车的轮胎磨损扎洞放炮后有两种处理方式，要么局部修补，要么全面换新。请论述这两种方式各自的优缺点。

第九章

跨界和融合

天下本无界，因为自以为是、画地为牢、以邻为壑，所以有了界，并固守此界，甚至会老死不相往来[53]。如果能跨越诸多障碍和分割，如文化文明、东方西方、行业产业、学科专业、感官识别之间的分界，让艺术和科学充分融合，就能设计创造出新我、新的美好世界[54]。

9.1 真善美：三位一体与四种品位

真善美是人类最大公理、最大公约数。道是宇宙的核心，道包含真善美三要素。真善美指世界终极的真理、善良和优美，是如爱因斯坦所描述的令人向往的"宇宙宗教情感"。人类的高贵之处在于自我超越性，真善美让我们超越动物性，拥有人类的共同追求。真善美的追求，犹如喷气燃料和火箭，送我们脱离丛林沼泽、脱离动物界，飞向精神世界的理想国"神州大地"。

"道"和"德"是统一神圣的一体两面，"道"是本体，"德"是"道"的应用[1]。科学的内核是真理，信仰的内核是善良，艺术的内核是优美。我们每个人存在的使命就应是，对世界、对他人、对自我每日审真、审善、审美，追求真善美，完成从物性、经过人性、最终到达神性的全过程，从而真正建设我们祖先数千年前就梦想的"神州大地"。科学、艺术、信仰在把人从哺乳动物中提升出来的过程中发挥了重要作用。科学、艺术和信仰作为重要手段，可以让人们超越自我，超越自己的情绪，脱离困惑，破除内心的痛苦、烦恼和各种矛盾，使心中"道"和"德"得到滋养，让真善美自然地表达和释放。可以说，创造、创新、创意、创作、创制是第二位的，第一位的是超越自我，从而升华，与道同在。

真善美的公理性，从科学角度来看，完全媲美欧几里得几何原则、牛顿力学的三大定理、热力学定律、量子力学的薛定谔方程。科学的真，就是可以证伪；科学的善，就是善为；科学的美，就是简洁。真善美三位一体，就是大道无形的"道"。真善美是道的不同化身、不同展现。从经典思维视角看，真善美是"道"的机械三视图；从量子思维视角看，真善美是"道"的量子全息图。

西方的真善美，统一、圆满、俱全，是追求绝对的完美无瑕。而东方老子独到地指出，真正的真善美，仅仅是接近圆满、完美，并不是绝对没有极细微的缺陷[1,13]，完美就是"花未全开，月未全圆"。

中华民族具有"实用理性"[55]，没有西方宗教传统的严格的教条理性，但有可替代宗教的、文化信仰上的"儒道释"。文学艺术与信仰有着天然的相近之处，因为文学艺术在很大程度上可以承担净化个体心灵的宗教职责以及寄托生命志趣的信仰功能，赋予人类积极乐观的心态。因为有了能替代宗教或者信仰的文学艺术，人类能有忘我的情怀和仁爱，能在黑暗中看到光明未来，在丑陋中发现美好的存在，在恶劣的环境中拥有坚毅，在抵御邪恶诱惑和压力中继续以善良慈悲为怀。就视觉感知而言，人可以有一种、二种、三种视锥细胞甚至更多的色彩视觉，分别对应感知一维、二维、三维颜色空间以及四维以上的超体（超立体、超球体）颜色空间。三生万物，超出三者、四及以上者可视为超限。老子说，域中有四大，道大、天大、地大、人亦大，达此境界而四者俱备，便可以返璞归真，融会贯通。老子把人分为四种：圣人、上士、中士、下士。超凡脱俗的为圣人，而所谓下士，就是"下士闻道，大笑之！不笑，不足以为道"[1]。

科学、艺术、信仰等精神产品，依据所包含的真善美三内核的成分含量，呈现出不同的质量、品相、级别和层次，如极品、上品、中品、下品。能做到真善美三内核兼具、并与日月同在、具有永恒性，被视为极品；上品必须包含真善美三内核，能经得起时间考验；下品就是假丑恶俱全，危害人的心灵，包括迷信、巫术、邪教等。极品、上品的多少和占比，代表性地呈现着一个文明的层次、地位和品位，展示着该文明在人类文明价值链中的地位和价值。

得道多助，失道寡助。人们需要在灵魂深处，在日常生活和工作中，为真善美留下居住空间，从而获得"道"的终身庇护。如此无数点滴的真善美，能凝聚成社会文明与进步的希望之光。拥有真善美，就是铭记践行真——真人、真知、真话、真事、真相、真本领、真道德，就是铭记践行善——善心、善良、善行、善能，就是铭记践行美——美好、美丽、优美。

以善良之心面对身边一切，善待自己，善待亲人，善待朋友。"善者，不善人之师。不善者，善人之资。"需以老子的方式妥善对待不善之人，善待生活中遇见的每一件事、每一个人[1]。人们通过知识"点"的学习，通过提炼、取舍、关联而形成知识的结构"框架"，进而形成自己的思考习惯或者规范，即思维模式，如此就可以给自己的言行举止、音容笑貌赋能，最终体现出优秀的精神品格，而达"真善美"的境界。

⟳ **思考题**

1. 探究枚举科学、艺术中真善美的著名案例。

2. 探究、收集、分析老子类近真善美的论述。

3. 阐述在社会发展与治理、国家竞争、军事对抗中"得道多助，失道寡助"的案例。

4. 用四级品位的分类来分析你所知道的科学、艺术、信仰等公共精神产品。

9.2 新形象思维：科学幻想

好奇心、想象力等形象思维对创造力、创新性有着极其重要的作用。孩童幼年、人类早期，首先成熟的是形象思维，这样的思维在人的一生、人类的整个发展进程中一直发挥着重要作用。

数千年来，除音乐、美术、体育、魔术等传统形象思维领域外，能突破人类认知极限的新的形象思维模式少之又少，而科学幻想是仅有的典型代表。科学幻想总是在心怀人类，憧憬着未来社会。

高尔基认为，想象是一种艺术思维。想象有很多种：随机想象，如梦；意向想象，如文学形象；创造性想象，如中华龙图腾；幻想，如科学幻想。形象思维中，最重要的是想象，它是形象思维的第一要素和高级形式。想象是对现象、直观形象、表象进行加工，重新组合生成新形象的过程。想象具有形象性、新颖性、创造性和高度概括的特点。

想象与人的主观愿望结合，就有了幻想。广义地看，《西游记》是跨越时空的伟大的幻想作品。科学幻想是幻想的高级形式。著名的科学幻想作品，包括"机器人系列""银河帝国系列""基地系列"、《海底两万里》《流浪地球》《三体》《时间机器》《阿凡达》《终结者2》《星际穿越》《黑客帝国》《盗梦空间》《机器人总动员》等电影或者文学作品。相比较而言，《三体》是近年来能代表这一新形象思维的一部科学幻想文学巨著[56]。

世界上存在着人们永远无法得知的暗物质、暗能量，存在着人们永远不可能亲身所及的遥远星际和深远时空，也存在着人们不可能亲身所及的细胞底层和物质底层，如去分子或者原子空间世界旅游，是完全不可能，而这些地方恰是科学幻想和艺术可以联手"到达"的重要领域。

科学是幻想的一部分，因为所有的科学结果几乎都始于幻想。与其他幻想不同的是，科学幻想有被实验验证的科学结果作为幻想的基础。

人类拥有纯幻想的艺术已经近万年，古代神话几乎都是古人对大千世界的纯幻想式的联想。科幻创作，包括小说、绘画、电影，只是最近两百多年来才出现的新鲜事，也是独特的形象思维新形式。从那时起，在这一领域，它要求科技工作者拥有非凡的幻想力、非凡的好奇心、非凡的讲故事的能力；它要求参与这一领域的艺术工作者有扎实的科学功底、非凡的科学思维和精神。如果科学与幻想分离太远，这样的幻想就成为传说和神话。

相比较而言，大多数人的大脑日常主要由形象思维主导，这样简单、快速、低能耗。生物进化让人类大脑对形状、色彩、声音更为敏感，相应的信息和对应的文学故事和艺术作品也更容易被大脑所吸收。文学故事或者艺术作品中存在许多无效信息和模糊不精确之处，但这些适合人类大脑以类近量子思维的方式进行储存和信息处理，更容易被大脑接受。所以，科幻不仅是对基于大脑的幻想本身的挑战，是对现有艺术思维的挑战，也是对科学思维的挑战，并使得人类逼近认知范围的极限，把想象力带出宇宙。当代的信息技术、人工智能将科学幻想这种新形象思维推到了极端，典型如虚拟现实、增强现实、混合现实，以及笔者和赵星教授、李洪林教授等合作者倡导并落实的"数智人""大师复现"等。

虚拟现实（VR）：以假乱真，犹如蒙上眼睛幻想，是近年来出现的人工的灵境技术或幻真环境。虚拟现实就是用电脑模拟出一个三维空间的虚拟世界，提供使用者视觉、听觉、触觉等真实感觉的模拟，如同身临其境，让人们可以及时、没有限制地观察感受三维空间内的人、事、物，并与之互动。

增强现实（AR）：扩增现实，犹如戴上望远镜。增强现实出现于 20 世纪 90 年代，通过电脑技术将虚拟的信息带入真实世界，真实的环境和虚拟的物体实时地叠加到一起，在同一个画面或空间存在，让人突破时间、空间和其他一些客观限制，感受到在真实世界中无法亲身经历的体验。

混合现实（MR）：真假难分，犹如蒙眼幻想和用望远镜瞭望两者同时使用。它包括增强现实和虚拟现实两者，真假难分、混为一体，由现实和虚拟的融合而产生新的可视化环境。真实、虚拟和数字的人、事、物共存，并实时互动。

数智人（D. I. Man）：数智人，指通过电脑进化而具有了数据智能能力和手段的新人类，是"多源数据＋智能算法＋领域专家"的"数智人"框架体系。其整合了语音交互、自然语言理解、图像识别等 AI 能力，形象逼真，对话自然，心灵沟通。比数字人更加智能、人性化，更符合"灵境""元宇宙"中"原住民"的设定。当生成型强化人工智能进一步发展到数智人，新的虚拟人类将会出现。而"数智人大学"则可以将虚拟人培养置于和生物人培养同等重要的地位，促进虚拟人与生物人的交互，取长补短，让虚拟人为生物人探险、跨越各种界限、超越学科界限，并个性化地成为生物人 24 小时无休无眠的学伴或者助教。

终有一天，当人们能够超越自己的感官和思维局限，就能感悟老子所说的"大音希声""大象无形"。

新近出现的根据文本生成视频的人工智能 Sora，使得每个人都能成为编剧、导演、演员和幻想家，遨游在天地、太空、虚无之间，使得过去遥不可及的梦想变得似乎触手可及。有人将《西游记》第一集的文本输入 AI，而获得了其生成的三分多钟的视频，其内容精彩纷呈，非常不同于单纯人类的拍摄和展现手法及技巧，这给人类的形象思维进化与提升展现了一片新的天地！

▶ 思考题

1. 探究电影《阿凡达》所涉及的学科专业以及各种思维方式相互是如何嵌入在一起的，分析故事吸引人的关键之处。

2. 探究科幻小说《三体》对科幻创作传统的重要突破之处，论述其对未来艺术、科学、认知和社会等方面的启发意义。

3. 探究分析《西游记》中的宗教成分、幻想成分和文学艺术成分。如果将其改造成具有科幻小说特点的《东游记》，该如何落笔、切入？

4. 请汇总论述已经出现的数智人形象和系统以及各自的优缺点，如已知的形象例子包括：周杰伦的数智人"周同学"、数智人"王小濛""米卢"等；并请畅想"数智人大学"这一新事物对"人的自由而全面的发展"的潜在促进作用。

9.3　跨文化跨文明思维

东方人的语言委婉含蓄，西方人的语言直截了当，如将这些用思维形象表达的话，可以分别用弯圈与直线来代表。圈与线的思维差异，同样典型地表现在处事方式上东方人的弯和西方人的直，比如基督教十字架的直、道家太极图的曲、英国国旗米字旗上的直线、韩国国旗上的太极八卦阴阳鱼图的弯圈等[14]。

东方思维的形成，源自强调关系、融合、和谐的"家"；西方思维的形成，源自强调独立、自主、感觉的"己"。中国人倾向自我调控，不大愿意去影响环境和干扰他人，在人际交往中尽量减少人与人的摩擦，比较顺从官方治理，因此中国儒家理想的人格是"仁义礼智信、温良恭俭让"。在古代，希腊花瓶、酒杯上描绘的是战争、体育竞赛和豪饮狂欢，而中国画卷、瓷器上展现的是家庭生活和乡间野趣。中国人的幸福就是物我平等、人际和谐、淡泊宁静、知足常乐，而希腊人认为，自由施展才华的生活才是幸福的。中国人眼里的家庭，是由各个成员相互复杂联系而成，而希腊人眼里的家庭，是各有特点又互不相干者的集合体[24]。

中国人喜欢用巧妙表现的、隐喻的语言，避免直接使用极其精确刺耳的字眼，不愿把类别分割清晰。因为生活互相依存，追求的是和谐，而不是自由。古中国哲学的目标是遵道，而不是发现道。

古希腊人创设奥运会，典型地反映了希腊人强烈希望自己掌握命运，依据自己的选择去行事的特点。

希腊人对世界充满好奇，追求个性自由，对世界本质的追索远远走在同时代人的前列，喜欢构建充分描述和解释规律的精确模式。希腊人喜好脱离背景进行逻辑分析研究，通过剔除"血肉"而只留"骨架"，这样容易判断正确与否。

希腊哲学把组成世界的基础——人、原子、房子——作为基本分析单元去研究其属性、特质、类别，依照规律加以分析。所以，他们认为世界不复杂，是可知的。希腊有许多城市型国家及其政治，特别体现在其市民集会上。在集会上，人们依据理性论证来说服彼此，不同的习俗和信仰使得人们要学会处理各种矛盾，需要建立形式逻辑去应对不一致的观点。众多的城邦及其间隙，使得知识叛逆者有生存空间，他们四处游走，保持自由探索知识的状态。希腊的个人主义和自我认同文化促成了辩论文化，辩论需要丰富的知识和清晰的逻辑，故有三段论的习惯。

西方思维重分析，认同（形式）逻辑，不接受矛盾的观点；东方思维重整体，鼓励认识变化，接受矛盾。西方思维喜好将形式从内容中抽离，以便有效判断，如此西方人能避免东方人常犯的一些逻辑错误。东西方分析历史的方式也不同。东方强调情境，注重事件的发生顺序和相互联系，并以同理心理解历史人物。西方轻视情境因素，不关注时间序列，强调进程中的因果模型。

东方的思维常常是整体并辩证的。辩证思维强调：关系和情境，将事物或现象置于宏大整体之中加以考虑，以理解系统的运作与平衡，并多角度看待问题。中国人的思维可以极其理性但拒绝理性"主义"……并不愿将形式与内容剥离。辩证传统可以部分解释为何东亚人更关注情境。若事物处于永恒变化之中，当然要关注围绕核心事件的环境因素。所有因素都会影响事件的发生进程，并产生变化和矛盾。东方方法关注情境中的事物，关注事物间联系，以及事物和情境的关系。

老子的"祸兮，福之所倚；福兮，祸之所伏"典型地反映了东方思维，特别是辩证思维。老子的"善者不辩，辩则不善"，典型地反映了东方人不愿面红耳赤地去较真、去辩论，因为辩会伤感情，并且辩论中情绪激昂、容易口出狂言，双方会由辩论到偏执，最终到怨恨。所以，中国人、东方人更鼓励协商讨论。有趣的是，西方传统背景的商学院学生喜好买入上涨股票，抛售下跌的股票；而东方文化背景的学生喜好买入正下跌的股票，并抛售正上涨的股票。不同类型的思维会产生不同的哲学，或者是世界观。思维结构上的差异导致对事物规律的不同思考。古代中国人因为关注情境因素，因此在许多古希腊人犯错误的问题上，他们却得到了正解，比如，中国人对声学和磁学问题的正确理解，中国人正确理解了伽利略百思不得其解的潮汐源头，即月亮牵引导致潮涨潮落。玻尔对于东方思维有深刻的理解，中国的辩证推理思维对他影响颇深。他将自己在量子理论上的进展部分归功于道家的"阴阳太极"东方哲学。

西方思维近年深受东方思维影响。传统的西方命题逻辑中补进了许多辩证原则。这两种思维正互相促进、扬长避短。逻辑思维找到许多辩证法的谬误，而辩证思维却发现了（形式）逻辑思维的局限性[57]。

古代中国由于中央集权导致民族同质性，中国人很难遇上信仰和习惯完全不同的人。即使有意见分歧，也很少去裁决谁对谁错，而是尽量化解。中国人习惯"和"文化，喜好个人与集体的融合，没有西方人那样强烈的个人意识。

东方文化协调矛盾，接受两种矛盾同时共存，不得不选择时，更喜好采取中庸的、折中的中间路线。中国人喜欢寻找兼顾矛盾双方的中间道路，而美国人则要求一方做出改变。美国人推崇的是从目标和结果上溯原因的"逆向"推理，而亚洲人不是如此。因果关系是美国人最起码的逻辑，希腊人关注因果关系，而中国人并不总是如此，并承认"同时性"不可避免会时常出现。

中国人注重事物间的联系，欧美人更看重单个实体。古代中国人强调适应环境，而不是改造环境；中国人见"森林"，美国人见"树木"。中国人相信否极泰来、祸福相倚的"变化"；美国人善用单线条的形式逻辑分析事情原因，相信事物是不变的，可用静止的眼光分类剖析事物，坚信世界是由规律组成的并一直如此。

亚洲人喜欢用广角镜看世界，西方人则是用显微镜看世界。英美哲学家注重个人主义，亚洲人能够全面看待事物，能站在他人的立场考虑问题。欧洲大陆思维较倾向于整体观，介于东亚和英美国家之间。

古中国人缺乏对事物本质的兴趣，难以发现真正规律。希腊人则有简单化思考一切的倾向，乐于对物体属性做出假定性的推测并归类，通过抽象概括进而发现无形的规律，用规律去揭示事物效用的最大限度。西方文化直面矛盾，关注"是"和"非"两种状态，用逻辑构建认知世界。实际上，科学就是扩展意义的逻辑学，这也是近现代西方知识体系领先于东方的主要原因。

东亚人认为和谐的社会关系比个人成功更重要，常把成功归于集体而非个人，不像西方人那么在意待遇是否平等。西方人认为自己是自由人，每个人独立于环境或周边，但东方人认为，人是相互关联、变化的一定条件规范下的人[24]。

西方人认为未来朝一个方向单调发展，东亚人则预料将经历命运的反复，未来有多种可能。西方社会中，个体间冲突主要通过法律对质来解决，推断谁对谁错，谁胜谁败；东方社会则通过调解来解决，目的是让双方减少敌意，双方让步并妥协。在中国人的理念中，逻辑是抽象思维，主要包括形式逻辑和辩证逻辑。形式逻辑包括归纳、演绎、类比。西方人如希腊人更重形式逻辑，认为自然进化中，绝大多数时候遵从的是形式逻辑。形式逻辑前后次序不可颠倒。

社会、自然进化中瞬间突变，往往体现辩证逻辑的正确性。但由于辩证的转换点、临界点难以定量把握，辩证思维容易变成随心所欲，信口开河。辩证逻辑是动态的、突变的，既使人灵活应变，也易使人走向诡辩和计谋。形式逻辑是静态的、递进的，既使人懂规则，也易使人僵化，还会使人难以接受量子论、量子逻辑等新的概念。

在古代，西方文明曾经从东方文明发展中获得启发和营养[58]；而近代，东方文明又从西方文明发展中获得刺激和新生[59]。美国哈佛大学查普曼教授说了一些有关东西比较、中美比较的有趣事例：有关火的起源，我们认定上帝赐予，古希腊认为是普罗米修斯偷来的，而中国则是靠自己的钻木取火。面对洪灾，我们的神话是躲进诺亚方舟，而中国则是大禹治水。面对家门口被山所挡，我们搬家，中国则是愚公移山。我们的"太阳神"，不可侵犯，可是在中国，可以打掉太阳，这就是"夸父逐日"。中国人和我们的区别就在于，困难面前希望神的施与和救赎，他们则是与困难直接抗争，从不听别人安排。中国人可以输，但绝不屈服，如此的民族精神，正是他们越来越强大、历经苦难而屹立不倒的原因！

中方和西方思维有时是异曲同工、各有巧妙、殊途同归。典型如古代中国的建筑思维方式与西方古代的建筑方式之间的差异性、类似性、建筑美。比较西方的建筑杰作和中国的建筑杰作，就可以清楚地发现：黄金分割（1：1.618）或 0.618 是西方建筑美的密码，它塑造了帕提农神庙那样的永恒和谐。没有规矩，不成方圆；规矩就是圆规方矩；规矩分割（1：$\sqrt{2}$）是中国建筑美的密码；中国古人用天圆地方、规矩分割观念建造出佛光寺大殿那样大度恢宏、宁静和谐优美的建筑，呈现了另一种完美的境界。

西方建筑的黄金分割体现在，拿掉一个正方形，剩下的是又一个黄金分割矩形；再拿掉一个小正方形，又剩一个黄金分割矩形，如此反复，无穷尽。如将这些正方形边长的 1/4 圆弧连接，就会得到一条优美的螺旋线：黄金分割螺线。

中国建筑的规矩分割体现在，拿掉一个（套在）圆上的正方形，剩下的是一个规矩分割的方中之圆的矩形，如此反复，无穷尽。体现出圆中有方、方中有圆的"圆方图"与"方圆图"的紧密相连，由小尺度到大尺度，形成了方矩与圆规的步步套连、直线和曲线的方圆结合的优美连接线。帕提农神庙和佛光寺大殿是中西建筑优美杰作的典型代表，将各自文化、思维和建筑的"密码"呈现在人们面前。

🔵 思考题

1. 探究并比较中国古代和西方在书写格式、通信地址写法等方面的差异。

2. 探究并比较中国炼丹术和西方炼金术、爆竹烟火和烈性炸药的异同和发展历史。

3. 比较中国古代传说故事和希腊神话故事在个人欲望、行为方式、社会角色、治理模式方面的异同。

4. 探究奥林匹克运动所具有的多元文化与共通价值观统一的特

点，比较希腊奥运会的竞技与中国科举选拔之间的类似和差异，并从个性张扬和家国情怀角度挖掘其现实意义。

5. 探究、比较、论述中国和西方在饮食、餐具方面的区别，中国菜肴与西方菜肴在文化和烹饪方面的区别，比较英语与中文在口头和书面表达方面的区别。

6. 探究并论述中国武术、气功与西方拳击、搏击的区别，以及中国传统的静运动、柔运动与西方强运动之间的区别。

7. 探究并描述考古学视野中横塘纵浦、水乡泽国的古代上海，从史前文明到外滩崛起，重点论述跨文化跨文明的力量对上海的影响。

8. 探究西方的圣诞节和中国的春节之间的异同，并由此论述中西方"理想国"探索实践中的差异。

9.4　跨学科跨专业思维

中国人偏重知识运用，而不是发现知识及抽象理论。古代中国更易接受君主专制和对自由言论、首创精神的压制。欧洲保持了对自由的追求和科学的进步，认为个体与群体需要分离，必须坚持自由的思考。

西方人偏好经典思维的科学，但高估了人类行为的可预测性，易受基本归因错误的影响。西方人偏好简单，东方人喜好复杂，体现于归因方法的不同和知识组织体系的差异。整体关联思维和分解还原思维是划分东西方思维的一个重要界限：东方思维侧重于前者，西方思维则侧重于后者[57]。

西方思维长于分析，东方思维长于综合。知识与学科体系发展的东西方思维差异，具体体现在转化还是分合的偏重上。东方知识体系的思维主线认为，"变"是"产生"和"消灭"，是要素本身的变化、转化和轮回；西方知识体系的思维主线认为，"变"是不变要素的结合和分离，概括起来就是"分合"和"聚散"。西方知识体系描述，往往重视结构、几何描述、演绎推理，具有公理论的特征；而东方知识体系描述，往往重视功能、代数描述、类比推理，具有模型论的特征[14]。

跨越学科、跨越专业的思维和探险是学术、科学、技术、艺术、产业等创造创新的基础[60,61]，这一趋势在现当代越来越突出。查理·芒格认为，人类当前的学科划分方式，就是从每个学科的独特角度切入了解整个世界，如同无数盲人在摸象，摸索"知识之象"的腿、脚、鼻、耳、肚、眼等组成部分，即数学、物理学、语言学、历史学、生物学、化学、地质学、地理学等，当人们通识性地掌握了众多学科的核心思维方式，特别是重要学科的重要理论，即重要思维，并为自己所用时，就能了解和把握真实的世界[15]。

人文与科学互为手性镜像，如同左手右手、左脚右脚、左眼右眼、左耳右耳、左脑右脑等一样，相互对称，相互补充，互成一体，不可分割，是人的一体二象。只有人文与科学的知识、素养、思维的融合，才能保证每个人的独立自由、健全发展与成长。

人文的基础是历史学，自然科学的基础是物理学，工程技术的基础是机械学，艺术的基础是美学……所有学科的汇聚、综合、抽象就成了哲学。

从"抽象"走向"实际"村庄的小道上，社会学最靠近"实际"。心理学认为社会学好像是心理学的实际运用，可以说社会学就是应用心理学。而生物学认为心理学好像是生物学的实际运用，可以说心理学就是应用生物学。化学认为生物学只是化学的实际运用，可以说生物学就是应用化学。而物理学则认为化学仅仅是物理学的实际运用，可以说化学就是应用物理学。而数学则认为物理学等所有的学科都是数学的应用。

查理·芒格也认为，很多一流的专家学者只能在自己非常狭窄的领域内做到相对客观，一旦离自己领域不远，就开始变得主观、教条、僵化，甚至干脆失去了自我学习的能力，免不了局限，而成了瞎子摸象。这对解决实际问题，显然造成障碍。所以需要提倡学习所有学科中真正重要的理论，并在此基础上形成真正的"普世智慧"。所有的人都会存在思维上的盲点，如不弥补思维上的盲点，每个人都会在从猿到人的进化过程中慢慢爬行。而如此全面思维方式的养成将使你看到别人所看不到的东西，预测到别人所预测不到的未来，从而获得幸福和自由。对理工人才而言，艺术训练能提高专注力、组织力和成长性；对人文人才而言，形式逻辑训练能提高执行力、操作能力和严谨性[15]。

钱学森曾经说，加州理工学院鼓励理工科学生提高艺术素养。我们火箭小组的带头人马林纳就是一边研究火箭，一边学习绘画，后来成为西方一位抽象派画家。我的老师冯·卡门很高兴我懂得绘画、音乐、摄影，并被美国艺术和科学学会吸收为会员，他说这些才华很重要，比他强，因他小时候没有那么好的条件。我父亲钱均夫很懂得现代教育，一面让我学理工，走技术强国之路；另一面送我学音乐、绘画等艺术课。我从小不仅对科学感兴趣，对艺术也感兴趣，在上海交通大学念书时就读过像普列汉诺夫的《艺术论》这种艺术理论方面的书。艺术修养不仅让我深刻理解了艺术作品中那些诗情画意和人生哲理，也学会了艺术上大跨度的宏观形象思维。我认为，这些东西对启迪一个人在科学上的创新是很重要的。科学上的创新不能光靠严密的逻辑思维，创新思想往往起始于形象思维，从大跨度的联想中得到启迪，然后再用严密的逻辑加以验证。

量子思维能与文学艺术的表现形式无障碍地沟通，典型地反映出其具有跨学科跨专业思维的特点。

埃舍尔的分形画表明他懂分形数学，而他的变换画、双歧图则表明他有量子思维、量子概念。清晰、分明的工笔线描画、油彩写实画，像是精确确定的经典思维；印象派、野兽派、中国山水写意画中的留白，像是模糊、纠缠、重叠、测不准的量子思维。有人说，音乐是思维的声音，语言的尽头是音乐，音乐就是语言的灵魂。打击乐有节奏而无旋律，产生于石器时代；弹拨乐能产生旋律虚线，可能是伴随弓箭而产生的；弦乐源自弓弦相交，催生了拉弦乐器及连贯的旋律线。由此人们从历史轨迹与逻辑推论而推测，"弹拨"后于"打击"，而先于"拉弦"。

如果说打击乐、拉弦乐分别对应牛顿力学和经典思维的经典粒子、经典波的话，那么弹拨乐对应的就像量子思维的波粒性质重叠。中华民族的弹拨乐器种类多样并完备，且历史悠久，丰富之极，堪称世界之最。

作为发声器的"弦"与作为放大器或传声器的"箱"组成弹拨乐器，具体有月琴、琵琶、阮、古琴、古筝、三弦、扬琴、柳琴等。变幻无穷的"点"和由无数"点"构成的虚线，是弹拨乐特有的令人陶醉的旋律。弹拨乐的"点"与打击乐的"点"不同，是具有延伸性的"点"，音域宽广，音律完备。

量子语境性能反映人类思考的模糊性、灵活性和最终的准确性。人类概念知识的结构和含义像量子，时常变化，因为词句的周边环境及连接方式等内容起着基本而重要的作用。

通过跨学科思维看待中文表达与量子思维，就会发现中文几乎是悠久完美、最高效的语言文字。

百年来中文曾经遭遇过极其悲惨的命运，由于不利于扫盲和书写，字体由繁体开始，先简化、后拼音化、再后来甚至考虑留音废字彻底罗马化。在机械打字机时代，中文输入设备笨重庞大且速度慢，远远不及英文；而在智能电脑时代，中文输入通过联想的多态叠加和键入选择而分别显示模糊性、精确性兼具的特点，其输入速度和拓展性超越任何文字，而这正是体现了中文所包含的量子逻辑的优势。中国经济和科技曾经在牛顿时代落后，而如今在量子时代进入前沿引领，也许与中文语言内含的量子思维特点有关。

完美的语言，应达到信息压缩下界。早在二十多年前人们就发现，中文是压缩比率最低的语言，最接近信息熵极限的语言。信息熵计算表明，汉字的信息熵是所有语言文字中最高的。世界九大语系里从未断代的是中文。中文是最有效率的语言文字，联合国宪章，中文版本永远是最薄的。中文稳定性是世界冠军，几千年前古文依然能看懂。中文是全世界少数几个能用于科学写作的语种之一。

在人们的印象中，相比较而言，英文似乎严谨、简单直接，犹如牛顿经典思维的确定性、惯性、唯一性；中文词句常多义，易产生误解，类近量子思维而具有量子概率性、非定域、状态叠加性。实际上，中文不仅仅可以模糊多变，适用于文学艺术的描述，更可以精确无误，适用于科学写作。比如，将中文"喜欢上一个人"或者"我没说她偷我钱"，翻成英文，分别至少需要四种或者七种表达和含义，说明这样的中文拥有非常大的信息量、包容性和可能性，而其真正含义判断，不仅取决于词句本身，更取决于上下前后文和表达的时间地点及人物，即语境。在具体场合下，其仅仅精确地表达一种含义。此正像具有无限可能性的量子"波函数"，因为你的观察微扰，而重叠态崩塌变现为眼前的"粒子"实在。

令人惊奇的是量子理论与道家学说、量子思维与老子思维之间存在某种类近性。

2019 年英国格拉斯哥大学的物理学家们首次拍摄到量子纠缠的照片。终于，人类第一次亲眼看见"幽灵超距作用"，其隐隐约约类似太极图的雏形。

2016 年，首个位于地球之外 13 亿光年的引力波源 GW150914 被人类直接探测到，激光干涉引力波天文台 LIGO 发布的引力波示意图，其为图示为"一个中心两个基本点"，正极点吸附负极限粒子形成看得见的白洞，负极点吸附正极限粒子则形成看不见的黑洞，这一引力波图形与太极阴阳图有惊人的相似。引力波也被称为重力波，是爱因斯坦广义相对论揭示的光速传播的时空波动。引力波就是物质运动变化时引发的时空弯曲。

1937 年，因量子理论而获得诺贝尔物理学奖的玻尔因为在北京接触到了"万物负阴抱阳，冲气以为和"的太极图，突然领悟到：量子的波和粒子可以像阴阳二气一样，被视为微观物质的两种不同形态，自然也就可以媲美阴阳二气之间所持有的互补性，其形态与太极图是完全一致的，玻尔用阴阳太极图作为他家族的族徽，作为了他们哥本哈根学派的标志，也将老子学说"阴阳二象"的"太极图"看成是"波粒二象性"量子论的图腾形象。

🔘 思考题

1. 比较瑞士军刀的分解集成模式和"万能钥匙""万能刀具"的诸事变通模式之间的差异。

2. 探究并比较《不列颠百科全书》的学科专业分类方式和中国明朝《永乐大典》、清朝《四库全书》的学科专业定义方式。

3. 探究并比较医学医药学和农学农药学的异同性和关联性，探究比较化学生物学和生物化学、物理化学和化学物理学等学科之间的异同性。

4. 探究并论述音乐的弦乐与理论物理的超弦之间的某些异同性，以及老子的"玄"与物理超弦之间的异同性。

5. 收集并了解近二十年美国人拍摄的科幻片和电视剧数量，以及中国上演的帝王将相、才子佳人影片和电视剧数量，分析两者的异同。同时，论述当今中国科幻片风靡全球的主要缘由。

6. 人们发现某些海洋之声正在逐渐消失，因为海洋污染和富营养化，引起鱼虾等生物的声音变化，扰乱了它们的导航和隐藏。请探究并论述其原理。

7. 了解印度的拉格音乐及其特色，以及其跨领域跨学科的特点。

8. 从量子思维的特点、能量同频共振的角度解释艺术作品中的仁者见仁、智者见智。用量子思维重叠、纠缠的特点解释心理学上的双歧图，探究并论述因时因地因人而不同的情景感受与主观客观的不可分离性，简述艺术享受和幸福体验中的测不准情景。

9. 从分解还原思维和整体关联思维两个角度，论述现有分科教育的长处和弊病，探究如何围绕具体问题或者聚焦理念推进交叉融合的"超学科""学科革命""专业重生"。

10. 春秋笔法用笔曲折，意含褒贬，有表里两层含义，不直接表明态度，但以曲折迂回的方式让人知道本意，使只明白字面的人有共鸣同感并自以为得意，使得理解内涵的人拍案叫绝，使得似知而未知者如雾里看花、不明就里。请论述从古至今的各类春秋笔法作品，并将其与量子思维对照。

11. 探究朱载堉、梁漱溟、辜鸿铭的身世经历和跨领域跨学科的学术成就。

12. 讨论以社会性科学议题去推进科学教育的益处。

9.5 跨感官思维

"望梅止渴"就是一种跨感官的联觉和思维现象，类似的如，当看到红色会产生温暖的感受，看到美食图片就能产生味觉，等等。跨感官的觉知和思维，在文学上，常称其为通感，在科学上，常称其为联觉。

视、听嗅味触等感觉通道，各司其职。几百年以来，却发现在少数人身上呈现两个或多个感官混合的"联觉"现象，此是由大脑不同区域之间的特殊连接所致。目前已知大约有 80 种联觉，约五种类型：色听联觉，即听到音频激发不同的色彩图案；空间顺序联觉，好像时间能如行星环绕着联觉者；听触联觉；镜像触觉联觉，能清晰感同身受他人感觉，如痛楚；词汇味觉颜色联觉，如"字形—颜色""词汇—味觉"等。艺术从业者中联觉者比例较高，故有"艺术联觉"（通感）之说；科学研究表明，4%—6%的人群能够体验联觉，尤其是女性。

英国音乐家马利翁有言："声音是听得见的色彩，色彩是看得见的声音。"自牛顿开始，就有科学家、美术家、音乐家致力于把色彩与音乐关联起来。如此的关联对应的设想包括：调性与色彩，和声与色彩，某一波长的光与某一频率的音，等等。

牛顿用三棱镜分解太阳光，得到"赤橙黄绿青蓝紫"的光谱序列后，便认为各单色彩和音阶七音（C、D、E、F、G、A、B）有着相应的振动比关系，并提出音高在一个八度之内的七个音的声波频率同相应的光波频率之间七种色彩的比例大致相符。可是声波与光波没法直接转化，即这种对应几乎都是主观的想象，将音高与颜色生硬关联缺少依据。

法国数学家卡斯特尔曾将风琴键盘上的音按照由低到高对应光的由红到紫，弹击不同的键就闪出不同色的光。100 多年前英国人里明顿发明了不出声只发光的"色彩风琴"。1922 年，美国人威尔弗莱德调制出各种色光图像仪用于音乐的伴奏。俄罗斯作曲家萨涅夫更加主观且没有科学依据地认为"C、D、E、F、B"对应"灰、黄、青、红、绿"五种颜色。

俄罗斯音乐家里姆斯基-科萨科夫与斯克里亚宾曾经深入研究调性色彩与音乐性格的关系。而目前所流行的调性色彩是由自发认同而形成的观点，没有依据佐证，但对乐曲理解、鉴赏能起到辅助作用。现在仍有探索者致力于揭示音与颜色之间隐藏的具象规律性。

人们对联觉的神经机制认知尚少，但可以发现：联觉可能有负面作用，如联觉和幻觉以及孤独症的产生存在某种联系；联觉也有积极的一面，可以强化感官刺激，高度集成聚焦对世界的体验，加深对某种事物的记忆，更重要的是，联觉可以多渠道、跨感官地激发创造力和灵感。

此外，据最新的《自然》报道，新的研究结果，改写了人类近百年的大脑模型！身体与心灵的隐秘联系终于被发现。运动皮层图谱表明，其存在 3 个与运动无关的区域，即运动皮层不仅仅与运动有关，还有一个与执行功能相关的身体-认知动作网络，以前人们对此一无所知，也不敢相信，根本想不到身体运动和心灵认知感受之间会存在紧密相关性。

思考题

1. 解释与颜色、色光相关的光波和与声音相关的机械波之间的关联性和差异。

2. 以梵高的个人感受和绘画为例，探究并阐明暖色和欢快的音乐、冷色和悲哀舒缓的音乐之间的对应性和关联性。

3. 描述邱子皓的音乐画特色。探索并研究"音乐画所揭示的脑智机制和音乐美术教育意义"。

4. 如果将色彩、色光与音乐乐符更准确地关联，需要怎样的转换模式？

5. 生于富裕犹太家庭的海蒂·拉玛会三国语言，是通信工程专业毕业的好莱坞演员，在音乐、绘画方面有过人之处，被称为"第一个拍裸戏的无线女神"，是"扩频通信技术"（CDMA）之母。人们能够用手机或者 Wi-Fi 上网就得益于她的发明。请探究并论述她的跨界科技和艺术能力。

6. "空气中情绪弥漫"，这不是幻觉或者笑话，而是有据可查的真实。通过分析检测影院放映厅内空气的化学成分，可以了解电影是有趣、好笑、恐惧、无聊，还是扣人心弦。请解释原因，并论述感官之间的关联协同性。

7. 人们通常认为光线会加剧偏头疼，而黑暗是避难所。实验室已经证明绿光能缓解偏头疼，请探究论述其实验过程；中国古人认为，乐（樂）是没有草字头的药（藥），432 赫兹的频率音乐，呈现一定的疗愈作用，人们甚至认为其具有灵性，且与宇宙大道直接相关，请探究并综述此音频的音乐和由此音频衍生的图案及其影响。

8. 虚拟现实和想象行走能够帮助截瘫患者恢复行动能力，请探究并论述研究过程。

9. 复旦大学研究团队在 2023 年 3 月发表论文《茶叶激发的人体红外影像显现经络系统》，指出不同种类的茶叶可以激活经络的不同部分，茶叶是最有效打通中医经络的饮品。请从跨感官的角度论述这一有趣的现象与发现。

10. 请探究并描述无耳青蛙是如何用嘴巴听声音的。

9.6　音乐美术与数学几何

距今 7800 年至 9000 年的河南贾湖骨笛，有 5、6、7、8 笛孔之别，大多数骨笛为 7 孔。贾湖骨笛是我国目前出土年代最早的乐器实物，也被专家认定为世界上最早的可吹奏乐器。它有两个八度的音域，并且音域内半音阶齐全。这意味着此骨笛既能演奏中原传统的五声或七声调式的乐曲，也能演奏富含变化音的少数民族或外国的乐曲。骨笛孔洞的旁边留有刻线，表明其依据数学计算的比例关系而得。

音乐和数学有密切联系[62]。数字简谱以 1、2、3、4、5、6、7 代表音阶中的 7 个基本音符，读音为 do、re、mi、fa、sol、la、si，休止符以 0 表示。

毕达哥拉斯琴弦律的发现很是有趣。毕达哥拉斯偶然经过打铁店门口，被铁锤有节奏的悦耳声所吸引。到店中观察，发现四个铁锤的重量比恰为 12∶9∶8∶6，以两两一组敲打都能发出和谐的声音，分别是：12∶6＝2∶1 的一组，12∶8＝9∶6＝3∶2 的一组，12∶9＝8∶6＝4∶3 的一组。他由此归结出琴弦律。伽利略发现弦振动的频率跟弦长成反比。

因此，人们将毕达哥拉斯所采用的"弦长"改为"频率"来定一个音的高低，从而得出毕达哥拉斯的发现：两音的频率比为，如 1∶2 产生八度，2∶3 产生五度，3∶4 产生四度等。莱布尼茨有句名言："音乐是数学在灵魂中无意识的运算。"音乐如果是有情绪的数学，那数学更像纯粹的音乐。

亚里士多德的音乐思想认为，音乐模仿情感或灵魂的状态。音乐家和数学家在音乐的创作与再创作方面担任着同等重要的角色。事实上，随着对数学与音乐关系之认识的不断加深，以数学计算代替作曲已成为现代作曲家的一种创作方式。

法国数学家傅立叶证明所有的乐声都能用数学来描述，它们是简单的正弦周期函数的和。每种声音都有三类品质，即音调、音量和音色，并以此区别于其他乐声。图解即为，音调与曲线的频率有关，音量与曲线的振幅有关，而音色则与周期函数的形状有关。钢琴的键盘与斐波那契数列存在惊人的对应关系。等比数列在音乐中也经常出现。

著名的拓扑数学的例子"莫比乌斯带"，是德国数学家莫比乌斯70岁那年偶然发现的，其循环往复回到起点，无任何节点或者破绽。如让小圆球沿此轨道滚动，就既没有头也没有尾，会"没完没了"。而人们发现巴赫的乐曲《逆行卡农》就好像写在这个神奇的莫比乌斯带上，即一条旋律从尾向头逆向模仿另一旋律所构成的卡农曲，这两个声部互反对进地同时放音，故被叫作"巴赫大宇宙"或"巴赫大循环"。

在世界名画中呈现最多的数学元素是几何与函数曲线，特别是几何。涉及数学最多的部分，就是 0.618（黄金分割）和对数螺线的画面分布[63]。

达·芬奇认为绘画是一门科学，绘画科学的第一条原理："绘画科学首先从点开始，其次是线，再次是面，最后是由面规定着的形体，物体的描画，到此为止。事实上绘画不能越出面之外，而正是依靠面以表现可见物体的形状。"

达·芬奇所画的《蒙娜丽莎》和《岩间圣母》都采取三角结构，呈现画面的稳定、安详。《最后的晚餐》则利用两边的矩形通过梯度展现透视效果，让后面远景无限延伸，前排人物以耶稣居中对称排开，表情不一，画面平静又激荡[64]。

既是数学家又是美术家的丢勒1514年创作的版画《忧郁》，被认为是其精神自画像，包含大量数学和科技元素：代表几何学的多面体、球体、圆规、尺子，代表工程学的刀、锯、刨、锤，代表航海学的锚、指南针，代表科学的天平、沙漏、钟，代表数学的4×4幻方，等等。

埃舍尔图案的互耦画、镶嵌画、螺线画、变换画、易维画、极限画、分形画、奇空画、几何画等，是一个奇特的数学美术宝藏。埃舍尔能画出不是真相的"真相"，画出不可能的"可能"。埃舍尔堪称错觉图形大师，也有人认为埃舍尔精通自然科学或者数学，因为他以精巧绝伦、细节考究的美术写实手法，生动地表达出许多看似荒谬的结果，显示出创造性。

理解音乐、美术和数学几何或函数间的关联，有必要熟悉明朝朱载堉，他为人类的科学和艺术做出了巨大贡献，其贡献涵盖音乐、物理、数学、天文、美术、文学等多个领域。他生于皇家却宁为布衣，淡泊名利，辞爵让国。但由于我国古代历史对科学和艺术不屑，朱载堉的辉煌被湮灭。他被李约瑟誉为"东方文艺复兴式的圣人"，江泽民在美国哈佛大学演讲时，将朱载堉列为对人类有杰出贡献的中国科学家。

朱载堉出生于 1536 年，明太祖朱元璋九世孙，10 岁时被册封为"世子"。因父亲耿直，家道中落，历经困苦 20 年，虽获得平反复位，重回贵族，但朱载堉已建立了平民、学者的价值观。他 7 次上书让出王位，放弃一切财产，居于九峰山，终年 76 岁。生前立下遗嘱，不述平生，墓前只立三尺不到的无字碑。他在音乐、物理、数学、美术、文学等领域卓有建树，著有《乐律全书》《律吕正论》《律吕质疑辨惑》《嘉量算经》《瑟谱》等重要作品。

没有"十二平均律"，就没有现代的音乐舞台。现代乐器的制造都是用十二平均律定音。朱载堉自制 1134 颗珠子的 81 档双排大算盘，第一个用珠算开平方、开立方，精确到小数点后面的 24 位，求出十二平均律的参数，找到了可以旋宫转调的数理方法，这就是"十二平均律"，即将一个纯八度平均分成十二等份，以达到调音的目的。

李约瑟指出，朱载堉在万历十二年（1584）就已经证明了匀律音阶的音程可以取为二的十二次方根（即十二平均律），解决了困扰千年的难题，比欧洲提前至少五十年。朱载堉将其音律发现写入《乐律全书》，该书的内容涉及音乐、天文、历法、数学、舞蹈、文学等多个方面。他将其献给朝廷，但被束之高阁。10 年后，法国传教士金尼阁偶然见到，将其带入欧洲。

十二平均律理论被传教士带入西方，产生了深远的影响。有人称朱载堉为"钢琴理论的鼻祖"。可是当代任何一本历史教科书，无论是小学或是中学，能见到李时珍、宋应星、徐光启、徐霞客，却很难发现朱载堉，李约瑟认为："这真是不可思议的讽刺。"

朱载堉提出"异径管说"，并以此为据，在世界上第一个制造出定音乐器——弦准和律管。他提出的管乐器校正方法和公式，比西方同样的理论早了三百年。比利时布鲁塞尔乐器博物馆经过近二十年的研究，复制了其中的两支律管，称："如此伟大发明，只有聪明的中国人才能做到。"

此外，朱载堉撰绘的少林寺《混元三教九流图赞》，巧妙地把儒释道三者合为一体，融入图像。图中几何图案设计巧妙，含义丰富又生动有趣，颇有后来漫画的感觉，有人将他誉为"漫画鼻祖"。

他在世界上首创"舞学"，绘制大量舞谱和舞图，并奠定了理论基础，建立了学科规范内容大纲。数千年以来，中国的舞蹈缺乏影像载体，朱载堉创造性地画出多"帧"，即画出每一拍，并编码成谱，还记载了多种乐器，《灵星小舞谱》就是代表作。

朱载堉在天文、历法、数学、物理、计算学等领域的研究至今仍然影响深远。他精确测定水银密度，建立精确计算回归年长度值公式，第一个精确计算出北京的地理位置（北纬 $39°56'$，东经 $116°20'$）。

> **思考题**

1. 将圆周率谱写成音乐是什么样的感觉？

2. 将 DNA 谱写成音乐是什么样的感觉？

3. 探究并描述鸟语歌唱的数学模型是什么样的。

4. 探究并论述中国古代建筑上的回纹图案、青铜器上的图样的数学几何特征。

5. 探究中国线描绘画，如敦煌飞天，以及中国画中的群山峭壁的数学几何特征。

6. 探究并论述春秋战国及其之前青铜器上的几何图样和形状特征，如四羊方尊、三羊垒、铜方壶、冰鉴缶、鼎、立凤、纹绣等。

7. 探究各类胸针、耳环、古代钟表上的几何设计、装饰和图案等几何特征。

8. 探究并描述佛教寺庙所包含的几何图案和形状，探究描述基督教教堂中的几何图案和形状，探究描述犹如月光下旋转星空的伊斯兰穹顶建筑的美感起源和历史、几何图案、形状和墙体等。

9. 探究中国传统插画艺术中的几何与数学，中国剪纸、皮影道具上所包含的几何图案等。

10. 论述朱载堉撰绘的少林寺《混元三教九流图赞》中图案的几何成分，细述他在音乐的数学理论、舞蹈的美术理论、历法和文学方面的贡献及其人生历程。

9.7 语言形象与艺术抽象思维

有人说人们处在异化时代，艺术和美学能防止每个人被异化成单维的人，单面的人。只有拥有艺术思维，才能拥有创造力。

赫胥黎去皇家学院为达尔文进化论做辩护的演讲题目是《艺术与科学》：科学与艺术，带给人们一种永恒的秩序，科学用思想，艺术用感情，当爱恨没人提及，当苦难不引起同情，英杰故事不再传颂时；当野百合花不能与荣耀至极的所罗门媲美，雪峰和深渊不再令人惊叹时，人类艺术就泯灭了，人类就泯灭了。科学和艺术就像车的两轮、鸟的双翼，失去一边就不会自然平衡，就会出现问题。

语言形象和艺术抽象，能在具象的艺术和抽象的科学之间搭建桥梁，对练习批判性思维和创造性思维尤为重要。而兼具具象和抽象两种特色并处于两者之间的训练对科学和艺术必不可少，相同类近的语言文学形象思维和艺术抽象思维，在此环节呈现出异曲同工之妙。下面专列一些诗歌类语言文学思维的例子供欣赏。

清代湖南湘潭人郭六芳的《舟还长沙》：侬家家住两湖东，十二珠帘夕照红。今日忽从江上望，始知家在画图中。

东晋末至南朝宋初陶渊明的《饮酒》：结庐在人境，而无车马喧。问君何能尔？心远地自偏。采菊东篱下，悠然见南山。山气日夕佳，飞鸟相与还。此中有真意，欲辨已忘言。

宋代苏轼的《题西林壁》：横看成岭侧成峰，远近高低各不同。不识庐山真面目，只缘身在此山中。

唐朝王昌龄的《从军行》：琵琶起舞换新声，总是关山旧别情。撩乱边愁听不尽，高高秋月照长城。

唐朝李白的《月下独酌》：花间一壶酒，独酌无相亲。举杯邀明月，对影成三人。月既不解饮，影徒随我身。暂伴月将影，行乐须及春。我歌月徘徊，我舞影零乱。醒时相交欢，醉后各分散。永结无情游，相期邈云汉。

唐朝黄巢的《不第后赋菊》：待到秋来九月八，我花开后百花杀。冲天香阵透长安，满城尽带黄金甲。（黄巢考试失败，一气之下留下此诗歌咏菊花，随后发动起义）

英国布莱克《天真的预言》：一沙一世界，一花一天堂。双手握无限，刹那是永恒。

宋代李清照《醉花阴·薄雾浓云愁永昼》：东篱把酒黄昏后，有暗香盈袖。莫道不销魂，帘卷西风，人比黄花瘦。

抽象艺术是一种思维方式，也是一种语言。在绘画艺术抽象上，常见的元素和方法有几何、图案、水墨、写意等。

西方的现代抽象艺术和几何学原理有关，源自西方文化的几何学追求。这也体现在音乐、建筑方面，几何学原理包含在古典、哥特式、文艺复兴后的建筑里。古典音乐及所谓的和弦，都和几何学等数学原理有关。西方建筑、音乐等思维方式上或多或少包含数学原理，导致了西方现代性的抽象。

抽象就是经过"提取、萃取、提炼"，去除具象与表象，留下精髓的意境。西方近现代美术除了客观写实之外，越来越多地流露出创作者的情感。因此，印象派、立体派、野兽派、超现实主义等林林总总，层出不穷。

另外一方面，现代艺术不同于传统艺术，个人色彩浓厚，艺术趣味超前，对观众有着似乎较高但常较偏执的要求，从而使得现代艺术成为小众的艺术。某些现代抽象和非理性的艺术充满了不和谐、怪诞冲击和惊异不平衡，颠覆了传统的美感与和谐等美学本质，摧毁、质疑了许多审美标准，甚至有些脱美和失范的乱象。

中国传统文化强调天人合一、物我不分，如中国的回纹结构、庭院窗户结构以及水墨写意等，就是独特的抽象语言。实际上，中国书法就是抽象的美术。

中国文字是一种表意的符号，甲骨文与现代美术有异曲同工之妙。"书画同源"的汉字，正是象形造字中运用线条创作的各种表现形式的抽象绘画，如不同的立体、透视、堆积、会意、意象等，早期就表现为动感、亲切、真实的甲骨文。而这些甲骨文和西方现代抽象绘画的技法和表现形式非常类近，只是出现更早，更为久远。

▶ 思考题

1. 写出篆体和甲骨文的"思维""书画"二词，并从书画同源和望文生义两个角度予以解释。

2. 探究用量子思维的纠缠、重叠、测不准特点解释文学作品中不同语境的"山"或"水"（如禅修三句）所表达的不同情感。

3. 探究并论述近代照相术、现代照相科学发展与西方现代绘画发展之间的关系。

4. 用老子的"大音希声""大象无形"观念探究解释某些音乐和写意画。

5. 探究并评价仓颉造字的神话故事。

6. 中文具有既生命力顽强又几乎完美的特点，适用于科学、艺术、人文任何一个领域的需要而且高效，如历史悠久并数千年后可辨读、最低压缩比率、最高信息熵、输入速度超越任何文字，其可能的多重含义可以通过前后文字和语境而呈现唯一精确性，故兼具经典思维和量子思维的特点。中文已经远离百年前险被抛弃的悲惨命运（机械打字机时代，中文输入远远不及英文便捷；繁体中文书写困难，不利于扫盲）。所以，有人相信，中文的优势在于其天生具有量子多态叠加/模糊又精准的特点。请举例兼具模糊和精准的日常语句并加以分析考证。

9.8　艺术化学与感受识别

味道、气味等个人感受，与天然或者合成的化学分子有关。美食、化妆不仅仅是艺术，更是化学的实验室、销售柜、排练场。气味、风味、回味、酸度和醇厚度——这五种属性可由不同化合物散发而出。感官分析出来的味道和气味，就是化学化合物的作用。人们可以先闻到干香，然后是湿香，最后是啜吸品鉴，不同阶段，不同的分子在起作用。

味道分子的识别，一种是基于简单如锁和钥匙的对应关系，即一个受体识别一个味道分子。如糖受体能辨识糖分子而给出个信号，如果对象分子是酸，糖受体就不认识，没有响应信号，这就是专一、确定、高效的分子识别。人们觉得识别精度、效率越高越专一越好。这就带来一个问题：自然界糖的分子各式各样，有果糖的、阿拉伯糖的等。如果识别一个具体的糖分子，就得需要有一个对应的受体，因为它高度专一。如要识别所有的糖分子，就得有无数种糖受体。如果再为了识别酸，还要有无数个酸的受体，如此种种会没有止境，非常复杂烦琐。一个看似聪明无比的策略，最后可能会物极必反，因为任何一个系统都承担不起既高度专一又种类繁多的识别负荷和压力，识别的负荷越来越大，系统最终将走向崩溃。

聪明的自然界有另一种简单高效、有趣的识别方式，如用化学加以模仿，常常成功有效。如人的舌苔上面有无数个受体，即味蕾，它们不是很聪明，不能高度专一地识别对象分子，只具有一定的选择性，似乎分辨能力很弱，用途不大。然而，一旦无数这样的水平一般、小有差异的受体集成起来，互相配合，形成一个体系化的系统，如舌头，在大脑信息处理的帮助下，就会有令人震惊、超凡脱俗的辨别本领。这点和神经元与神经系统的关系有些相似。

舌头上的味蕾大致有感受酸甜苦辣之不同，每种味蕾不仅识别优先对象（如甜），也识别非优先对象（如酸）。它们对优先对象的响应略微灵敏、快捷，信号稍强。这些味蕾的识别不具有确定性，不具备高选择性，更没有专一性。但是它们集成在舌苔上，可以辅助区域定位将对象进行识别，会在大脑经运算形成一个对应的模式识别响应信号图案，而且很敏锐，使得人们知道，有的甜中带点酸，或者苦中带点咸。无论对象如何千差万别，舌头都可以给出非常准确的判断，一样可以达到几乎专一性的识别效果，简单而便捷。这给理解人工智能提供了很多启示：单一受体只能做到某个方面性能最佳，有小聪明；而群体中每个个体虽然微弱，特点各异，适当集成后，通过数学模式处理，反而能够实现性能独特而全面，展现出大智慧。

美术来自视觉感受，依据的主要是颜料化学。"调色盘"是画家和科学家结合的切入点。颜料发明给了画家创造"第二自然"的法宝。早期可利用的色彩绝大部分来自如云母、绿松石、青金石、石墨等天然无机矿物。东西方颜料发明早期停留在研磨搅拌的"物理阶段"，人造的无机化合物颜料非常难得，如合成中国红的朱砂（即人造硫化汞）、埃及的氧化铁、中国紫、埃及蓝和玛雅蓝等[65]。

颜料使用上，有色彩保守者，也有色彩纵欲者，有达·芬奇限制性的有限色调、中性颜色的渐隐法，也有威尼斯画派色彩大胆极致的浓烈艳丽。颜色背后隐藏复杂的文化理念：为暗合哲学上的"四元素"观，古希腊只用四种颜色；为吻合五行，中国就强调五色齐全。

兵马俑上的色料，有一些只有中国才有。中国有属于自己的蓝色，埃及蓝的化学名称是硅酸铜钙，中国蓝则以钡元素代替了钙。中国古代的化学家们还发现，可以把颜色调成紫色，中国紫包含两个铜原子，是由一个化学键连接的合成物质。非天然颜料在古代并不多见，特别是蓝紫色，堪称稀罕。迄今为止，只有埃及蓝、中国紫和玛雅蓝被确认为是出现于工业社会以前的三种人造蓝紫色。秦始皇陵一号兵马俑坑马俑身上的紫色被称为"中国紫"，也称"汉紫"，是一种工艺复杂、完全由人工合成的颜料。

战国时的名句"青，取之于蓝，而青于蓝"就源于当时的染色技术，"青"是指青色，"蓝"则指制取天然有机靛蓝的蓝草。秦汉以前，靛蓝的应用已经非常普遍。

工业革命之后，颜色已经非常容易获得。20世纪初，用于艺术表现的现代有机合成的染料化学和颜料化学应运而生，从而为现代绘画、染织设计、感光照相、彩色印刷、电影拍摄、建筑美化、塑料着色等提供了无尽而丰富的色材，包括从吸收色到荧光色，甚至到磷光色、化学发光色（荧光棒等），从混合拼色到单一分子的任何色，从无公害的、对哺乳动物安全的色素、口红到毛发染料、食品染料等。但色彩科学上的巨大进步与艺术的需求发展之间存在明显的学科专业领域之间的鸿沟，缺乏有效的沟通和协同升华。

思考题

1. 探究并论述艺术颜料和染料的生态友好性和对哺乳动物的毒性。

2. 探究香料、香气和人的嗅觉、情绪调节之间的对应关系。

3. 探究味觉识别和分子结构之间的关系。

4. 选择性了解化妆品中的皮肤药物、各类食品色素、口红、毛发染料的主要功能和注意事项。

5. 自然界的有害芳香剂需要引起注意。柠烯即柠檬油精，是制作柑橘香味剂的原料，它在空气臭氧存在的情况下会生成甲醛而危害人们健康。室内植物天然薰衣草香相对安全，并能吸收甲醛。请收集有关香味分子的毒理信息并做比较分析。

9.9 设计思维与人生：科学艺术融合

设计思维与科研思维有所不同，科研思维一般是，为探索未知的规律或者创造新的发明，需先确定问题涉及的所有变量，再去确定解决方案。而设计思维的起始点是，根据需求，先设定一个解决方案，然后确认能达成目标的充足要素，优化通往目标的路径。总而言之，在一定程度上，设计思维迥异于科学家思维（科研思维），而类近于律师思维。

设计与科学、艺术一起，被认为是人类认知和创新性思维的"三剑客"。设计思维不能局限于自己狭窄的学科专业行业领域，如陷于知识的学科分割、技能的专业分割、领域的行业分割，设想就失去了翅膀，设计就失去了灵魂[66]。创造创作、解决问题、分析决策都与超凡脱俗的设计思维密切相关。

设计思维能化腐朽为神奇。在旧房装修改造中，设计的表现尤为突出。如某些房子存在梁柱突兀、空间畸形、承重受限等问题，不能大拆大改，此时出神入化的采光，宽敞、因地制宜的巧妙设计便非常重要和有价值。

设计思维在创造远景上展现出与其他思维不同的独特能力。传统科学注重数据分析、模型优化、决策方法等的差异，选择完成就是结束。而设计思维不是从现有的选择中选出最好的，而是关注如何不把路走绝，同时能产生新的选择，在已有方案上进一步创造机会、再创新，以打开更多的可能性通道，无论是在未来的实物发展方面，还是精神境界的提升方面。

设计与思维休戚相关。服装设计基于数学几何思维和艺术美感；建筑设计基本基于牛顿力学的经典思维和几何思维；分子设计基于量子思维和牛顿的经典思维，为先进材料设计和现代药物设计提供基石；现当代的工程设计、工程概念方面的突破，如"顺风耳""千里眼""飞毛腿""土行孙"，改变了人们的生活方式、生产条件、发展空间、精神享受[52]；风靡全球的科学技术前沿"合成生物学"，将典型的设计思维运用于分子和细胞生物学、化学、信息学、数学、计算机和工程学等多学科交叉中，通过设计创建生命来理解生命、超越生命。

过去"人工"指盲目、试错、随机，而现代的人工就是设计，人工智能就是一种设计。所以，超人类革命，就是一种设计出来的革命。我们知道，质量、成本、专利、商业模式等是设计出来的，"本质安全"也是设计出来的，"本质安全"就是"设计安全"，而不是靠人为强制的法律、规范下而获得的"人为安全"。设计的本质安全不达标，后续无论如何警惕和弥补，只会有表面的、临时的安全，不会有真正的"本质安全"，实际危险的发生难以阻止，可以说是防不胜防。就艺术设计和工业设计而言，设计是一种思维，是一种智慧，是用感官感受与大脑顿悟的结合。设计思维，就是从造物到谋事，从谋事到渡人。因为科学走向极端会毁灭人类，艺术走向极端则会让人自恋而忘形，封闭自我而远离世界。设计能结合科学和艺术，既要往前行走并盼望，也会向后回看并反省，同时兼顾左右两边。

从概念来看，工业设计是凭借训练、技术知识、经验、视觉及心理感受，赋予产品材料、结构、构造、形态、色彩、表面加工、装饰以新的品质和规格，需要综合运用科技成果和社会、经济、文化、美学等知识。

人们工作和生活中的一切物件，都是工业设计的产品。工业设计师是时代设计者，科幻影视概念设计师是未来设计者。工业设计是最合理的解决方案的提供者，经常回答的是：Who——为谁设计，What——设计什么，Why——为什么这么设计，How——如何用这个设计去解决问题。工业设计侧重人与物之间的物质与精神的和谐关系，涵盖科学、美学、人体工程学、市场学、心理学等众多领域。

设计和设计者本身需要自己信仰的理念，如享誉全球的华裔建筑大师贝聿铭就曾坦言："老子的思想对我建筑思维的影响大于一切。"这告诉我们，设计思维可以与自然规律、科学思维相容互补，所以，老子的"道法自然""善行无迹""大制无割""无有入无间""善言无瑕谪""善建者不拔""善闭，无关楗而不可开；善结，无绳约而不可解"等理念，提供了一种宁静和谐、自然成长型的设计思维。美国麻省理工学院的媒介实验室出人意料的跨学科、跨专业、跨行业的科学-工程-艺术成果，常常采用的是自然成长型的设计思维。

人的发展和命运，在一定程度上由个人、社会和环境生态共同设计而成。有的哲学家一生秉持"生活美学"的理念和人生态度，在使自己的生活成为一件艺术品的同时，倡导人们将生活也塑造成艺术品。设计师不同于其他职业者之处在于，他们不会一味地思考迎接未来，更多的是主动创造未来。人们需要用设计思维找到自己的人生使命、生活目标和工作意义，大胆设想、小心求证，为自己创造更多的可能性，进而改变命运。

量子思维告诉我们"世界因你而不同"[48]，人是处在量子思维和经典思维交界处的"神灵"。因为自我是不可能被事先给定的，而是由每个人每天的工作和生活创造出来的，幸福在过程中展现。设计思维的精辟体现在，人的自我不是被发现的，而是被发明出来的。发现是找到一个已存在的事物，而发明是无中生有，创造一个以前不存在的事物。人生不存在唯一最优解，不可能被完美规划。人们需要人生设计课，设计激发热情的工作，设计充实快乐的人生。人生就应该是对自我的批判、创新、创造，从而实现对社会各个方面的批判、创新、创造。

思考题

1. 工厂管道的外观整齐规范，电线和信号线的排列整齐规范，这反映了工程设计者的质量标准。请论述简洁和美之间的关系。

2. 从"化腐朽为神奇""老树发新芽""要素重新配置"的角度，论述根雕艺术的绝妙之处，从而理解"善行无迹""善建者不拔"。

3. 探究分析高层大楼的垂直森林、垂直农场及冰箱里的菜园的设计理念和发展前景。

4. 王阳明认为，改变人生的不是道理，而是习惯。根据形成习惯所需时间和重复次数的原理，探究如何设计并形成符合道理的新习惯。

5. 为自己设计一个积极向上的数智人、自画像、座右铭、人生目标、使命愿景和人生诺言。

6. 风力发电机支撑塔造价高昂，为节约费用，有人设计了靠绳索拉伸的风筝发电机。请探究有哪些设计方法。

7. 探究并论述"大自然设计"的细菌电动机的特点和功效，可以参见空肠弯曲菌和费氏另类弧菌的鞭毛、细胞膜上的细菌电动机。

8. 可以将活细胞和无生命的材料合体制造出半生物机器人，如寻光而动的鳐鱼，并实现远距离控制。请探究其设计和制造的原理。

9. 探究单人飞行喷气背包的设计原理和实际用途。探讨不使用运载火箭，用电梯直达太空港的方法。

10. 斯坦福神经生物学家本·贝尔斯（变性前名为芭芭拉·贝尔斯）临终前说："我按照自己的意愿度过了我的一生。我按照自己的希望，改变自己的性别，成为一名科学家，研究胶质细胞，为坚信的理念发过声，做过贡献。至少，我为以后发生的改变做了铺垫。我没有任何遗憾，并已经做好离世的准备。我真的度过了最好的一生。"请探究并简述他的人生设计。

第十章

思维和训练

单纯的阅读、学习、实践难以改变思维，只有与时俱进地进行每日训练，才能快速形成新的思维习惯。具有操作性、普适性的，可视化的思维工具和训练，能使人的认识和操作能力步步为营、螺旋上升、九九归一，从而达到批判性思维和创造性思维的新境界。

10.1　学习与记忆曲线及思维工具

学习曲线指学习经验与效率之间"熟能生巧"的关系。经常执行某种任务，每次所需的时间就会越来越少。学习效果能以数量曲线体现在坐标图上：横轴代表经验，即练习次数（或产量）；纵轴代表效率，即学习的效果（单位产品所耗时间）。狭义的学习曲线为一线人员的学习曲线。广义的学习曲线为行业或者产品的生产进步函数的学习曲线。

斯科特·扬在《如何高效学习》中提出，高效学习的核心是整体关联思维，关注结构与联系，即知识结构的重要性和系统学习的高效性。学习的策略就是如何构建结构，增强联系。善于学习的人脑中，知识形成像网络一样的知识体系，而不是相互之间没有关系的堆积。

这种整体性学习特点是：（1）跳出学习的陷阱，将各个知识点、面融会贯通。（2）随意变换学习顺序，经历对知识处理的五个单元步骤：获取、理解、拓展、纠正、灵活应用。（3）学习时结合感官，通过音像和联想比喻，将艰深晦涩的概念加上故事情节，人为创造联系便于记忆，让学习更有趣。（4）学习前明确学习目的，明白知识如何为己所用；坚持每日阅读，将学习融入生活。（5）以教育者的立场剖析不理解之处，并给别人讲解，直至对方明白。

可通过艺术的方法将知识与形象、想象力形成有机联系。如要提升记忆力，达到"过目不忘"，可以建立"学习图谱"，提高学习速度和效率。遗忘曲线揭示，遗忘在学习之后立即开始，遗忘的进程并不是匀速的，最初遗忘极快，以后逐渐变慢。保持和遗忘都是时间的函数，这又被称为艾宾浩斯记忆遗忘曲线。实验和曲线提示，学习要选择适当的时间节点开始复习，勤于多次复习，不断累积，直至最终记住全部。因为有意义的材料容易记忆，无意义的材料记忆费力，也难以回忆，所以理解记忆、与形象关联的记忆能够抵抗遗忘。由于生理特点和生活经历不一样，每个人有自己个性化的遗忘曲线。

有观点认为，人类大脑类似硬盘，虽然容量极大但缓存极小，所以好记性不如烂笔头，随时记录在草稿纸上，或者记录于手机里，或发信息留存给自己，就等于增加了一个人的内存，相当于提升了人脑的缓存上限。在记忆和认知运行中，需要关注知识点背后的逻辑和思维，将这些视作蜿蜒的河流、树状的脉络，通过理解自创的生动形象而记忆全部，常常事半功倍。

⊃ 思考题

1. 模拟建立自己的学习曲线，探索将知识与艺术等形象思维相关联的学习方式，犹如地下停车场的区域分割标志，不仅使用数字区分，而且常画上特定易辨识的动物形象。

2. 模拟建立自己的遗忘曲线，探索知识内容的快速全部记忆，探索知识与形象联想的记忆。

3. 为防止翻阅对古籍的损害，研究者使用太赫兹光谱技术，不必打开书，能透过书页而读取其中的文字内容，甚至能借助人工智能阅读碳化卷轴内页上的文字内容。请分析此项技术在字画器皿等文物考古中的可能价值。

4. 单细胞生物多头绒泡菌犹如"幽浮魔点"，浑身上下没有一根神经，却具有惊人的无脑学习能力，请探究并论述其原因。

5. 海豚拥有和人类相近的社交记忆，探究并论述其原因和特点。

10.2　可视化思维工具：因果、八卦、导图

因果思维分析鱼骨图。因果思维可以通过因果图（鱼骨图或石川图）表现出来，这是日本质量管理专家石川馨 1953 年在日本川琦制铁公司为寻找导致质量问题的原因而集思广益时提出和使用的方法。它直观，醒目，条理分明，方便，效果好。它是以结果作为

特性，以原因作为因素，逐步深入研究和讨论存在问题的方法。

《易经》和八卦图，是一种拓展性的思维可视化工具，类似当代的"思维导图"，辅助于发散联想思维，挖掘被忽视的可能性[14]。

太极阴阳鱼旋转图与现代的宇宙旋转运行图非常类近。事实上，世界上到处都有双螺旋 S 形留下的痕迹和印记。植物的叶脉、花瓣、鹦鹉螺纹、蜗牛壳纹、田螺纹大都呈螺旋状分布，贝壳纹向是典型的双螺旋轨迹。蛋白质的二级结构大多数呈螺旋形。细胞线粒体内膜是由无数小的 S 形组成的大"S"形结构。核糖核酸 RNA 和脱氧核糖核酸 DNA 都是螺旋状结构。

几千年前的古墓壁画描绘伏羲女娲，手上各执尺牍和三角，下身似蛇尾又似龙尾并相交，如 DNA 核酸双螺旋般纠缠在一起。如果横切下去，其切面就类近于太极阴阳鱼旋转图。

阴阳八卦图，远古时用于算命和预测，现代被荣格应用于医治心理或者精神疾病[67]。现当代人也有相信，八卦、十六卦、三十二卦、六十四卦等与现代的物质和能量以及质能互相转化等原理一一对应；遗传基因中的四种基本碱基与《易经》中的四象非常对应，四象以三联体形式可以排列组合成六十四卦，人们注意到《周易》六十四卦与现代生物学的六十四个生物遗传密码子非常类似。

阴阳二元关系是世界上最重要、基本而主要的部分，阴阳排列组合基本能包括绝大多数的发生或者存在可能性，让人们可以用可预测的多种可能性（准备多种平行方案）去应对几乎完全不确定的未来。但是，太极八卦图及《易经》，仍具有阴阳二元思维的局限，其远远不能包容世界的全部。如远古时代，人们难以认识到当时自然界会有单性繁殖方式的存在。

《易经》的存在也深深影响了中国语文的二元造词方式，如山水、物我、生死、危机、舍得、上下、左右、南北、虚实、曲直、进退、构效、动静等。《易经》和太极图的辩证思维使得近现代中国人很容易接受"一分为二"、黑白分明的二元思维，并将其固化。

非阴阳二元的例子有很多。例如，自然除了存在具有遗传功能的双链螺旋 DNA，还有特殊功能的三链螺旋 DNA 和 G 四链体 DNA。同样，世界上还有单链 RNA，其可以作为病毒而存在。再如，原子是由负电电子、正电质子、无电荷有质量的中子三元组成。原子核由电中性的中子和电阳性的质子构成，此二元组成保持了一个元素的独特特征。

思维导图又称心智导图，是发散性思考的图形思维工具，简单、有效、实用。思维导图可用于整理思路，让人拥有整体关联思维。

思维导图类似人的大脑神经细胞突触的模样，如同大脑中的神经元一样互相连接。一个个思考中心均可向外发散出成千上万的节点，每个节点代表与中心主题的一种连结，而每种连结又可以成为另一中心主题，再向外发散出成千上万的节点，呈现出树枝状的放射性立体结构。而这些节点的连结可以视为个人的记忆或者理解，也可视作个人的数据库或者个人虚拟的主页及互联网络。

该方法图文并茂，可将各级主题相互关系，用相互隶属与相关的层级图表达出来，在主题关键词、图像和颜色等之间建立联系。思维导图有利于记忆、阅读、思考，能充分激发左右脑的机能，促使逻辑与想象、科学与艺术平衡发展。

◯ 思考题

1. 请绘制因果鱼骨图，将可能提高批判性思维、创新性思维、创造性思维的众多源起因素尽囊括其中。

2. 将阴阳八卦图作为思维工具，随机揣测所关心的某件事的可能走向或者结果。将三枚同一个年代的同面值的硬币当成卦，紧握掌心，默念所问卦之事，并摇晃握卦之拳，后将其抛在桌子上，如此反复6次，每次记下卦象，一气呵成。币面朝上为阴，图案朝上为阳。依据问卦时间方位，查对卦象卜辞提示，开始各种巧合可能性的联想思考。

3. 关注对比太极图和银河星系旋转图、引力波图，了解中国科学院发起的"太极计划"。

4. 用思维导图对你已知的思维方案进行汇总、归纳、分类和提炼，关注自己常用和熟悉的思维模式，挖掘自己不熟悉，甚至以前不知道的思维模式。

10.3　动手的思维工具：魔术和拓扑折纸

拓扑是形变数学的一种，是演绎的典型，是形变而理不变的学问或者游戏，其重点研究与运用物体连续改变形状和保持性质不变之间的关系，在保持物体间的位置关系的同时，让物体的形状千变万化，令人叹为观止，如莫比乌斯环、杯子和甜甜圈的拓扑形变等。

拓扑折纸，即基于一张折纸，可以采取不同折法，甚至可以折出许多完全不一样的人脸。

折纸是用纸张折叠出各种形象的创新艺术活动，并不限于普通纸张，而是包括各种各样的薄片材料，如锡箔纸、餐巾纸、醋酸薄片等。用于折纸的纸张，不需要剪刀和胶水，能实现从二维平面到三维立体的转换。这对训练空间感和立体思维大有帮助。折纸雕塑具有独特的艺术美感。

折纸是一种游戏，也是一项思维运动。折纸不只是一门艺术，它与科学技术结合在一起，既是建筑类学科的教具，又发展出现代几何学的分支：折纸几何学。比如折纸数学，被应用于降落伞、人造卫星太阳能电池板、汽车安全气囊、哈勃空间望远镜的结构设计之中。新近还发展出与化学生物学和纳米科学相关的新方向：核酸折纸术。

魔术是以惊奇体验为核心、展现出奇妙的表演艺术，给观众制造出不可思议、变幻莫测、以假乱真的观赏感受。魔术也是依据科学技术的原理和道具，巧妙综合心理学、化学、数学、物理学、视觉传达、表演等不同领域的方法，追求呈现不断变化、捉摸不透的、似乎违反客观规律的效果。

据记载，早在周成王时代就有魔术表演，人们可以吞云喷火，大变龙虎狮象。

魔术总能在眼前创造奇迹，"大变活人""无中生有"，魔术呈现各种违反现实规律的表象结果，实际上是依据科学原理而表演出来的。魔术是科学技术与表演艺术的充分结合，戴着神秘的面纱走到人们面前，激发人们的好奇心和探究精神。光影、声音、电磁、化学、色彩等科学原理都能被用于魔术表达，以产生视听感知的心理幻觉。魔术的观察结果是假的，却偏要观众信以为真，这就需要分散观众的注意力，以便有机可乘，偷梁换柱。魔术训练能在快乐氛围中锻炼人们的表达能力和手法技巧，是转换思维、转换思路的重要工具。

思考题

1. 自己动手，学会一个魔术，并用科学原理和心理学原理尝试解密一个流行的魔术。

2. 自己动手，学会几个折纸，并用拓扑和折叠方式创造一个新的折纸方式和产品。综述折纸技术是如何让太空盛开"太阳花"的（折叠太阳能板）？

3. 东北大姐李宝凤独创的剪纸因其太过逼真，常被误认为油画、水彩画。其实是她对剪纸进行了创新，采用了多层套色剪纸方法。请论述这些手法中涉及的折纸方法、对称性思维、几何图形。

10.4 动脑的思维工具：冥想和围棋

如果说，激素是产生主观认知的物质基础，那么，超越主观和客观的冥想正慢慢纳入科学的范畴。冥想打坐充满神秘色彩，易被误解为迷信，其实具有现代科学技术的研究价值。近年来人们发现冥想打坐者的脑部影像与普通人存在差异。大量的关于冥想静坐的论文发表在《美国国家科学院院刊》等为代表的著名权威学术刊物上，并获得大量引用。

泰勒·本-沙哈尔《幸福的方法》被誉为"哈佛大学第一选修课"，全书有三篇，其中第三篇为《幸福的冥想》，内容包括：第9章"第一冥想：爱自己和关爱他人"，第10章"第二冥想：幸福强心剂"，第11章"第三冥想：超越暂时性的快乐"，第12章"第四冥想：散发自身的光辉"，第13章"第五冥想：想象"，第14章"第六冥想：慢工出细活"，第15章"第七冥想：幸福的革命"。这突出地体现了冥想静坐这种修炼方式对身心健康的重要价值和意义。

冥想打坐，即源自道家、佛教禅修的静运动，能改变大脑的血流途径，影响脑部功能，改变大脑微观结构，改善情绪的控制，增强注意力和提升自我调节能力。冥想可改变大脑的微观生理行为和结构，使部分脑电波类型发生变化，使人自律，减少焦虑，让人思维更敏捷，给人带来快乐，迅速减压。打坐入定时，双腿内屈，下身血液循环变慢，原本大量积累在第二心脏——小腿肚上的血液被调用而上涌，人的重要器官都在上半身，特别是心脑。打坐使人上半身血液循环加强，从而心情安定，妄念减少。

道家、儒家、佛教、瑜伽对打坐都很重视。打坐沉思者相比其他人会具有更好的人体免疫功能。"久坐必有禅。"静坐不但可增长功力及养生疗疾，还可以开悟增智，"水静极形象明，心静极则智慧生"。相比较而言，如果说西方的拳击是一项强运动的话，那么中国的太极拳就是一项柔运动，而冥想静坐则是一项静运动。笔者称之为一种量子思维阻力为零的"思维超导"运动。

冥想训练要求：（1）静坐盘腿，可以从散盘、单盘、双盘逐步严格提升，经过多个层级，不必苛求一步到位；（2）无我忘思，从呼吸控制开始，一心一意，专注但不执着，进入心无杂念、似睡非睡的状态，逐步练习，不必苛求一学就会。

禅修过程包括经历自我认识、自我消失、自我升华的三个阶段，可体验到如此次序变化：唯我→有我→小我→大我→无我。以我为原点，开始思维方式升华。

第一阶段，将负面情绪消除，如烦躁、疑虑、消沉等，建立起自信、乐观、平和的健康身心状态。

第二阶段，将两种不同方向的心理感受变淡，无论不满、愤恨，还是喜爱、渴望，解脱烦恼，对周围保有智慧和雅量。

第三阶段，将对立观念消除，如黑与白、有与无、我与他、大与小、生与死、主观与客观等，超越宁静和淡泊，获得不受束缚、没有烦恼的真正内心自由。

为便于修炼，可将这三段论形象地称为三个阶段的物态"相"。在物理化学上，物质不同的形态称作"相"，如水的固相——冰雪，液相——河水，气相——云雾。三个阶段逐步提升，就好像人们首先进入自然而非强制、思绪自由流动的多相（液体水、油和水、冰、汽就是多相），随后进入单纯聚焦的唯一相（均匀划一），最后实现消失和永恒的无相或者空相。

如此训练，不执着于有，也不执着于无；不辨我，不辨物；寻求"不二"，不落两边，超越二元念想，因为"有"和"无"都已是二边之见。不执着不是不涉及，从"有"或者"无"来寓意解说理念，是为了开悟知见和方便切入，而执着绝非训练的本意。

通过在寂静中更快乐地回到先天，活出自己真实的原状。此类训练，即以自我心理调控为起点，以无为法，顺其自然为核心。通过观心的方法（观照自己的念头，也可称为无念法）导入，让一切自动地发生和进行，不刻意追求。无为方法和有为方法的最大区别在于：有为方法是人在做，天在看；而无为方法是天在做，人在看。这里所说的"天"，即是"大道"的一种代名词。无为方法能完全颠覆传统的自以为是的修行理念和做法。这就告诉人们，只需将一份信任交托予"道"，与世界亿万人事物的连接就会自然发生。不管发生什么，只需单纯地看着，而没有自以为是的头脑活动介入。

如此状态下，可以尝试深度感知、觉悟量子和冥想的境界。当代量子思维的观点可以有"量子三句"：光是粒子也是波，光不是粒子也不是波，光是光量子；与此表述甚为接近的，是唐代禅宗高僧青原行思提出的参禅的三重境界，即"山水三句"：老僧三十年前未参禅时，见山是山，见水是水；及至后来亲见知识，有个入处，见山不是山，见水不是水；而今得个休歇处，依前见山只是山，见水只是水；与此表述最为接近的，是老子《道德经》的道篇第一句话：道，可道，非常道；名，可名，非常名。

静坐冥想包括许多类型：（1）专注冥想重在有目的地控制大脑思维，注意力集中在念诵一段声音，想象一个图像等之上，或者自身呼吸节奏上，保持对分散注意力的警惕性；（2）正念冥想就是把冥想运用渗透到生活中的任一个时刻，自然而然专注于自己当下正在进行的状态，如洗碗，用手和心去感受水流擦洗碗碟的感觉，自己的想法全身心地投入到洗碗这一个动作中，会发现细微其实是那么地有趣；（3）慈悲和仁爱冥想，重在培养慈悲心，培养利他精神，不论敌友，设身处地替他人着想，发自内心地帮助别人，减少伤害自己的行为，并减轻他人的痛苦。

冥想者大脑皮层表面积大，大脑灰质厚，因而学习认知记忆能力强。冥想是精神"锻炼"，是改善睡眠、控制专注力、减轻压力和提高整体幸福感的流行方法。8 天的冥想就可使记忆、自我意识、同理心和压力相关的大脑区域发生可测量的变化，还能对生理和心理疾病产生有益影响。正念冥想能减压并缓解焦虑情绪，其与艾司西酞普兰疗效相当！打坐可逆转引发焦虑的 DNA 分子反应。

静坐冥想所导致的健康效应，体现在从脑到心肺、神经、核酸分子。冥想可以成为一种有效的无药物行为干预手段，用于治疗与免疫系统减弱相关的各种疾病。在新冠疫情期间，《美国国家科学院院刊》等报道的实验表明，冥想打坐的免疫效果可以与药物相媲美，冥想还能大范围激活免疫，用于防治新冠等相关疾病。

"不谋万世者不足谋一时，不谋全局者不足谋一域"，这是中国人习惯思维中的大局观。古代中央集权政府的长期统治，使得人们习惯了"大局"的重要性。围棋博弈是一系列战役战斗相连、组合而成的全局博弈，全局利益高于一切。这种大局观、全局优化的好处在于决策、思考问题时，有整体系统思考。

围棋对弈被誉为锻炼人类大脑思维智慧的游戏，能够在娱乐中提升思维能力，是评价人工智能程度高低的重要工具和标准。围棋的下法变化多样，变化总数超过宇宙中原子的数量。每回合有 250 种可能，一盘棋可以长达 150 个回合，共有 1 后面再加 360 个 0 种的玩法。

围棋的诡异之处在于其既是数学又是艺术：死活、围空是数学思维，可以计算；布局却包含系统思维，很难计算不同大场的优劣。围棋需要海量的计算，对普通计算机而言，这是一种残忍且艰难的暴力计算，下棋的个人风格、局部棋形甚至落子过程的优雅与否还包含着艺术思维。不吃不喝、每分每秒都在自我对弈练习的人工智能机器人"阿尔发狗"（AlphaGo）可以战胜围棋世界冠军，但围棋的魅力并没有因此降低，其对人类大脑的思维训练仍然特别重要。

思考题

1.请用散盘、单盘、双盘和调息的方式亲身练习感悟冥想打坐。

2.了解谷歌人工智能与人类围棋手的对弈情况，尝试自己练习围棋。

3.感悟内观修炼调控情绪，感受顿悟和觉我的体验。

4.探究并简述睡眠平息恐怖记忆的实验过程。很多人有不经意间被催眠的体验，如单调、重复、刻板的刺激均会诱发不同程度的催眠。请列举这样的亲历体验。

10.5 思维实验：于悖论中看懂世界

实验指能在现实世界中实施的实践操作。思维实验，有人称为思想实验，是一种精神上的观念或假想运作的思维验证，与谜语很相像[68,69]。

思维实验在头脑中进行，按照实验的程式展开，运用想象力进行实验，所操作的都是在现实中无法做到（或现实中未做到）的实验，目的在于启发思考。思维实验的设计往往包含悖论和类比，让人们在无所适从、寝食难安和严重矛盾冲突中发现和把握不易觉察的人、事、物的本质和规律。

"思维实验"（德语 Gedanken Experiment）概念最早由爱因斯坦正式提出，用于描述他头脑中的概念性实验。思维实验具有理论指导价值，能让人发挥想象力，是拥有超越性智慧的思维探索和训练工具。正是依靠思维实验，爱因斯坦创造了相对论。

历史上最早的思想实验由伽利略设计，用于反驳亚里士多德的自由落体速度取决于物体质量的理论。按照亚里士多德的逻辑推演，轻物和重物一起绑定后从塔上掉下，重的应该下落快，轻的下落慢，两物间绳子会被拉紧，轻物对重物产生一个拽力，使重物下落变慢。但是另一方面，两物绑定后的重量比任意一个物体都重，一起下落的速度应该最快。伽利略设计揭示出如此明显的矛盾冲突，以证明亚里士多德的理论错误。

仅次于伽利略和爱因斯坦的思维实验的，是薛定谔设计的有关量子理论的"薛定谔的猫"思维实验。

在自然科学与工程领域，思维实验可以在人们头脑中假想设计和构造出一套纯化的、理想化的仪器设备和研究对象，从而对矛盾悖论和理想的过程进行纯粹的理想化的实验操作、控制、感知、描述和证明，从而发现和获取科学事实与规律。在社会科学领域，思维实验可用于那些依赖纯粹思辨和逻辑推演的非经验纯理论研究。

著名的思维实验有定时炸弹、爱因斯坦的光线、特修斯之船、伽利略的重力实验、猴子和打字机、薛定谔的猫、瓮中之脑、空地上的奶牛、电车难题、中文房间、囚徒困境等。

⊙ **思考题**

1. 请分别查阅五个科学技术领域、人文社科领域的思维实验，并简述其揭示的道理。

2. 饲养员喂饲大型食肉野生猛兽时不可以背对着动物，否则野兽容易兽性大发、生起歹心，尽管这些动物与饲养员面对面时表现得极为乖巧。请依据动物（即生命）处于经典规则与量子规则的交界处，具有"经典/量子二象性"的理念设计一个思维实验，来揭示老虎与饲养员之间的危险与安全的矛盾关系。

10.6 探索思考的疆界：九九思维组与 AI

在古代中国，道家哲学的有无轮回、满盈而亏的思维具有重要影响，九为满盈的极点，一是轮回的起点，由此世界可以被划分成不同层次，不断上升并轮回的系统。"九九归一"作为古中国有趣的计算模式和思维模式而广为流传。

在这里，笔者模仿"九九归一"的乘法口诀，创造一个可以借助于 AI，以帮助思考的思维工具组列，即将 9 个横列的作为思考主体的"人群"与 9 个纵列的作为思考对象的"事物"进行对应排列组合，形成一个个思考核心，提供最多达总数为 $9 \times 9 \times 9 \times 9$ 个主题思考探究对象，从 A11B11 到 A99B99。

读者可以随意抽取或者选择性地抽取这些思考核心单元，利用生成型人工智能，如 ChatGPT 等及其类似工具，进行资料搜寻、查阅、比对等思索和不断深入的递进式提问。这种方法能够启发读者借助工具进行探究思考，提高辨析能力和变换角度看待问题的能力，使其快捷地探索自我的思维高度、深度、广度和边界极限，进而丰富自己的思维，形成自己的思维体系和框架，并不断进化。

在此不断深入的递进式提问和答案提炼中，就一个核心主题，可以并行交替地使用不同的思维体系或者观点，如：几何思维、经典思维、量子思维、自由治理、专制治理、封建部落等视觉角度形成多个平行的可能答案，然后读者从中优选出或者组合、融合出自己喜好的或者认为正确的答案。

由于当代生物学研究常常聚焦于根本原理性的基因组、蛋白组，故笔者将这一可视化思维工具命名为"九九思维组"。其纵列和横列的主要元素以及使用方法如下：

九九思维组图，$9×9×9×9$种思考

B									
B1	A1×B1	A2×B1	A3×B1	A4×B1	A5×B1	A6×B1	A7×B1	A8×B1	A9×B1
B2	A1×B2	A2×B2	A3×B2	A4×B2	A5×B2	A6×B2	A7×B2	A8×B2	A9×B2
B3	A1×B3	A2×B3	A3×B3	A4×B3	A5×B3	A6×B3	A7×B3	A8×B3	A9×B3
B4	A1×B4	A2×B4	A3×B4	A4×B4	A5×B4	A6×B4	A7×B4	A8×B4	A9×B4
B5	A1×B5	A2×B5	A3×B5	A4×B5	A5×B5	A6×B5	A7×B5	A8×B5	A9×B5
B6	A1×B6	A2×B6	A3×B6	A4×B6	A5×B6	A6×B6	A7×B6	A8×B6	A9×B6
B7	A1×B7	A2×B7	A3×B7	A4×B7	A5×B7	A6×B7	A7×B7	A8×B7	A9×B7
B8	A1×B8	A2×B8	A3×B8	A4×B8	A5×B8	A6×B8	A7×B8	A8×B8	A9×B8
B9	A1×B9	A2×B9	A3×B9	A4×B9	A5×B9	A6×B9	A7×B9	A8×B9	A9×B9	A
	A1	A2	A3	A4	A5	A6	A7	A8	A9

九九思维组，共有 $9×9×9×9$ 种主题思考。

横列是人物或者人群 A，共 9 列，每列有 9 个关键词。

A1 思想界：1 老子、2 孔子、3 柏拉图、4 亚里士多德、5 马克思、6 波普尔、7 培根、8 康德、9 黑格尔。

A2 人文社会哲学界：1 莎士比亚、2 达·芬奇、3 贝多芬、4 海明威、5 吴承恩、6 毕加索、7 韦伯、8 弗洛伊德、9 荣格。

A3 宗教界：1 耶稣和基督教、2 释迦牟尼和佛教、3 穆罕默德和伊斯兰教、4 耶和华和犹太教、5 印度教、6 道教、7 神道教、8 巴哈伊教、9 儒教。

A4 政治界：1 秦始皇、2 恺撒、3 拿破仑、4 华盛顿、5 孙中山、6 罗斯福、7 丘吉尔、8 毛泽东、9 邓小平。

A5 科技界：1 欧几里得、2 笛卡尔、3 牛顿、4 达尔文、5 门捷列夫、6 爱迪生、7 爱因斯坦、8 薛定谔、9 杨振宁。

A6 产业界：1 福特、2 西门子、3 拜尔、4 松下幸之助、5 本田宗一郎、6 稻盛和夫、7 任正非、8 比尔·盖茨、9 乔布斯。

A7 民族文化传统：1 惠能、2 王阳明、3 朱载堉、4 鲁迅、5 胡适、6 孙思邈、7 墨子、8 李白、9 屈原。

A8 女性：1 南丁格尔、2 武则天、3 特蕾莎修女、4 花木兰、5 居里夫人、6 伊丽莎白、7 撒切尔夫人、8 圣女贞德、9 海伦·凯勒。

A9 思潮：1 社会主义、2 资本主义、3 绿色和平、4 自由民主主义、5 女权主义、6 民粹主义、7 科学主义、8 消费主义、9 种族主义。

纵列是事物 B，共 9 列，每列有 9 个关键词。

B1 战争与危机：1十字军与伊斯兰、2成吉思汗与蒙古征战、3第一次世界大战、4大流感、5大萧条与经济危机、6第二次世界大战、7美苏冷战、8金融危机、9新冠疫情。

B2 内乱与变革：1春秋百家争鸣、2欧洲中世纪、3文艺复兴、4英国光荣革命、5法国大革命、6美国黑奴解放、7"文化大革命"、8"大跃进"、9改革开放。

B3 发明：1活字印刷、2电动机、3青霉素、4造纸术、5蒸汽机、6火药、7高铁、8互联网、9手机。

B4 图书：1《圣经》、2《古兰经》、3佛教典籍、4《道德经》、5《国富论》、6《理想国》、7《通往奴役之路》、8《培根论说文集》、9《共产党宣言》。

B5 事件：1哥伦布发现新大陆、2全球化、3丝绸之路、4一带一路、5工业革命、6绿色革命、7信息革命、8人工智能、9人类登月。

B6 职业：1工人、2农民、3军人、4教师、5医生、6律师、7牧师、8演员、9警察。

B7 人生：1出生、2死亡、3婚姻、4上学、5求职、6失败、7成功、8对手、9朋友。

B8 概念：1捷径、2计谋、3智慧、4理想、5天堂、6地狱、7美好、8丑恶、9道德。

B9 情绪：1妒忌、2焦虑、3快乐、4悲痛、5伤心、6仇恨、7悔恨、8感恩、9赞美。

上述"九九思维组"的使用方式，例解如下：如 A3B6，表示宗教界人士看职业；A5B9，表示科技界人士看情绪。又如 A84B23，表示"花木兰"眼里的文艺复兴，以她的时代和见识，会有什么样的观感或者见解。如 A53B52，表示牛顿眼里的全球化，以他的思维和知识，会有什么样的见解和想法。读者可以更换上述纵列和横列中的关键词，将其替换成自己需要或者喜欢的关键词。

思考题

1. 借助 AI 技术，如 ChatGPT 等类似工具，随机探究思考主题关键词 A7B3，A6B1，A99B99，A11B11，其余类似。

2. 安全是一个社会、产业、个人存在和发展的底线，特别是财产和人身安全。请在正文"九九思维组图"中随机抽取探究思考主题关键词，以此关键词为视角论述"安全"；以老子（A1）的视角论述不同场景（B1—B9）的"安全"；进而与现代、当代科学技术意义上的"本质安全"做比较。

超限制造、超限思维、超限教育

回溯以往，笔者有关超限教育和未来大学 4.0 的设想、思考和落地实践走过了相当长的一段时间。笔者认为，人类的未来将是工业 4.0、农业 4.0、社会 4.0、进化 4.0、人才 4.0、大学 4.0，核心是如何跨越各种人为阻隔而超限（Beyond Limits）。早在 2012 年 10 月，笔者在出版的随笔《改变思维》（第一版）中描述了量子思维和老子思维；当年 12 月，笔者在英国女王大学授予我荣誉博士的仪式上的演讲题目及内容就是超级思维（Superthinking），用这个造出来的英文词，来概括我所强调的量子思维和老子思维。笔者随后的工作有：

2018 年 1 月，在华东师范大学升级推动创新创业教育。

2018 年 2 月，提出并实施"幸福之花"跨学科发展框架、大学"三大使命"行动。

2018 年 9 月，提出"超限制造"（Beyond Limits Manufacture）概念，并由华东师范大学牵头，华东理工大学等参与加以实施，后经论证在 2019 年被列为上海市重大科技专项，其任务是发展基于飞秒激光内雕的微纳结构孔道的物质流芯片，以解决化学、化工、材料、医械、制药、生物等领域重大工程科学问题，实现超越极限的智能绿色高效制造，探索芯片上的工厂，改变产业形貌和生态。

2019 年 5 月，发动组织华东师范大学哲学、历史学、中文、社会学、传播学、数据科学、地理学等学科的专家研究团队开展"历史跨度全球视野中的老子学说——老子思想的源头、内涵、未来和域外影响的考证与解析"研究，探讨老子思维的"大制无割""不言之教""返璞归真"等意义和量子思维的互通性。

2020 年 4 月，完成书稿《改变思维（新版）》和《大学思维》第一版，并于 7 月出版，在书中提出"超限思维"。

2020 年 6 月，发动组织华东师大校内外的专家研究团队，包括物理、信息、哲学、政治学、教育学、经济学、管理学、社会学等学科，开展"跨越时空和学科及生命的量子学说与量子思维"研究，尝试用量子思维重新诠释探明各学科各领域的诸多概念与原理，综合考察量子思维与现代文明的互动关系，为量子思维从理论探索推广到工具应用开辟新的研究方法与独特的分析视角，为量子时代多学科、多视角的学科交叉与前沿创新，为卓越人才教育与培养，以及经济与社会等的发展和治理提供有效的方案。

2020 年 7 月 7 日，在华东师大推动卓越育人。改革"唯"单纯知识点传授的教学，改革"唯"单一学科点的研究，要求全校改变习惯于"唯马首是瞻""人云亦云"的言行特征，改变某些教师和学生"不知高峰""甘为土丘"的生涯愿景习惯。实现超越知识点的传授，强化自由、全面的思维和能力教育。推行思维导向的通识教育、前沿导向的专业教育、研究导向的教师教育、英才导向的智能教育。随后，学校在卓越育人方案的推动中，将"量子思维"和"老子思维"及"创新创业"作为培养训练"超限思维"的主要切入口，探索以"超限"理念重塑高等教育。

2021 年 9 月 29 日，国家发改委会同上海市联合发布《上海市建设具有全球影响力的科技创新中心"十四五"规划》，"超限制造"被列为拟强化突破的 15 项战略前沿技术（包括脑机接口、类脑光子芯片、自主智能无人系统、6G 通信、区块链技术、扩展现实、超限制造等）之一，它是其中唯一由国人独立自主提出并倡导的前沿概念。

2021 年 10 月 16 日，为纪念华东师大组建 70 周年和中共中央政治局会议集体学习量子科技一周年，我们以会议、网络、学报等方式公开发布了中英文版的《量子思维宣言》，并发表在当月的《哲学分析》上，同时将介绍量子及应用的科技进展的《超限制造》（"Beyond limits manufacturing: Mass customization of factory-on-a-chip for flow chemistry"）和《量子学说和量子思维》（"Quantum doctrine and thinking across time and space, disciplines, and life"）以及《老子思维》（"The origin of the Laozi and its impact on modern science"）分别发表在 2021 年 10 月《科学》的华东师大纪念增刊上（第 17—19 页）。

2022 年 5 月，由联合国教科文组织召开的第三届世界高等教育大会的主题就是"超限：重塑高等教育的新路径"（Beyond Limits: New Ways to Reinvent Higher Education），强调所采取的步骤将是"采取量子跃迁式的进步方式再创高等教育"（take a quantum leap to reinvent higher education），如超学科等，以打破区域间、学校间、学科专业间、教育形态间的壁垒，推动实质性变革，重塑高等教育发展的新范式，以应对日益增多的全球性挑战。可见，全球高等教育界已经正视量子思维日益增长的影响力。有趣的是，该大会的主张、主要英文关键词，如"超限"和强调"量子思维"、类近于"返璞归真"的思想等，均和我们之前已经公开发表的观点和已经推动的工作非常接近。

在华东师大的探索中，为超越固定、单一、格式化的传统教育模式，根据不同的时空和师生特质，构思并推动互融互通的、三层面不同的模式和方案。主要内容有：（1）卓越 1.0 版，在全校层面推行，重点实施思维导向通识教育＋前沿导向专业教育＋跨学科教育。（2）卓越 2.0 版，重点在卓越学院实施一人一案、允许留白、学科交叉、精简课时。（3）卓越 3.0 版，探索在某些新型学院实施超学科（甚至无学科专业）、开放性、项目化、无细案、学分认定的教育探索，尊重并支持学生自由的、个性化的、全面成长。如此，华东师大的育人犹如一个具有多种可能的量子叠加态，当与某个学生相遇时，这一不确定的大学多重叠加态就变现为确定有爱的他（她）的专属大学。以此凸显唯卓越方可立足，不超限无以卓越！

"人类思维与学科史论"课程群
与
"经典阅读"课程群

以下均是华东师范大学正在进行讲授的"人类思维与学科史论"课程群以及"经典阅读"四门课程的内容主要概要,这两大思维导向的通识教育课程系列的及时更新、增减和内容变化,请见网站 http://www.jwc.ecnu.edu.cn/dl/7e/c40617a512382/page.htm。

一、"人类思维与学科史论"课程群

——————

中国文学

以中国文学在古今、中西的变化为线索,探讨面向当代的中国式批判性思维与创造性思维如何可能的问题。课程注意点:(1)深入思考中国文学研究特别关注并提供了怎样的思维方式;(2)扎实地读一些经典文本,达到能够精细分析和深入讨论的程度,以有真实收获;(3)课上课后多交流,真正激活思想。

第1讲"中国古代思维方式概说",讨论中西方思维方式的异同,进而探究从思维的角度把握文化特征的可行性和局限性。学习者除掌握课堂关键知识点外,还应留心所介绍的文化学以及中国文化研究方面的著名理论书籍。

第2讲"艺术的思维方式概说",重点考察中国古典艺术的思维方式。学习者需仔细品味教师提供的重要艺术创作个案。两位老师与同学共同讨论文学汉语的"尚象"特征,进而关注形象思维与逻辑思维结合的独特方式。

第3讲"从《天狗》看现代新诗的形成及其特征",从郭沫若的一首诗谈起,重点考察现代科学思维与现代文学所形成的互为表里、互相促进,进而促使学习者把握现代思维的几个要点。

第4讲"从'留声机'看科技名词对新诗范式的影响"，分析留声机作为现代器物进入生活、进入文学所表现出的思维方式变化。两位老师与同学共同讨论：现代人还可以艺术地思考吗？或者只是到了现代人们才懂得艺术地思考？

第5讲"中西之际的王国维与《人间词话》"，以王国维的《人间词话》为例，讨论中国现代人文学术如何应对古今中西之变。讨论将古典艺术理论用于现代文学作品评论的可行性，真切感受中国现代学术话语建构时的机遇与挑战。

第6讲"宗白华与汉语思维的学术重构"，讨论被认为是融贯中西且建立了"中国形上学"体系的美学家宗白华，如何尝试将中国人的"文学脑筋"改造成"科学脑筋"，其间遇到了怎样的难题。

第7讲"课堂报告"。分组准备报告并展示思考成果，选题由同学和老师共同商定，论题不限，但须共同关切：如果科学地研究文学和艺术，人们能从中国文学中学到什么？

（主讲：文贵良、朱志荣、汤拥华等）

历史学

从历史学的学科故事入手来学习人类思维。试着像历史学家一样去阅读文本，去分析现象，去思考问题，领略历史思维的旨趣。本课程在时代语境、人物故事和史学作品的交织中，展现历史学的批判精神、缜密逻辑与创造活力。让学习者在趣味学习进程中，理解思维特点，运用思维能力。

第1讲"导论"，针对历史知识的特性展开。通过对"什么是历史""我们接触到的是哪种历史"等问题的探讨，理解"历史"是一个复杂概念，包含真实发生的过去、被记录的过去信息、被整理和编排后的历史叙述等多个层次。而历史知识是不同主体经过研究、批判、商谈等一系列活动后才产生的。

第 2 讲"兰克与史学的求真批判精神",围绕批判性思维展开。19 世纪前,历史书写的主流观点是:亲身经历是真实信息的有力保障;只要能发挥教导功能,史书细枝末节上的错漏无伤大雅。19 世纪德国历史学家兰克批判上述真实观,主张运用怀疑的态度和严谨的史料批判方法来获取历史真实,从而奠定了现代史学的基础。像历史学家一样阅读文本,就是要关注信息来源的可信度,探究文本背后的视角与立场。

第 3 讲"布罗代尔与历史因果解释的时间维度",聚焦历史现象逻辑分析中的时间要素。时间不仅是历史进程的框架,更是审视历史的尺度和进路。20 世纪法国史家布罗代尔关注历史变化的时间速率,区分了短时段、中时段和长时段三种历史时间,将历史解释的立足点从标志性的人与事转向集体性现象和外在自然环境。像历史学家一样思考问题,就是要往历史深处追根溯源,要培养历史眼光的层次感。

第 4 讲"法国大革命起源问题与历史因果解释的多元路径",聚焦历史现象逻辑分析中答题视角的多元性。"法国大革命为什么会爆发?"是长期争论的问题。20 世纪中叶,勒费弗尔、科班、孚雷等为此展开了长达 25 年的论战。其核心争议在于:长期因素、中期因素和短期因素哪个影响更大?必然与偶然、连续与断裂哪个更重要?像历史学家一样分析现象,就是要接受复杂、辨析复杂。

第 5 讲"李约瑟之问与历史因果解释的交互视角",聚焦历史现象逻辑分析中提问视角的多元性。英国科学史家李约瑟于 20 世纪 50 年代提出:"为什么科学和工业革命没有在近代中国发生?"有学者从制度、文化、社会等各种角度出发做了回答,有学者则认为中国近代存在科学革命,质疑此判断。晚近更有学者提出应该转变提问的视角，追问中西方在近代为什么走上了不同道路，从交互比较中彰显现代性包含的异质性。像历史学家一样思考问题，就是不但要解答问题，更要质疑问题，从而提出新问题。

第6讲"世界史书写与史学的自我革新"，围绕创造性思维展开。20世纪之前世界史的书写以国家叠加为主，以西方世界为中心。20世纪上半叶，斯宾格勒和汤因比等史家发展起了"文明史"的书写，摒弃了西方中心论，但没有突破国家叠加模式。20世纪下半叶，麦克尼尔和本特利等史家发展起了"全球史"的书写，强调世界历史的去中心化和关联性。世界历史的写法变化，反映出历史学家在新的时代语境下对过去做出的新理解，这就是历史学"永葆青春"的创造性思维密钥。

（主讲：范丁梁、赵四方）

————

哲学

该课程不是一门传统的哲学导论和哲学史，而是向学习者呈现东西方哲学的思维方式，鼓励学生展开哲学运思，让同学们逐步学会从认知思维、价值关怀和人格养成等角度多维度分析和解决哲学问题，开展探究式做哲学的活动。从元哲学角度围绕哲学方法论中不同的思维类型展开，培养学生像哲学家一样思考问题，聚焦思维能力培养，收品性陶熔之效。

第1讲"总论"，从"李约瑟之问"背景下东西方思维差异问题开始，聚焦哲学与逻辑教育的思维功能，主张哲学始于常识，长于概念，进于争论，融于学科，成于实验，终于建模。其中，形象思维、逻辑思维、批判性思维、创造性思维、历史思维有形设计、无形渗透于做哲学的各个环节。

第2讲围绕人格同一性问题，聚焦洛克和里德关于心理连续与同一标准的论辩，将帕菲特的当代阐释作为延展和回应。透过文本发掘这些思想家巧妙运用思想实验的哲学方法进行思想论证的过程。思想实验体现了形象思维、(形式)逻辑思维和创造性思维的聚合。

第 3 讲围绕"濠梁之辩""白马非马"两个公案，聚焦庄子与惠子、墨子与公孙龙关于"鱼之乐""白马论"的辩论，发掘中国古代思想家运用演绎和类推进行"以名举实""以辞抒意""以说出故"的辩风。演绎和类推体现了中国古代的形式逻辑思维。由此，延伸讨论为什么中国古代没有出现亚里士多德式的三段论。

第 4 讲围绕道德实在性问题，特别聚焦进化生物学对道德真理客观性的挑战。分析乔伊斯和司吉特如何利用拆穿论证来分析科学与哲学的互动与限度，拆穿论证是辩证思维、历史思维和批判性思维的聚合。

第 5 讲围绕道义与功利两种伦理观的争论，透过电车难题等发掘罗尔斯如何运用反思平衡的方法来解决道德实践中直觉与理论的相互调适。反思平衡是辩证思维、形象思维和创造性思维的聚合。

第 6 讲围绕中国古代思想中的"心物之辩"，聚焦朱熹"理学"和陆九渊"心学"之间的"鹅湖之会"以及王阳明"龙场悟道"两个历史场景，还原中国古代思想家从"格物致知""本心顿悟"不同的出发点探究知识行动关系问题所运用的哲学内省的方法。哲学内省体现了形象思维、批判性思维和辩证思维的聚合。

（主讲：郁锋、刘梁剑、潘斌）

传播学

课程围绕"传播"和"媒介"两条交叉线索展开，通过追溯传播学科范式的关键转折和媒介形态变迁，展示知识更迭背后的思维变换，引导学习者对媒体现实展开批判性思考，增加对自我、他人和社会的同情性理解。

每讲均布置阅读材料和针对性问题，引导精读经典，展开讨论，提高逻辑、批判和创造性思维。

第1讲"十字路口：宣传、战争与传播学的建立"为导论。引介"传播"意义的多样性，打破人们思维中对"传播"的单一理解；讲授传播学的建立及学科化背后的种种力量，展现初期的传播学为何呈现出"十字路口"面貌。

第2讲"效果测量：传播的哥伦比亚学派及其知识偏向"，讲授主流范式的形成及其知识偏向。两次世界大战之间诞生的传播学，急于解决媒体对战争、选举等重大问题的影响，因此走向用量化方法测量认知、态度和行为的路径。这种思维方式至今还是传播研究的主流。

第3讲"思想的低音：欧洲源流、芝加哥学派和作为文化的传播"与第2讲针锋相对，呈现传播学另一种声音。欧洲法兰克福学派批判大众媒体是文化工业，造成思想平庸。美国芝加哥学派也对主流范式发起挑战，认为传播不仅是效果测量，更要去解释人们如何共享文化和仪式。让学习者前后对照，对学派间的差异进行学术性评价。

第4讲"丰裕与贫困：学科化与传播理论的兴衰"，讲授主流范式的复兴。20世纪70年代，效果研究迎来理论创新的高潮，原因在于测量重心的转变——从短期的态度和行为转向长期的认知，以此感受思维的力量。

第5讲"网络化生存：互联网与大众传播的终结"是传播学的一次整体更新。在互联网成为主角后，传播结构发生巨大转变，以广播电视为主体的单向信息传递，转变为互联网情境中去中心化的双向传播。这一变化重构了传播的问题。

第6讲"回归关系：社交媒体与传播学的再转向"是传播研究最近的又一次转向。智能手机和社交媒体的兴起，使传播意涵中一直被遗忘的

"交流"和"关系"突然回到主流甚至占据中心位置。社交媒体将信息传递和人际关系合流,传播研究由此开启了它的关系时代。

（主讲：卞冬磊）

教育学

此课程梳理教育学科史事,探寻教育思维智慧。以教育学科发展史上的关键人物、代表学派及重要变革为依据,以经典文本为载体,探究教育学科所呈现的独特人类思维。面向教育学自身发展逻辑,以关键人物、代表流派、典型事件、重要隐喻等为支点,引导学习者在古今、中外、理实的多重对话中把握教育学思维的独特性与丰富性,体味经由复杂思考进入智慧之境的乐趣,更好地实现思维的自我进阶或自我教育。

第 1 讲聚焦"教育"与"思维",兼总论。基于"思维"视角,梳理和呈现教育学科史的主线和主流,挖掘其中的思维资源,在思维演变的过程中重新划分教育学的创造历程,以此激发探索热情,赋予思维活力。

第 2 讲聚焦"教育"这一基本概念。呈现历史上有关"教育"概念的代表性观念与探究方式,分析其背后的思维方式差异,具体探讨柏拉图的"洞穴隐喻"、洛克经验主义教育、卢梭自然主义教育,以及赫尔巴特有关"可塑性"和彼得斯关于"教育标准"的思考,凸显其中的教育学思维与其他学科思维之间的区别与联系。

第 3 讲聚焦"教育何以成人"这一基本问题。回溯历史上有关该问题的代表性解决方案,分析其中的思维方式,辨析教育的"康德问题"、19世纪末以来的"自由学校"方案、20 世纪中期以来的"去学校化"方案等,深度思考焦点问题,发展其批判性思维与创造性思维。

第 4 讲聚焦代表性的教育学流派。深化认识现代教育承担的使命、面临的挑战及应变的可能，领会不同流派提出问题和处理问题的路径，关注"实用主义教育学"代表杜威、"批判教育学"代表弗莱雷及"后现代主义教育学"代表吉鲁，培养发展性思维和批判性思维。

第5讲聚焦当代教育中的标志性改革。以芬兰基础教育改革和中国"新基础教育"改革为例，兼及中美等高等教育改革案例比较，展现标志性教育改革中批判性思维和创造性思维的运用，探究教育改革与教育学理论之间的互动关系，理解其双向滋养、双向建构和双向转化的关系。

第6讲聚焦"中国教育学"这一关键命题。在中国历史与文化发展的长程视野中，追溯先秦哲人关于"教育与文明"的互补思考，体悟宋明儒学"教育与知行"的论辩实践，认识现代中国"教育与社会"的互动探索，并透过"生命·实践"教育学，领会"理论与实践"交互生成的思维特征。

（主讲：李政涛、程亮、李林）

心理学

以心理学中的重要主题为核心内容，通过讲述心理学发展史上做出卓越贡献的大师生动有趣的故事，复现具有里程碑意义的经典实验，展示心理现象及其研究方法，展示心理学家不断探究复杂心理现象和规律的研究进程，以增强探究兴趣，掌握心理学研究的基本方法，学会科学思维并养成习惯。

第1讲"科学心理学起源"：心理学关注人类行为和心理活动的基本规律。结构主义把意识拆分为元素，用内省法逐一研究；机能主义则认为意识川流不息，研究其功能才有意义；格式塔强调整体大于部分之和，心理现象是有组织的整体；行为主义丢掉意识，一心用严格的实验探究看得见的行为；精神分析认为意识只是冰山一角，决定行为的是被压抑的潜意识。

第2讲"意识之谜：从精神分析到人工智能"：针对意识这一复杂问题，心理学家采取下"操作定义"的研究方法。弗洛伊德认为，真正支配行为的是潜意识。人类的知觉、记忆、学习、决策等，都可能处于不同的意识水平。现代心理学通过设置不同任务、建立数学模型等方法，将意识和无意识的贡献分离开来；人工语法学习、内隐联想测验等经典实验，揭开了无意识的神秘面纱。

第3讲"决策中的理性与非理性"：在经济学家看来，面对选择时，个体会仔细考量全部信息，做出理性决策，以实现效用最大化。但经济理性面临两大困境——语言艺术和框架效应。卡尼曼和特沃斯基提出了"生态理性"，强调考虑所处环境后做出满意的决策。西蒙深化拓展了决策研究，指出由于认知局限和环境因素影响，人在决策时使用"启发式"以达到满意和高效。

第4讲"人类是如何学习的：从行为到认知"：什么是学习？人类如何学习？各学习流派对此都提出了自己的研究方法、核心观点、根本原则。行为主义将复杂的自然环境简化为可严格进行条件控制的实验室，从而找出学习所遵循的基本规律。信息加工理论强调涌入感官的大量信息会瞬间被登记，只有少量信息会进入短时记忆，在学习者的大脑"CPU"中被加工，并存储在长时记忆中。

第5讲"儿童心理发展的逻辑：跟皮亚杰学思维方法"：认识起源于什么？唯理论和经验论争论不休，康德则提出了"范畴论"。深受康德影响的心理学家皮亚杰认为，应该从主客体相互作用的"活动"中找出认知源头，而探讨认识发生源头的最好视角是儿童。皮亚杰借助系列实验，揭开了儿童难解的行为之谜背后的思维谜底，揭示了儿童认识发展的本质、结构、阶段和影响因素。

第 6 讲"语言发展的先天与后天"：在行为主义者看来，语言习得的过程无非儿童在社会环境中不断模仿和接受强化的过程，其中没有遗传的因素。乔姆斯基认为，人类先天拥有一套普遍语法，有先天的语言获得装置（LAD），出生后这套装置在语言环境中被激活，使人类能够通过经验，掌握各民族语言所特有的个别语法。

（主讲人：蒯曙光、李林、陆静怡等）

政治学

通过对基础概念、理论讲述、经典文本、历史个案、案例分析等方法的学习，让学习者形成对政治学学科知识、价值和思维的整体性了解；多维度介绍政治学理论、思想和实践，让学习者在融合思辨和实证的基础上，更准确地把握政治发展实质和当前百年之未有大变局的本质所在，精进批判性和创造性思维。

第 1 讲"课程导论"，主要介绍政治和政治学基础概念，以及通过对政治思想史经典文本的研读和"叙拉古的诱惑"历史故事的讲述，促进学习者理解现实政治与政治学之间复杂的互动关系。

第 2 讲"中西古典政治社会与政治思想"，重点阐发政治思想的"异"与"同"和"变"与"常"。学生预习《论语》和《申辩篇》，思考其中的核心观点。通过学习孔子周游列国与苏格拉底之死的案例，以及两位先贤对家庭、国家（城邦）、"学而优则仕"与"哲学王"等问题的阐述，分析古典时期中西政治思想核心观点；结合两位先贤所处的时代及其面对的政治社会问题，分析中西政治思想的异同及其原因；进而从政治思想和制度发展的角度，分别分析中国古代政治思想与西方政治思想的"变"

与"常"。

第 3 讲"政治现代化：思想与进程"，聚焦现代化国家建设，学习者提前观看纪录片《大国崛起》，形成感性认识，通过介绍英国资产阶级革命与法国大革命的不同历史道路，启发学习者从国家建构和民族建构两个层面分析民族—国家的形成历程，进而对比中西国家建设的不同历程，了解中国现代化国家建设的特点及其道路选择的影响因素，并在比较中形成对历史与现实的认识。

第 4 讲"政治发展是什么？"，关注政治发展与国家能力。学习者预习《变化社会中的政治秩序》，对其中的核心观点进行提炼。政治发展包含国家能力和责任制政府等多维度的评价指标，以及这些维度间的相互关系。通过分析印度 70 余年的民主政治与国家能力建设，了解国家能力、政治秩序等概念及其相互关系，理解影响国家能力的因素。

第 5 讲"在比较中理解政治的力量及支撑要素"，从比较政治学的视野，认识多国政治实践的差异性以及理解西方政治学理论的解释局限。学习者预习《第三波：20 世纪后期的民主化浪潮》，理解现实世界政治实践的常量和变量，思考如何准确运用学术框架分析现实问题。

第 6 讲"国际政治的互动与未来"把目光转向国际舞台。通过学习并剖析"联合国和全球气候治理"案例，理解全球治理的基本逻辑，掌握分析国际政治互动的三种视角——"权力""制度"与"文化"。学习者预习党的二十大报告和《国家间政治：权力斗争与和平》，思考中国在全球治理中应发挥何种作用。

（主讲：吴冠军、刘擎等）

法学

围绕"法律"和"法治"两个概念，借助各类案例、理论纷争、戏剧影视，呈现法学思想的动态发展。聚焦具有历史转折意义的经典案例和故事，掌握法学的主要思想与价值，在直观故事与抽象理论间不断穿梭，体验人类思维的精妙奥义，培养自身的法律素养与人文情怀。

第1讲"法律与法学"，从古汉字"灋"、正义女神等中西方法律标识、器物出发，借助法律标识、器物的形象性，对法律形成直观认识。通过了解乌尔比安与奥斯丁两位法学家，知晓后人对前人法学理论的批判、创造与完善，以及当代法律为何具备特定内涵。

第2讲"法律与道德"，以法律与道德关系的三次经典论战为素材，呈现各方观点及其背景；聚焦"泸州遗赠案"展开自由讨论，深刻理解法律与道德关系，锻炼逻辑思维、批判性思维和创造性思维能力。

第3讲"法律与正义"，围绕"米兰达案"与"辛普森案"的程序之争，了解法律如何达至正义。就相关法律问题展开讨论，形成不同意见，在论述过程中了解逻辑思维的重要性，以及批判性思维与创造性思维对制度、理念与理论发展的重要性。

第4讲"法律移植与本土资源"，以编纂《德国民法典》之争与清末变法时期的"礼法之争"为例，讨论法律移植与本土资源的争议。借助电影故事《秋菊打官司》等影视剧，凸显法律移植与本土资源之间的价值理念冲突并分析原因。进而提出可能的对策，以缓和冲突，培育创造性思维。

第5讲"大陆法系与英美法系"，以霍布斯、柯克、黑尔等人的理论批判为中心，呈现世界两大法系阵营的相互批驳。鼓励学习者分别选择自己支持的观点，并进行讨论，通过融入角色，训练形象思维；在交锋中批判对手并批判性学习对手，实现自我观点的创新发展，培养批判性思维与创造性思维。

第6讲"法制与法治"，聚焦"法制"与"法治"两种治理模式，围绕商鞅的"法制"与戴雪的"法治",讨论两种治理模式的运作机制。以"告密者案""磨坊主案"等体现法治与法制的区别,展示作为现代治理模式的法治如何创造性地发展法制。

(主讲:于浩、陈肇新、雷槟硕)

工商管理

该课程通过展示产业发展及社会背景、典型企业和经典思想形成,以重大影响事件或人物为线索,讲述工商管理思想的形成与演变,呈现工商管理思想的发展趋势。改变理论学习的刻板印象,生动有趣地理解与把握嵌入工商管理理论与案例中的逻辑思维、形象思维、批判性思维、创造性思维以及管理思维,提高自我的决策能力与通识修养,让学习者逐步掌握并运用工商管理的思维模式和工具分析与解决个人和企业实践中的管理问题。

第1讲"人类社会发展与管理时代到来",思考管理与人类的关系以及为何要管理。比较管仲、法约尔、泰勒等人管理思想的优缺点和异同,并对"员工不守纪律怎么办"等具体管理问题展开讨论与分析。分析、讨论、归纳、总结世界500强首席执行官中的代表性人物及其管理思想的当前价值。

第2讲"早期管理思想",思考:管理思想从何而来?英国工业革命给工厂带来什么样的新问题?早期工厂中的管理是什么样的?比较弗鲁姆和德鲁克的思想,围绕"你的惩罚,他真的在乎吗"等具体管理问题展开讨论与分析。结合案例讨论福特汽车"流水线"生产方式及其如何提高生产效率。

第3讲"科学管理时代",思考:何为"科学"?组织的作用是什么?小组讨论泰勒、韦伯等所处的时代背景、管理思想的可取之处与不足。结合"铁锹与铁块的奇迹"等案例，讨论、理解科学管理的优点与不足。

第 4 讲"社会人时代"，思考：人际关系的重要性何在？人能脱离组织吗？讨论、归纳、总结梅奥、西蒙、巴纳德、康芒斯等人的管理思想的核心观点、时代特色和局限。结合案例讨论霍桑照明实验等，分析这一时期管理思想的长处和不足。

第 5 讲"21 世纪管理创新"，思考：什么是管理丛林？21 世纪管理面临什么挑战？比较并讨论戴明、波特、德鲁克、松下幸之助等管理思想的异同点、时代特色与局限。结合案例分析丰田汽车"精益管理"、苹果等颠覆性创新，归纳与概括 21 世纪管理实践面临的挑战与管理对策。

第 6 讲"东西方管理思想融合"，思考以下问题：东方与西方管理思维方式是殊途同归还是南辕北辙？什么是新时代适合中国国情的现代管理理论方法？比较分析东西方代表性人物的管理思想，分析中国管理思想的创新与贡献。结合案例分析与讨论海尔的国际化之路和华为"突围"之路，探索新时代适合中国国情的现代管理理论方法。

（主讲：杨勇、黄忠华、贾利军等）

统计学

以统计学的发展为主线，结合重大历史事件和统计学家的经历，呈现统计学思想的价值和发展趋势。透过与各学科领域相伴而行、在批判与争论中曲折发展的统计学历史，领略思维的魅力，拓宽思维的深度与广度，体会人类思维如何推动统计学不断向前发展。让学习者逐步理解统计学的重要思想，形成更为成熟和丰富的思维。

第 1 讲"数据与数据思维"，着重分析三种数据思维：一是从复杂到简单的思维，讨论 8 种思维模式；二是从随机到确定的思维，结合 4 种观点深入解读；三是从混沌到智慧的思维，体现统计学对世界、思想和生活的影响。结合诸多统计学案例，让学习者领悟思维的魅力。

第2讲"正态分布的发现"，再现正态分布历时200多年充满曲折和惊奇的发现过程。其间，拉普拉斯、高斯等起了关键作用，凯特勒、高尔顿等将其应用推向高潮。这一历史折射出科学和社会演变所催生出的人类思维发展。

第3讲"将信息融入统计推断"，引导学习者思考如何将知识和经验有机融入统计推断之中。贝叶斯提出了先验与后验的思维方向，通过数学表达，由先验推出后验的贝叶斯方法让数据分析进入一个崭新的世界。这种先验与后验的转换，以及贝叶斯学派和频率学派的争辩，能启发和培养学习者的批判性思维和创造性思维。

第4讲"怎样对假设进行检验"，介绍假设检验思想的由来和方法体系构建的过程。皮尔逊、费歇尔、奈曼等对假设检验方法的发展功不可没。费歇尔敢于挑战权威，奈曼与皮尔逊另辟蹊径，提出奈曼-皮尔逊定理……这些大师故事既有趣又令人深思。

第5讲"关联与因果分析"。高尔顿、费雪、罗宾、珀尔等前赴后继探索因果推断统计学方法。高尔顿从探寻遗传学因果规律出发，发展出相关分析和回归分析方法；但他错误的因果模型致使他相信科学不再需要因果关系，这一观点产生了持续的影响。通过分析，结合几种悖论和随机化试验，逐步拨开因果推断的迷雾。

第6讲"统计学的艺术思维与工程思维"，探究统计学如何在人工智能中大放异彩。结合人工智能的发展历程，以及图灵、辛顿等的探究经历，展示统计学的艺术思维和工程思维。

（主讲：丁帮俊、李艳）

数学

该课程将有趣的数学故事和人类思维紧密结合，让学习者跨越时空，走进哲人心灵之中，汲取思维养料，并通过数学思维的训练，掌握数学的典型思维方式，进而成长为思维严密、富有创新意识的综合型人才，为未来的学习、工作和生活播下智慧的种子。

第1讲"归纳探索"，呈现数学史上由归纳思维得到的数学公式、定理或猜想，如自然数二次和三次幂和公式、欧拉多面体公式、费马大定理、哥德巴赫猜想、黎曼猜想等，在呈现过程中提出任务，让学习者运用归纳思维探究中世纪著名的约瑟夫问题、《爱丽丝漫游奇境记》中的乘法问题、三次幂和公式问题等，进而分析、总结、领悟归纳思维的特征。

第2讲"类比探新"，呈现数学史上由类比思维得到的著名公式、定理或结果，如球体积公式、圆内接四边形面积公式、十二点球、自然数平方倒数和、二项式定理等，在呈现过程中提出任务，让学习者运用类比思维，从有关三角形和圆的命题出发探求球和四面体的相应命题，从勾股定理的证明出发探求两角和的正余弦公式，进而分析、总结、领悟类比思维的意义。

第3讲"大道至简"，以数学语言和数学计算的历史为主线，呈现符号代数的演进过程和大数乘除运算的简化过程，在呈现过程中提出任务，探讨常用对数的计算过程以及常用对数的实际应用，分析、总结、领悟求简思维的功能。

第4讲"演绎推理"，以演绎证明的历史为主线，呈现无理数的证明、数学圣经《几何原本》中的经典命题的演绎证明，在呈现过程中提出任务，分组讨论演绎证明的功能，并针对具体的命题（如"素数无限多"）进行证明，分析、总结、领悟演绎思维和公理化思想的价值。

第 5 讲"转化化归"，以解析几何和微积分思想为背景，呈现若干经典数学问题的解决方法，如三次方程、三线和四线轨迹问题、圆的面积等的求解，在呈现过程中提出任务，运用转化化归思维，探究数学史上著名的形与数转化、形与形转化、数与数转化的问题，分析、总结、领悟转化化归的思维方式在数学创新和现实世界问题解决中的作用。

第 6 讲"他山之石"，以阿基米德力学方法为主线，运用力学方法来解决球体积、二次幂和等经典问题，感悟跨界思维的力量。

（主讲：汪晓勤）

物理学

以物理学史上的重要人物和典型事例为载体，回溯学者故事，展现学科价值，彰显思维意义。将物理学革命性突破与人类思维有机融合，让学习者从物理学重大成就中，在学科史的精彩演绎中领略思维乐趣，汲取思维力量，感受形象、逻辑、批判性、创造性等人类思维的魅力，全面提升自身的科学与人文素养。

第 1 讲"从哥白尼日心说到开普勒天空立法"，展现打破思维壁垒之于科学创新的推动。哥白尼转变思维范式，让太阳静止、地球旋转，以"日心说"写就"自然科学的独立宣言"；开普勒打破"匀速圆形轨道"的思维定式，创立"椭圆形非匀速"的宇宙标准，以数学定律和函数关系为天空立法。

第 2 讲"从伽利略的'对话'到牛顿的'原理'"，突出不畏权威、师法典范之于经典物理学创建的奠基意义。伽利略以明月沟壑、红日黑子、斜塔故事、斜面实验等批驳亚里士多德的宇宙论、力学观和运动学；牛顿基于《几何原本》的公理化思想，完成《原理》，统一天地，其力学观逐渐占据人类思维模式的主导。

第3讲"从法拉第力线到麦克斯韦方程"，彰显精妙实验和最美方程背后求真至简的思维魅力。法拉第借助跨越式思维和丰富的实验，证实感应电流的瞬时性、创造"力线"和"场"；麦克斯韦借助数学，开创崭新的电磁场理论，预言电磁波的存在，统一了光、电、磁。

第4讲"从波粒之争到波粒二象性"，欣赏探寻光本质历程中突破经典思维的创造性价值。胡克和惠更斯支持光的波动，牛顿主张"把光看成实体"；"双缝干涉""泊松亮斑"等挑战了权威的"粒子说"；光量子、物质波、电子衍射实验展示了"波粒二象性"。历次波粒之争见证了思维的飞跃和学科的进步。

第5讲"从爱因斯坦的相对论到引力波探测"，感受爱因斯坦超前思维之于现代物理学的深远影响。爱因斯坦挣脱绝对时空观的枷锁，建立了狭义相对论；构想出广义相对论，提出引力场中光线弯曲、光谱线引力红移、引力波存在等预言；后续验证凸显了其独树一帜的伟大思维力量。

第6讲"从上帝是否掷骰子到量子科技革命"，见证量子理论对经典认知的颠覆以及量子科学的前沿与挑战。量子理论是物理学从经典观念、基本假设、理论体系上由宏观到微观的彻底变革，促进一系列与量子相关的科技飞速发展，更驱使人类认识世界的思维转变，从单一的经典思维，转向经典和量子的互补与渗透。

（主讲：程亚、武海斌、马学鸣等）

化学

以物质基础、新物质创制、分子结构信息、化学反应本质、原子经济性和"双碳"目标为脉络，串起化学发展历程中的重大变革事件，展示化学学科日新月异发展的概貌。引导学习者从通识层面探视典型化学理论和关键分析技术创建的历史背景，解析化学研究方法的多元化、综合化发展趋势，领会化学是自然学科的中心科学，认识化学制品是人类生存的物质基础，感悟化学学科思维特征。

第1讲"元素周期表"，介绍化学元素周期表的排布规律、依据和元素的性质特征，以及元素周期表的发现过程，阐明批判性思维在原创性科学发现中的重要意义。结合氢、氧、碳、氮、硫等常见元素在人类生活中的重要用途和重大影响，阐述元素到分子再到万物的过程，表达元素有序、万物无穷的思维道理。

第2讲"手性物质化学"，介绍巴斯特实验打开人们认识分子手性的大门，通过对"反应停"药物灾难事件的反思以及不对称催化合成三获诺贝尔化学奖的故事，阐明手性物质科学中蕴含的创造性思维和形象思维。

第3讲"全合成化学"，展示合成化学创造新物质的科学意义和挑战。以合成化学发展的关键节点、改变人类历史的合成工作（青蒿素的发现）、代表性科学家为脉络，介绍全合成发展的历史、现状和趋势。

第4讲"超分子化学"，从发现DNA双螺旋结构故事入手，展示学者如何通过超分子自组装在分子以上层次创造新物质和产生新功能，揭示超分子自组装的内涵和外延。

第5讲"高分子化学"，通过介绍跨越小分子范畴，突破胶体学说束缚，建立大分子学说的创举，呈现批判性思维和创造性思维，以及分子结构"由点到链"、分子量剧增与性质飞跃的化学学科思维突变。阐述高分子化学及制品对科学、社会和生活产生的深远影响。

第6讲"仪器分析化学"，介绍获得诺贝尔奖的分析仪器突破和创制，基于化学分子和晶体结构的解析、化合物的分离分析及高分辨成像等，提出亟须解决的瓶颈问题，分析仪器的突破所带来的革命，对该领域及化学领域，乃至诸多领域的推动和发展。

第7讲"量子化学"，介绍从量子思想的产生到用量子理论处理微观结构和解释化学现象，阐述量子力学与化学的紧密关系，呈现结构决定性质、性质反映结构的科学思想。

第8讲"绿色化学"，介绍催化过程典型案例，阐述建立经济、环境、资源协调发展的创造性思维。基于"绿色化学"和"绿色碳科学"的理念，辩证认识温室气体二氧化碳作为可再生利用碳资源在人类社会发展中的重要性。

（主讲：谢美然、姜雪峰、周剑等）

生物学

采取专题讲解和师生讨论相结合、人物介绍与实例解析相结合的方式，介绍生物学发展史上重要的学说、生物技术的发展历程、意义及其带来的问题，并融入思维训练（形象思维、逻辑思维、辩证思维、创造性思维、批判性思维），使非专业学习者在了解生物学领域划时代成果的同时，树立科学思维观念。

第1讲"揭示生命的本质——细胞学说"，以学说创建过程及其发展为主线，讲述罗伯特·胡克、施莱登等实现生物学研究从宏观走向微观的艰辛历程，了解细胞学发展对生命科学的意义和作用。

第2讲"揭示生命的延续——遗传学说"，以重要代表性的人物（达尔文、孟德尔、摩尔根等）、事件和成果（进化论的提出、遗传学说的建立、分子遗传的建立等）为线索，探求生命延续的秘密。

第3讲"破译生命的密码——人类基因组计划",从提出背景、主要任务和目标、发展过程及实施带来的各方面影响等多个角度全方位介绍这一历史性浩大工程,分析人类基因组计划的重要意义及其带来的社会伦理问题。

第4讲"改造生物的技术——基因工程",介绍基因工程的发展过程及其应用,全面探索生物技术的发展对人类生活的影响和意义。

第5讲"革命生殖的方式——动物克隆",从动物克隆技术发展历史、基本过程、动物克隆技术的应用价值及带来的问题等几个方面全方位讲解动物克隆技术,探讨其重要意义及带来的社会伦理问题。

第6讲"战胜疾病的法宝——疫苗接种",以疫苗发明过程为主线,介绍其发展历史及对人类的保护作用。

(主讲:江文正、任华、靳大庆)

地理学

展示丰富的人物事迹、历史故事、文艺作品和社会现实,呈现地理学思想的发展趋势。将有趣的地理学故事和人类思维紧密结合,让学习者逐步掌握地理学的重要思想与价值,成长为具有更广阔格局的综合型人才。学习者将在具体形象和抽象理论的交织中领略思维的乐趣,更好地塑造自身的科学精神与人文情怀。

第1讲"地理学的传统",是导论。文艺传统、区域传统、数理传统和地图传统是理解地理学科多元化发展的核心。当代地理学具有作为科学(自然地理学)、技术(地图学与地理信息系统)和艺术(人文地理学)的多重价值。学习者可以预习《荷马史诗·奥德赛》第19卷和埃拉托色尼测量地球周长的事例,获取感性认知。

第2讲"地理学的世界"，重点阐发地理学的"世界"与"人"的关系。哈特向将"普遍好奇心"作为地理学的基础，地理学正是在一代代人"仰观天文、俯察地理"的过程中发展起来的，"我"与"世界"的关系也在全球、地方和个体的多尺度互动中被建构起来。建议学习者预习颜真卿《麻姑仙坛记》和魏格纳的大陆漂移学说，感知时空格局的演变。

第3讲"地理学的传奇"，以20世纪40至70年代地理学思想革命的一系列事件为轴线。在哈佛大学撤销地理系这一重大事件的背后，蕴含着区域学派由盛转衰的"末日危机"。以舍费尔、邦奇和哈维等"三个火枪手"为骨干的"计量革命"对现代地理学思想演进做出了杰出贡献，他们身上呈现出突出的批判性思维。

第4讲"地理学的革新"，介绍20世纪80年代后技术进步与地理学思想革新之间的关系。以美国黄石公园生态保护和上海城市规划与内涝治理等为案例，阐述多维度的地理学知识和方法日益与社会实践相结合，愈发呈现出多元化和开放性的特征。

第5讲"地理学的时空"，拉近地理学与日常生活的关系。自哈格斯特朗开创时空行为地理学以来，居民日常时空活动轨迹和动态分布特征日益成为地理学探讨的重要对象。通过绘制自己的时空轨迹图，学习者将进一步掌握时空行为地理学的基本方法。

第6讲"地理学的未来"，是展示课。学习者将结合自身专业知识与地理学思维，完成一次角度新颖、依据充分的汇报，并与老师和同学进行讨论，从课堂听众转换为主动的创造者。

（主讲：叶超、塔娜）

生态学

从经典的"自然之问"视角，以学科发展史为线索，呈现重大理论产生的学术背景和其中的科学故事，介绍生态学家利用科学思维方式认知自然、解析自然法则的研究历程，让学习者领略杰出生态学家的思维方式、人格魅力和精彩人生，培养生态学思维语境和自然伦理修养。

第 1 讲 "'物种起源学说'的诞生"。以"生物是怎样形成的"引入，介绍达尔文和华莱士如何颠覆传统的"神授论"，提出"进化论"的科学论断，催生了 19 世纪最伟大的科学革命，展示生态演化思维、批判思维和创造性思维的魅力。

第 2 讲 "生态学正式成为科学"。围绕"物种何以如此多样而分布有序"，依次介绍林奈建立生物分类系统，为生物编码排序；洪堡通过"丈量世界"，汇聚博物学时代的生态学线索，从而引发瓦尔明思考植物适应性，并确立生态学研究范式。结合野外实践，感知生态学家探索、体会、思考和认知自然的思维语境，激发创新性思维。

第 3 讲 "生态学的'黄金时代'"。以"捕食者—猎物关系""竞争排斥法则""种群周期循环"和"生态位"为案例，引导学习者体会和感知自然界的数学美，锻炼利用数学思维解读自然和社会现象的能力。

第 4 讲 "持续半个多世纪的群落社会性争论"。介绍 20 世纪前半叶的"超有机体论"和"个体论"之争，以及后来的"确定性与随机性过程"之争，理解如何采用归纳分类、极点排序、梯度分析、零模型排斥等逻辑思维方法识别植物社会的组织性，训练学习者的逻辑思维和批判性思维能力。

第 5 讲 "局部 vs 整体：生态系统的涌现性"。以林德曼的"十分之一"能量传输法则、尤金·奥德姆的生态系统发育理论和霍华德·奥德姆的银泉能流分析为例，探讨"整体是否大于部分之和"，阐释系统生态学思想，训练学习者利用系统思维指导学习、生活和工作的能力。

第 6 讲 "无序 vs 有序：自然复杂性"。聚焦自然之问：大自然按照几何与物理法则运作吗？通过介绍"生态代谢理论"和"生态自组织"两个主题，锻炼学习者融合数理化知识，从无序中寻找有序，从个体特征中发现集群行为，从复杂现象中寻找简单法则的能力。

（主讲：阎恩荣、张健、刘权兴）

计算机科学与技术

该课程通过计算机科学与技术历史上最基础、最典型的事例，特别是人工智能高速发展的标志性成果等"超线性"发展案例，介绍计算机科学与技术的思维方式和特点，引导学习者更好地理解社会发展背后的信息技术，培养创新性地解决实际问题的习惯，形成良好的思维方式，从计算机学科所特有的编程思维、系统思维、数据思维、AI思维开始，构建形成更高层次的逻辑思维、形象思维、批判性思维，乃至创造性思维。

第1讲"排序：算法与计算复杂性"，从最基础的计算机算法排序开始，形象地展示算法的运行过程和性能对比，进而讨论算法的设计与分析，介绍编程思维以及复杂性与归约的计算机算法的思维方式，通过代码运行的可视化展示，促进理解抽象的算法和计算机系统的形象思维。

第2讲"调试：体验编程思维"，通过真实的计算机程序调试过程，介绍计算机程序运行方式以及科学调试方法，帮助学习者理解计算任务与数学中的计算的区别和联系，理解计算机系统的局限性，训练以科学的批判性思维发现问题、解决问题的能力。

第3讲"UNIX：从操作系统到开源及软件工业"，通过对 Multics、UNIX、Linux 等典型系统和研发领袖的介绍，引导学习者思考软件重大突破产生的原因，以及研发领袖做出重大创造性贡献时的思考方法，理解软件产业和开源的特点和发展规律，训练批判性思维和创造性思维能力。

最后三讲的案例都和应用紧密相关，分别是"搜索引擎：数据思维与互联网经济""区块链：计算机系统如何构建信任""AlphaGo：AI 与 AI 思维"。这三讲分别展示计算理论和方法、系统、人工智能模型和算法在创新型应用中的重要性，工程实现对应用成功的重要性，新生产要素数据如何促进数字化转型和数字经济发展，应用需求如何反过来启发理论和技术发展等，促进学习者加深理解，提升思维能力。

（主讲：钱卫宁、王伟、周烜）

软件工程

以历史中的典型事件和人物为主线，让学习者了解软件工程发展演化的进程，并通过这些经典案例和人物故事演绎，以及实验训练，培养学习者的逻辑思维、形象思维、批判性思维、创造性思维，引导其思考软件工程螺旋式上升的本质，了解当前中国被"卡脖子"最严重的软件是哪些工业软件，激发学习的热情。

第 1 讲，介绍埃达·洛夫莱斯伯爵夫人的故事，以及她如何设计了世界上第一个程序的传奇经历。了解算法的一种表达方式——流程图训练实验。一个生活在 19 世纪的年轻女子，在电子计算机出现之前，怎么就想到编程及相关算法？她是如何在没有接受正规教育的情况下成为计算机科学之先驱的呢？这些体现了她的哪种思维能力？

第 2 讲，介绍二进制发明与中国八卦的关系，以及莱布尼茨发明二进制的过程。通过最早的打孔纸带编简单程序的实验，形象地了解程序和算法。查阅、考证、学习八卦表现形式和莱布尼茨发明二进制过程资料以及关系，讨论类似的二进制在日常学习和工作中应用

第 3 讲，介绍软件危机及其工程诞生的背景。软件工程的诞生，表明

其从作坊式向工程化开发迈进。思考软件工程化管理的思想及批判性思维在软件工程进化中的作用。

第4讲，介绍软件产业在20世纪70年代两位针锋相对的领袖人物比尔·盖茨和理查德·斯托尔曼的故事。前者宣布版权时代的到来，并构建了微软帝国的辉煌；后者于1984年创立自由软件体系GNU，拟定《普遍公用版权协议》（General Public License，缩写为GPL），今天Linux的成功就得益于GPL。基于批判性思维，围绕软件版权利弊开展课堂辩论赛。

第5讲，介绍结构化方法的缺陷，面向对象方法发展的故事和UML诞生的历史。用批判性思维看待结构化方法的作用和缺陷，探讨面向对象方法更接近对客观世界的描述和理解。

第6讲，介绍了敏捷开发的产生背景和《敏捷宣言》故事，用批判性思维思考传统软件工程的优缺点，比较敏捷开发提倡者的能动性和工匠精神与之前软件作坊开发方式有何区别。

（主讲：杜育根）

音乐学

以人类音乐的发展历史为线索，通过音乐历史长河中的大事件与重要人物，来阐释中西方不同地域、不同民族、不同文化背景下人类思维方式的变迁，进而掌握推动音乐历史发展的重要思想，以及所呈现的丰富多彩的音乐作品与风格。通过展现音乐与数学、物理等学科的关联，以及与文学、美学、绘画等姐妹艺术的融合与碰撞，让学习者体验并感受音乐形象思维与逻辑思维的辩证关系，从而更好地锻炼自身的批判性思维能力与创造性思维能力。

第1讲"中西方音乐记谱法的诞生"，以中西方三种不同记谱法的诞生为历史轴线，讲述符号记谱法、文字记谱法与数字记谱法的发展与变迁。学习者通过课前线上教学视频对五线谱与简谱的基础知识进行自主学习，课堂上通过观察不同记谱法的乐谱，结合音乐的聆听，让学习者走进音乐的世界，探寻在不同文化与历史背景下中西方记谱法发展过程中所体现的不同思维方式。

第2讲"音乐史上的伟大发明'十二平均律'"。世界公认的三大"律制"是"五度相生律""纯律"和"十二平均律"，皆中国发明。学习者通过掌握三种不同律制的数学计算方法和思维方式，铭记音乐源自数学，并伴随着物理现象而产生。通过对朱载堉发明"十二平均律"的故事以及巴赫《十二平均律钢琴曲集》的学习，体会这一发明的深远影响及意义。

第3讲"音乐中的古典主义与浪漫主义"，围绕西方音乐历史上两个最重要的时期，即古典主义和浪漫主义展开。通过课前的作品聆听，以及课堂上对《贝多芬C小调第五交响曲》（即《命运交响曲》）与舒伯特艺术歌曲的赏析，理解古典主义交响曲与浪漫主义艺术歌曲这两种体裁的艺术手法与风格特征，以及两种音乐风格互斥互补、对立统一的辩证关系。

第4讲"中西音乐戏剧——歌剧与昆曲"，重点讲述西洋歌剧与中国昆曲体裁的要素与特征。通过鉴赏法国歌剧《卡门》选段与昆曲《牡丹亭》选段《游园惊梦》，了解两部作品的艺术风格特征，进而理解中西音乐戏剧文化的差异，感受中西音乐戏剧不同的美学思想。

第5讲"西方印象主义音乐与绘画的碰撞"，围绕19世纪末期法国作曲家德彪西的音乐作品和印象主义绘画的互动关系进行深入探讨。了解音乐与绘画元素的组成，并进行联想式的对比。通过音乐学、艺术学、美学等多个学科知识的融合，提升学习者对西方音乐与视觉艺术的交互关系的感悟与反思。

第 6 讲"表现主义与现代音乐的开端：勋伯格学派"，围绕 20 世纪表现主义音乐，介绍开启西方现代音乐大门的作曲家勋伯格，以及他的弟子贝尔格与韦伯恩的传记与音乐作品，领略西方现代音乐与西方传统音乐的差异与关联，并联想总结表现主义音乐的特点。

（主讲：张薇、董放、王刊）

美术学

以人类思维发展的历史阶段为线索，介绍美术学思维方式的特点，阐述视觉形象思维在人类社会发展中的演变、作用和意义，分析美术学科在东西方的发展历程及其代表性思想、作品、故事、美术现象、美术家以及与视觉相关的社会文化问题，呈现美术学思想的发展趋势，探讨人类思维与美术之间的互动关系，通过对发展历程的阐述激发思维，促进人文、艺术、自然、工程等科学的跨学科融合。

第 1 讲"原始美术的关联性思维"，以世界原始美术为案例，讨论图像在前逻辑时代的作用，分析原始思维的关联性、具象性特点，启发学习者超出一般的逻辑思维，从视觉意象的角度进行各种跳跃性联想。

第 2 讲"宗教美术的象征性表达"，以宗教美术图像为出发点，分析图像的文化象征性和符号特点，将其引申到当代文化中的图像转向及其文化象征问题。

第 3 讲"中国美术的自然之道"，分析东方，特别是中国的抒情文化传统及其对文人书画艺术的影响。走访校园内部及周边景观，用文字、绘画、摄影、视频等方式加以记录，再进行后期加工处理，制作纸质或虚拟媒介类型的图文作品。

第 4 讲"写实美术的科学观念"，分析写实美术所体现的逻辑科学观念和理性精神，通过对西方不同学科的比较，提升对逻辑思维的整体性认识，提升对艺术和科学相关性的理解。

第5讲"现代美术的批判性创新"，通过分析世界现代美术的案例，认识批判性思维在人类社会文化发展中的重要性。立体主义彻底放弃了透视深度和单一视角，如同相对论体现了现代物理学对于经典物理学的批判性发展，是一种革命性突破。

第6讲"当代视觉艺术的多元化创造"，通过对当代文化创意案例的分析，发现当代艺术的创造性思维及其对文化创意产业、创新型经济的推动作用，引导学习者认识美术学科独特的思维方式，改变原有固定的思维程式，实现思维的变化和转折。

（主讲：汪涤）

设计学

课程每一讲都是由设计史上的重要事件、运动、风格、经典设计产品或杰出设计师的案例组合而成的。以"想象力比知识更重要"为核心理念，基于"以史为鉴"和"设计思维"，揭示不同时代从简单到复杂的人类思维活动，发掘直觉思维、形象思维、分析思维（逻辑思维）、批判性思维、创造性思维在设计发展史中所起的作用，以及它们最终融合成为现代设计实践所采用的观念体系与实践方法论——设计思维。设计所创造的物质成果都是人文与科技知识的整合，实用性、审美性与社会性的人造物品是人类思维活动过程的外化结果。

第1讲"设计的起源"，通过分析早期人类工具的发明和器物制造活动，理解人类思维能力是从直觉思维（感性认识）开始的，逐步过渡到理性思维。

第2讲"装饰与权力"，从秦始皇兵马俑批量制造到法国路易十四的凡尔赛宫设计建造，皆体现了权力对形象符号的控制，形象符号的装饰性与社会性成为表达统治阶级思想的设计活动。

第3讲"机器与市场"，18世纪英国工业化时期，工业的发展与商品市场的扩大，构建了资本主义产品的设计、生产与销售这一运作体系的原型，其运作的驱动力是科学的分析思维（逻辑思维）。

第4讲"道德与审美"，19世纪，工业生产在取得巨大成就的同时，也暴露出工业对传统道德与审美的侵蚀。以威廉·莫里斯为代表的设计师运用批判性思维对工业产品给社会的公共方面带来的影响进行反思，使得批判性思维成为设计师创新设计的原动力。

第5讲"形式设计与现代性"，随着20世纪的社会变革、科技发展与人们消费的观念变化，消费民主社会形成，创造性思维成为商品多样性的基石，形式创新与功能提升把人类物质文明带入一个新时代。

第6讲"设计与生活"，设计是一个既古老又年轻的专业领域，在现代社会中设计无处不在，"设计思维"成为"好设计"得以实现的思维范式，设计思维是现代设计观念体系与实践方法论，设计师们运用"设计思维"（发散性思维与聚合思维）在设计领域中进行设计。

（主讲：吕坚）

二、"经典阅读"课程群

《共产党宣言》导读

以思想与时代之间的关系为基本线索，重点讲述马克思和恩格斯的《共产党宣言》的思想内涵、现实价值、基本方法和立场观点。课程以教师讲授为主，辅以沙龙交流和社会实践。

第 1 讲介绍《共产党宣言》的成书过程及思想脉络，突出批判性思维。

第 2 讲介绍马克思、恩格斯领导工人运动的实践和理论、七篇序言以及《社会主义从空想到科学的发展》，突出逻辑思维。

第 3 讲基于逻辑思维，从"大时代"与"小场域"视角介绍《共产党宣言》诞生的历史背景。

第 4 讲基于批判性思维，解读第 1 章至第 4 章的文本内容。

第 5 讲科学地理解共产主义，探讨"共产主义的内涵"与"共产主义的实现"。

第 6 讲从西方思想史的角度分析马克思主义的当代性和现代性。

第 7 讲讲授《共产党宣言》的百年传播与马克思主义中国化的发展。

（主讲：刘擎、闫方洁、赵正桥等）

《道德经》

本课程旨在解悟《道德经》的智慧，并以此智慧来观照当代世界，指导学习者个人的学习与生活，思考和处理天与人、人与人、人与己之间的关系，沉思形上之学，思考如何认识天地万物与人自身，辩论人的行动与思想的限度，追问自然之美及其价值，探究自由以及如何走向自由之境，审视《道德经》的当代意义。

第 1 讲"道的确立"，介绍老子在中国哲学史以及世界哲学史上破天荒地提出的"道"的观念，感受其创造性思维，概念包括：道与帝，道与天（地），道与鬼神，道与仁义礼智，道与自然，道与无，道与物，道与水，道与一，道与言，道与盗，为道，闻道。阐明《道德经》开辟的救人、救物的新思想道路。

第2讲"道与无""道与自然"，介绍老子的批判性思维，从而发现"无"；介绍老子关于道的最重要的界定——"自然"。

第3讲"道与盗"，介绍老子的批判性思维及老子之道，道路只有两条：道与盗。

第4讲"《道德经》解义（第1至第6章）"，从批判性思维、创造性思维的角度，介绍道与言说、命名，道与有、无，有无相生的前提，实腹与虚心，象帝之先，道之"似或存"，天地不仁，道超越天地。

第5讲"道德大意"，从创造性思维、逆向思维的角度，领悟老子的道德之意。讨论：老子为何提出道的观念，老子关于道的论述；道与修身，道与治国。

第6讲"常名论"，基于创造性思维讨论作为《道德经》之题眼的"常名"。

第7讲"《道德经》解义（第11至第13章、第16章）"，从批判性思维、创造性思维的角度，讲解老子的有无论和为腹论，贵身论和观物论。

（主讲：贡华南、苟东锋）

《几何原本》

《几何原本》引导着千千万万人步入数学科学的殿堂，如伽利略、笛卡尔、牛顿等。其公理化思想的模式，亦被众多具有划时代影响力的著作广泛模仿。本课程旨在通过有选择地阅读和讲授其中的一些知识和命题，引导学生理解并掌握蕴藏在欧氏几何学中的逻辑思维、批判性思维和创造性思维，欣赏其作为人类学科模板的重要价值，进而获得智慧以及科学人文精神的启迪。

第1讲"《几何原本》与中国"，介绍书的由来、内容安排、创造性思维，以及在中国的翻译过程和传播之旅。

第 2 讲"形式逻辑与三角形内角和定理",通过师生互动、交流研讨等方式,理解和掌握命题 I.1 至命题 I.32 中的一些重要命题的演绎证明,懂得形式逻辑的内涵,并感悟这一方法在欧氏几何知识体系构建中的价值。

第 3 讲"形式逻辑与毕达哥拉斯定理",围绕其逻辑演绎证明,以提炼形式逻辑的内涵为导向,帮助学习者提升其思维的品质。

第 4 讲"形式逻辑与尺规作图",涉及第 Ⅱ 卷至第 Ⅳ 卷中的一些内容,让学习者在师生互动中像欧几里得那样去思考,明确命题和原理之间的关系,进而构建属于自己的知识体系。

第 5 讲"《几何原本》:其他学科的模板",以批判性思维、创造性思维重点阅读牛顿的《自然哲学的数学原理》相关内容,了解全书结构框架,懂得《几何原本》对其方法论的影响及其模板之作用。

第 6 讲"现代数学的新发展",从逻辑思维、创造性思维的角度,结合数学案例介绍《几何原本》对现代数学的影响。

(主讲:邱瑞锋、刘攀、周林峰)

《量子史话》

以量子力学建立过程中科学家们的故事为主线,讲述量子理论建立的艰辛过程以及量子力学如何影响我们的世界。了解量子力学带来的伟大技术革命、对生活起到的作用,以及未来的无限可能。了解掌握其所蕴含的逻辑思维、批判性思维和创造性思维。

第 1 讲为序章"无奈之中:普朗克揭竿而起",讲授经典物理的辉煌、普朗克与黑体辐射以及量子论的提出,引导学习者思考经典物理的思维方式,讨论量子提出的社会背景和物理背景,以及量子概念的革命性所在。

第 2 讲"向前推进:爱因斯坦得不到理解;福星降临:能斯特请教爱因

斯坦"，讲授爱因斯坦与光量子假说、固体比热问题以及第一届索尔维会议，感悟其中的批判性思维。

第3讲"新秀玻尔：命令原子如何运动；无心插柳：弗兰克和赫兹谱新篇"，讲授玻尔原子理论、弗兰克—赫兹实验以及玻尔原子理论的成功，感悟其中的创造性思维。

第4讲"初生牛犊：法国王子让爱因斯坦自叹弗如；绝境求生：海森堡和矩阵力学的崛起"，讲授德布罗意物质波的提出、物质波的实验验证，以及矩阵力学的思想及本质，感悟其中的创造性思维。

第5讲"拨云见日：泡利不相容原理和电子自旋的发现；谁更聪明：薛定谔方程还是薛定谔"，讲授泡利及不相容原理、电子自旋的发现过程、薛定谔及薛定谔方程，感悟其中的批判性思维、创造性思维。

第6讲"灵机一动：'具有魔力'的狄拉克方程；争长竞短：不确定原理和互补原理"，讲授狄拉克其人、狄拉克方程、互补原理以及哥本哈根诠释。

第7讲"异军突起：玻恩的概率诠释"，讲授薛定谔对波函数的解释、玻恩其人、概率诠释提出的背景、薛定谔和爱因斯坦对概率诠释的批判。

第8讲"爱因斯坦：上帝不掷骰子"，讲授爱因斯坦和玻尔的交锋。

第9讲"生死未卜：'薛定谔的猫'和多世界诠释"，讲授"薛定谔的猫"实验提出的背景、实验的目的以及哥本哈根学派如何对它进行解释，讲授多世界诠释如何解释量子力学。

第10讲"量子技术与工程"，讲授量子隧道效应以及量子在激光、超导、超流和纳米技术等方面的应用，讲授量子信息和量子计算机的发展与应用。

（主讲：周先荣、武海斌、朱广天）

参考文献

［1］钱旭红. 老子思维［M］. 厦门：厦门大学出版社，2023.

［2］P. Loyalka et al. Skill levels and gains in university STEM education in China，India，Russia and the United States［J］. Nature Human Behaviour，2021，5（7）：892－904.

［3］邬大光. 什么是好大学？［M］. 北京：商务印书馆，2023.

［4］中国大百科全书第三版网络版［OL］.［2022－01－20］（2023－05－08）. https：//www. zgbk. com/.

［5］William C. Kirby. Empires of Ideas：Creating the Modern University from Germany to America to China［M］. Cambridge，Mass：Harvard University Press，2022.

［6］［意］卡洛·奇波拉. 人类愚蠢基本定律［M］. 信美利，译. 北京：东方出版社，2021.

［7］［美］约翰·S·布鲁贝克. 高等教育哲学［M］. 王承绪，郑继伟，张维平，徐辉，张民选，译. 杭州：浙江教育出版社，2001.

［8］钱旭红. 超限：引领育人创新的理念与探索（教育强国战略咨询会议专家报告）［R］. 上海东郊宾馆，2023－04－26；钱旭红. 以"超限"理念回应时代之需［N］. 光明日报，2023－07－25（15）.

［9］钱颖一. 大学的改革（第一卷·学校篇）［M］. 北京：中信出版社，2016. 钱颖一. 大学的改革（第三卷·学府篇）［M］. 北京：中信出版社，2020.

［10］［英］C. P. 斯诺. 两种文化［M］. 纪树立，译，北京：生活·读书·新知三联书店，1994.

［11］［美］伦纳德·蒙洛迪诺. 思维简史：从丛林到宇宙［M］. 龚瑞，译. 北京：中信出版社，2018.

［12］［法］吕克·费希. 超人类革命：生物科技将如何改变我们的未来？［M］. 周行，译. 长沙：湖南科学技术出版社，2017.

［13］陈鼓应. 老子今注今译（参照简帛本最新修订版）［M］. 北京：商务印书馆，2016.

［14］钱旭红. 改变思维：新版［M］. 上海：上海文艺出版社，2020.

［15］［美］罗伯特·G. 哈格斯特朗. 查理·芒格的智慧：投资的格栅理论（原书第 2 版）［M］. 郑磊，袁婷婷，贾宏杰，译. 北京：机械工业出版社，2015.

［16］［美］克劳迪娅·戈尔丁，［美］劳伦斯·F. 卡茨. 教育和技术的赛跑［M］. 上海：格致出版社，2023.

［17］［德］延斯·森特根 著，［德］纳迪亚·布达 绘. 思维的艺术：如何像哲学家一样思考［M］. 李健鸣，译. 南京：译林出版社，2018.

［18］［英］弗朗西斯·培根. 培根论说文集［M］. 高健，译. 天津：百花文艺出版社，2001.

［19］［美］查尔斯·默里. 文明的解析：人类的艺术与科学成就（公元前800—1950 年）［M］. 胡利平，译. 北京：中信出版社，2016.

［20］［以色列］尤瓦尔·赫拉利. 人类简史：从动物到上帝［M］. 林俊宏，译. 北京：中信出版社，2014.

［21］［美］爱因斯坦. 爱因斯坦文集：第一卷［M］. 许良英，李宝恒，赵中立，范岱年，编译. 北京：商务印书馆，2010.

［22］黎鸣. 学会真思维［M］. 北京：中国社会出版社，2009.

［23］［美］列纳德·蒙洛迪诺. 潜意识：控制你行为的秘密［M］. 赵莜惠，译. 北京：中国青年出版社，2013.

［24］［美］理查德·尼斯贝特. 思维版图［M］. 李秀霞，译. 北京：中信出

版社，2010.

[25] 钱旭红 等. 量子思维 [M]. 上海：华东师范大学出版社，2023.

[26] [美] 肯尼斯·斯坦利，[美] 乔尔·雷曼. 为什么伟大不能被计划：对创意、创新和创造的自由探索 [M]. 彭相珍，译. 北京：中译出版社，2023.

[27] [加] 斯科特·扬. 如何高效学习：1 年完成 MIT4 年 33 门课程的整体性学习法 [M]. 程冕，译. 北京：机械工业出版社，2013.

[28] [美] 朱迪亚·珀尔，[美] 达纳·麦肯齐. 为什么：关于因果关系的新科学 [M]. 江生，于华，译. 北京：中信出版社，2019.

[29] 易经（白话全译）[M]. 文史哲，译. 上海：立信会计出版社，2012.

[30] [法] 古斯塔夫·勒庞. 乌合之众：群体心理研究 [M]. 段鑫星，译. 北京：人民邮电出版社，2016.

[31] [美] 卡罗尔·德韦克. 看见成长的自己 [M]. 杨百彦，乔慧存，杨馨，译. 北京：中信出版社，2011.

[32] [美] 理查德·保罗，[美] 琳达·埃尔德. 批判性思维工具：原书第 3 版 [M]. 侯玉波，姜佟琳，等，译. 北京：机械工业出版社，2013.

[33] 墨子 [M]. 方勇，译注. 北京：中华书局，2015.

[34] [美] 文森特·赖安·拉吉罗. 思考的艺术 [M]. 金盛华，李红霞，邹红，等，译. 北京：机械工业出版社，2013.

[35] [美] 布鲁克·诺埃尔·摩尔，[美] 理查德·帕克. 批判性思维 [M]. 朱素梅，译. 北京：机械工业出版社，2016.

[36] [美] 凯瑟琳·帕特里克. 创造性思维十一讲 [M]. 童仁川，译. 北京：新世界出版社，2016.

[37] [美] 托马斯·L. 萨蒂. 创造性思维：改变思维做决策 [M]. 石勇，

李兴森，译. 刘玮，审校. 北京：机械工业出版社，2017.

[38] [英] 理查德·道金斯. 上帝的错觉 [M]. 陈蓉霞，译. 海口：海南出版社，2017.

[39] 郑也夫. 文明是副产品 [M]. 北京：中信出版社，2016.

[40] [英] F. A. 哈耶克. 科学的反革命：理性滥用之研究（修订版）[M]. 冯克利，译. 南京：译林出版社，2012.

[41] [美] 托马斯·K. 麦克劳. 创新的先知：熊彼特传 [M]. 陈叶盛，周端明，蔡静，译. 上海：东方出版中心，2021.

[42] 詹泽慧，梅虎，麦子号，邵芳芳. 创造性思维与创新性思维：内涵辨析、联动与展望 [J]. 现代远程教育研究，2019（2）40 - 49＋66.

[43] [美] 罗伯塔·乃斯. 走出思维泥潭：如何激发科学创新中的奇思妙想 [M]. 赵军，等，译. 丁奎岭，审校. 杭州：浙江教育出版社，2021.

[44] 廖玮. 科学思维的价值：物理学的兴起、科学方法与现代社会 [M]. 北京：科学出版社，2021.

[45] [意] 卡洛·罗韦利. 七堂极简物理课 [M]. 文铮，陶慧慧，译. 长沙：湖南科学技术出版社，2016.

[46] [奥地利] 埃尔温·薛定谔. 生命是什么：物理学家对生命的理解和思考 [M]. 仇万煜，左兰芬，译. 海口：海南出版社，2016.

[47] [英] 吉姆·艾尔-哈利利，[英] 约翰乔·麦克法登. 神秘的量子生命：量子生物学时代的到来 [M]. 侯新智，祝锦杰，译. 杭州：浙江人民出版社，2016.

[48] [英] 丹娜·左哈尔. 量子领导者：商业思维和实践的革命 [M]. 杨壮，施诺，译. 北京：机械工业出版社，2016.

[49] [瑞典] 埃尔林·诺尔比. 诺贝尔奖与生命科学 [M]. 曾凡一，译. 上

海：上海科学技术出版社，2021.

［50］殷瑞钰，汪应洛，李伯聪，等. 工程哲学：第二版［M］. 北京：高等
教育出版社，2013.

［51］［美］小戴维·P. 比林顿. 思维决定创新：20 世纪改变美国的工程思
想［M］. 计宏亮，安达，王传声，王玉婷，魏敬和，译. 北京：中译
出版社，2022.

［52］［美］马克·N. 霍伦斯坦. 工程思维（原书第 5 版）［M］. 宫晓利，
张金，赵子平，译. 北京：机械工业出版社，2017.

［53］［英］乔治·奥威尔. 一九八四［M］. 董乐山，译. 上海：上海译文出
版社，2009.

［54］［美］泰勒·本-沙哈尔. 幸福的方法：哈佛大学最受欢迎的幸福课
［M］. 汪冰，刘骏杰，译. 倪子君，校译. 北京：中信出版社，2013.

［55］论语·大学·中庸［M］. 陈晓芬，徐儒宗，译注. 北京：中华书局，
2015.

［56］刘慈欣. 三体［M］. 重庆：重庆出版社，2008.

［57］［美］理查德·尼斯贝特. 逻辑思维：拥有智慧思考的工具［M］. 张
媚，译. 北京：中信出版社，2017.

［58］［英］约翰·霍布森. 西方文明的东方起源［M］. 孙建党，译. 于向
东，王琛，校. 济南：山东画报出版社，2009.

［59］［英］伯特兰·罗素. 西方的智慧——从苏格拉底到维特根斯坦（全译
本）［M］. 瞿铁鹏，殷晓蓉，王鉴平，俞金吾，译. 瞿铁鹏，殷晓蓉，
修订. 上海：上海人民出版社，2017.

［60］金涌. 科技创新启示录：创新与发明大师轶事［M］. 北京：清华大学
出版社，2020.

［61］汪品先. 科坛趣话：科学、科学家与科学精神［M］. 上海：上海科技教育出版社，2022.

［62］王杰. 音乐与数学［M］. 北京：北京大学出版社，2019.

［63］梁进. 名画中的数学密码［M］. 北京：科学普及出版社，2018.

［64］林凤生. 名画在左 科学在右［M］. 上海：上海科技教育出版社，2018.

［65］［英］菲利普·鲍尔. 明亮的泥土：颜料发明史［M］. 何本国，译. 南京：译林出版社，2018.

［66］［美］爱德华·威尔逊. 创造的本源［M］. 魏薇，译. 杭州：浙江人民出版社，2018.

［67］［瑞士］卡尔·古斯塔夫·荣格. 精神分析与灵魂治疗［M］. 冯川，译. 南京：译林出版社，2012.

［68］［英］乔尔·利维. 思想实验：当哲学遇见科学［M］. 赵丹，译. 北京：化学工业出版社，2019.

［69］［日］小川仁志. 异类心理学：40 个改变认知的疯狂思想实验［M］. 金磊，译. 北京：中国友谊出版公司，2019.

第一版后记

如果读者在看完前面某一章节时有时空错乱、将信将疑或者脑洞大开的感觉，笔者相信自己的努力没有白费，读者一定可以通过调研、搜寻、考证，进行自己的独立思考，对笔者所言进行批判、扬弃、萃取、吸纳、继承，以及进一步的创新，甚至创造。

到目前为止，人们在技能、知识的传授方面积累了丰富经验，有许多行之有效的方法。然而，就价值观和思维方法的传授、训练方面而言，尚未有成熟的有效方法，人们在尝试各种途径。本书也是这种尝试之一。

思维不是一天练就的，需要每天观察、阅读、思考、练习、实践。人们要建立一个新习惯需要连续两个月不间断地每天重复训练，可见坚持和重复非常重要。而要学会掌握人类已有的重要思维方式，没有几年、十几年、数十年时间，肯定是不够的。

如果随着岁月成长，一个人能拥有更多的思维模型，为人处世必定更为智慧、通透，更能展现批判性、创新性、创造性；如能与时俱进、与年同长，拥有越来越多的思维模型，如 30 岁能拥有 30 种思维模型，50 岁能拥有 50 种思维模型，那这人必定进入智慧境界，长寿健康。

同样，当我们的文明能够产生、包容、滋养更多的思维方式，特别是批判性思维和创造性思维时，我们的文明就能进入人类文明发展价值链的顶端，为人类做出较大的贡献，引领并服务于全人类的发展。

在公元后第一个千年里，中华文明为世界做出了较大的，甚至引领性的贡献，但在随后的一千年里，中华文明在精神文化层面从世界的获得多于贡献，所以才有毛泽东的期望"中国应当对人类有较大的贡献。而这种贡献，在过去一个长时期内，则是太少了。这使我们感到惭愧"，也才有邓小平的"三步走"的现代化发展战略、改革开放政策以及40多年的巨变。在公元后的第三个千年，中华民族能否真正地为人类做出世界公认的伟大贡献，需要我们每个人的思维改变。

在此，笔者盼望各行各业经验丰富的、喜好思考的研究者、实践者，根据自己的经历和感悟，总结提炼出更多的思维模式，与众人共享，以贡献社会，服务世界。物质财富的分享意味着个人财产的减少，而思维精神的分享，将转化为每个人财富的增加、人类能力的增强。

感谢华东理工大学药学院程家高教授、华东师范大学传播学院雷启立教授、华东师范大学音乐学院杨海燕副教授、《上海交通大学学报（哲学社会科学版）》主编彭青龙教授的帮助，初稿完成后，他们阅读了全部或者部分书稿并提出了宝贵的修改建议。感谢华东师范大学出版社编辑们的审阅。

钱旭红

2020年4月19日初稿

2020年5月5日定稿

2020年5月17日终稿

第二版后记

在第一版出版三年后，笔者开始修订增补本书。此时国际形势发生了更大的变化，冲突甚至战争隐约弥漫，人工智能极速发展并出现向上拐点，世纪大变局越来越明显。限于知识的教育、育人、研究和人的发展，世界各国都遇到越来越多的问题，思维的重要性前所未有地凸显。所以及时修订本书，以跟上时代对思维发展的需求。

感谢华东师范大学历史系孟钟捷教授、华东理工大学化工学院辛忠教授，他们阅读了书稿并提出宝贵的修改建议。再次感谢华东师范大学出版社编辑们的审阅。

钱旭红

2023 年 10 月 27 日

2024 年 2 月元宵节